高等院校信息技术规划教材

计算机科学导论
（第3版）

常晋义 高 燕 编著

清华大学出版社
北京

内 容 简 介

本书全面阐述了计算机科学与技术及相关专业学生需要了解、认识的计算机科学的基本概念、基础知识及相关职业要求,主要内容包括计算机系统、人与计算机的关系、计算机典型应用及技术、计算机学科知识体系及职业相关问题,力求使读者理解计算机科学技术的知识体系,明确专业学习目标,为深入掌握专业知识打好基础。

本书适合作为高等学校计算机科学与技术及相关专业的"计算机导论"课程教材、计算机基础课程的教材及计算机入门的普及教材,也可供自学和欲了解计算机科学与技术专业知识的人员学习和参考。

图书在版编目(CIP)数据

计算机科学导论/常晋义,高燕编著. —3 版. —北京:清华大学出版社,2018(2024.8 重印)
(高等院校信息技术规划教材)
ISBN 978-7-302-50722-2

Ⅰ. ①计… Ⅱ. ①常… ②高… Ⅲ. ①计算机科学—高等学校—教材 Ⅳ. ①TP3

中国版本图书馆 CIP 数据核字(2018)第 171185 号

责任编辑:白立军 常建丽
封面设计:常雪影
责任校对:李建庄
责任印制:刘 菲

出版发行:清华大学出版社
　　　　网　　　址:https://www.tup.com.cn,https://www.wqxuetang.com
　　　　地　　　址:北京清华大学学研大厦 A 座　　　邮　　编:100084
　　　　社 总 机:010-83470000　　　邮　　购:010-62786544
　　　　投稿与读者服务:010-62776969,c-service@tup.tsinghua.edu.cn
　　　　质量反馈:010-62772015,zhiliang@tup.tsinghua.edu.cn
　　　　课件下载:http://www.tup.com.cn,010-83470236
印 装 者:北京鑫海金澳胶印有限公司
经　　销:全国新华书店
开　　本:185mm×260mm　　　印　　张:19.25　　　字　　数:445 千字
版　　次:2011 年 9 月第 1 版　　2018 年 11 月第 3 版　　印　　次:2024 年 8 月第 12 次印刷
定　　价:49.50 元

产品编号:078064-01

前言 *foreword*

计算机科学导论是计算机科学与技术及相关专业的入门课程。本书围绕计算机科学与技术学科的定义、特点、基本问题、学科方法论、历史渊源、发展变化、知识组织结构与分类体系、发展潮流与未来发展方向、学科人才培养与科学素养等内容进行了系统而又深入浅出的论述,全面阐述了计算机科学与技术及相关专业学生需要了解、认识的计算机学科的基本概念、基础知识及相关职业要求。

本书对《计算机科学导论(第2版)》进行了修订,主要包括对讲授内容进行精编,压缩了纸质教材内容的篇幅,增加了电子资料的比重;调整了计算机的典型应用及对社会产生重大影响的新技术的介绍,对涉及的内容进行了再编;以电子资料链接方式提供了课后自测题、实验参考等实践内容;增加了实验与实践的章节,作为附录供读者参考。

本书的主要内容包括计算机系统概述,计算机运算基础,计算机组成,操作系统,计算机网络,人机交互,算法和数据结构,程序设计,数据组织与管理,软件与软件工程,信息与信息系统,信息安全,典型应用与热点技术,计算机学科体系,计算机伦理、道德与法规,产业发展与职业规划等。教材力求为读者建立一个关于计算机科学技术及其应用的较全面的概念和框架,使读者理解计算机科学技术的知识体系,明确专业学习目标,为深入掌握专业知识打好基础。

为了便于教师使用和学生课后学习,基本知识体系章节结尾配有课后自测题链接,供读者参考。附录实验与实践可供实验课或有兴趣的读者参考。实验中如有需要,可扫描“实验参考”链接,查看实验任务、实验内容与步骤、实验思考等辅助学习内容。

本书编写体系安排为每章一个主题,以便使读者能够集中精力研读计算机科学知识结构中的每个节点。但每章并不是孤立的,具有逐步扩展与渐进深入,以及由机器到人再到环境的思维扩展特征。内容包含了计算机系统、人机环境中人的作用,以及社会环境的要求等知识体系。

本书由常晋义、高燕编著。参加编写和资料收集工作的有常晋义、高燕、周蓓、王小英、蔺世杰、徐文彬、谢从华、刘永俊、应文豪、姚宇峰等。全国众多讲授计算机科学导论的教师对教材的使用与修改提出了建议和意见,并提供了宝贵的教学研究与改革的相关资料,在本书的编写过程中,也参考了国内外的相关教材、资料,在此一并表示诚挚的感谢。

由于本书涉及面广、技术新,书中如有不妥之处,请读者批评指正。作者联系方式为 jinyichang@sina.com。

常晋义

2018 年 8 月

目录

Contents

第1章

计算机系统概述

随着社会的进步和科学技术的发展,计算机作为时代的标志,在人们的工作、学习与生活中越来越不可替代,计算机改变了人们的生存方式,已经成为人类工作和生活不可缺少的一部分。

1.1 计算机的概念

计算机是 20 世纪最先进的科学技术发明之一,对人类的生产活动和社会活动产生了极其重要的影响,并以强大的生命力飞速发展。它的应用领域从最初的军事科研扩展到社会的各个领域,已形成规模巨大的计算机产业,带动了全球范围的技术进步,引发了深刻的社会变革,计算机已成为信息社会中必不可少的工具。

1.1.1 认识计算机

计算机是一种智力工具,正逐渐增强执行智能任务的能力,因此又称为"电脑"。人类创造了计算机,反过来计算机帮助开发人脑,使人类的智能获得了空前的发展。

1. 无处不在的计算机

计算机的应用已渗透社会各行各业,进入寻常百姓家,帮助人们做很多事情:数据计算、学习娱乐、办公自动化、生产控制、网上购物、远程通信……为人们的工作和生活带来很多便利。

(1)快速获取信息。在这个信息爆炸的时代,每天都有吸收不完的信息和知识,借助计算机及网络,可以更加迅速地搜索到所需的各种信息和知识资料。

(2) 提供有效学习方式。计算机教学应用多媒体技术更加形象、生动,更容易吸引注意力,激发学习兴趣。海量存储能力可以将相关知识有效地组织起来,便于师生使用。灵活多样的交流方式有助于学习指导和学习讨论。

(3) 提高工作效率。使用计算机制作文件、存储数据、开视频会议等,可以方便快捷地共享信息和协同工作,有利于节约工作成本,提高工作效率。

(4) 提升产品质量。使用计算机辅助产品的设计、生产、检测和包装过程,提高加工速度和生产自动化水平,降低生产成本,提高产品质量。

(5) 全新的商务模式。电子商务让人足不出户就能进行网上交易和网上支付,大大提高了交易效率,使人们的生活更加舒适、便捷,同时也带来更多的商机和创业机会,越来越多的人加入互联网创业中,从而体现自己的价值。

(6) 多样化的交流方式。通过收发电子邮件,与朋友聊天,即使远在天边,也能随时联系,缩短了人与人之间的距离,增进了友谊。

(7) 丰富娱乐生活。通过计算机可以看电影、听音乐、玩游戏,可以给人们带来更好的视听享受,大大丰富了人们的业余生活。

综上所述,计算机是信息社会必不可少的工具,它给人类带来的不仅仅是生活方式上的改变,甚至使一些传统行业产业了颠覆性的变革,成为经济增长的重要产业,并带动全球范围的技术进步,在促进社会发展和改善人们生活水平与提高生活质量等方面做出了巨大的贡献。

2. 计算机是什么

对“计算机是什么”这一问题,人们从不同角度提出了不同的见解。例如,“计算机是一种可以自动进行信息处理的工具”“计算机是一种能快速而高效地自动完成信息处理的电子设备”“计算机是一种能够高速运算、具有内部存储能力、由程序控制其操作过程的电子装置”,等等。从根本上说,计算机是一种能迅速而高效地自动完成信息处理的电子设备,其基本功能包括数学运算、逻辑比较、存储和读取操作。

通常对计算机的描述是:计算机是一种能够按照指令对各种数据和信息进行自动加工和处理的电子设备,擅长完成快速计算、大型数据库分类和检索等规模较大且重复性较强的任务,能够在现有指令的引导下有条不紊地完成各种各样的工作。

通过上述描述,可以了解计算机的 3 大特征。

(1) 只有有限的能力。计算机的能力是有限的,只能进行对数据与信息的加工和处理,擅长完成的只是重复性较强的任务。

(2) 只能进行简单的工作。计算机的工作原理决定了计算机的能力只局限在数学运算与逻辑比较,并由此完成存储和读取等操作,其他工作无法进行。

(3) 必须由指令引导它完成工作。这是计算机与其他应用工具的根本区别,“计算机是一台笨拙的机器,具有从事令人难以置信的聪明工作的能力”,正是因为聪明的人赋予计算机完成任务的指令(程序),才使计算机可以按照人的要求去完成任务,程序员与计算机的完美配合使计算机成为一种神奇的工具,可以完成各种各样的任务。

3. 计算机的特点

计算机的主要特点表现在以下几个方面。

(1) 运算速度快。计算机的运算速度通常用每秒钟执行定点加法的次数或平均每秒钟执行指令的条数衡量。运算速度快是计算机的一个突出特点。计算机的运算速度已由早期的每秒几千次(如 ENIAC 每秒钟仅可完成 5000 次定点加法)发展到现在的最高可达每秒万亿次乃至亿亿次。计算机高速运算的能力极大地提高了工作效率,把人们从浩繁的脑力劳动中解放出来。过去用人工旷日持久才能完成的计算,而计算机在"瞬间"即可完成。曾有许多数学问题,由于计算量太大,数学家们终其毕生也无法完成,但使用计算机则可轻易地解决。

(2) 计算精度高。在科学研究和工程设计中,对计算结果的精度有很高的要求。一般的计算工具只能达到几位有效数字(如过去常用的四位数学用表、八位数学用表等),而计算机对数据的结果精度可达到十几位、几十位有效数字,根据需要甚至可达到任意的精度。

(3) 存储容量大。计算机的存储器可以存储大量数据,这使计算机具有了"记忆"功能。目前计算机的存储容量越来越大,已高达千兆数量级的容量。计算机具有"记忆"功能,是与传统计算工具的一个重要区别。

(4) 具有逻辑判断功能。计算机的运算器除了能够完成基本的算术运算外,还具有进行比较、判断等逻辑运算的功能。这种能力是计算机处理逻辑推理问题的前提。

(5) 自动化程度高。由于计算机的工作方式是将程序和数据先存放在机内,工作时按程序规定的操作一步一步地自动完成,一般无须人工干预,因而自动化程度高。

(6) 通用性强,使用容易。计算机通用性的特点表现在几乎能求解自然科学和社会科学中一切类型的问题,能广泛地应用于各个领域。计算机丰富的高性能软件及智能化的人机接口,大大方便了人们的使用。借助通信网络,多个计算机能超越地理界限,共享远程信息与软件资源。

4. 计算机的局限性

虽然计算机有多种优点,但作为一种科学计算工具,它还存在一定的局限性。计算机的局限性主要包括如下几个方面。

(1) 不具备自己的思想。计算机不具备自己的思想,"您看着办吧"这样的问题无法执行。也就是说,要让计算机完成什么工作,必须由人为其编制一步不差的运行程序,错了一个符号,计算机也不能正确工作。现在的计算机还是一个刺激系统,发出一个正确的命令,计算机就有一个正确的反应,否则一定出错。另外,还必须给计算机的工作"指令",这个"指令"就是程序、软件。当前,随着软件技术的发展,有时路径比较模糊,计算机也能认识并走下去,但是要实现革命性的突破,还取决于基本理论和人工智能的突破性进展。

(2) 没有很好的直觉和想象能力。一个人可能突发地找到一个问题的答案而不需要计算很多详细过程,但是计算机却只能按已输入的程序运行。计算机没有很好的直觉和想象能力,根据过去经验摸索新知识的能力有限。出现这些问题都是由于计算机处理的信息必须数字化,凡是不能数字化的信息(如人类的思维、触觉、感情等),计算机都不能处理。也就是说,计算机还无法像人一样,提到大海,就想到浩瀚无边、蔚蓝、波涛汹涌等概念,从而对大海产生直接的感性认识。

(3) 运算速度和存储容量依然不能满足人们的需要。随着计算机应用范围的迅速扩大,使用计算机解决的问题规模也越来越大,因此对计算机运算速度和存储容量的要求也越来越高。虽然计算机在短短的70余年仅运算速度和存储容量两项就提高了10～20次方倍,但是仍然不能满足实际需要。如果用计算机模拟人的大脑,据推算人脑能够储存10万亿位的信息量,运算速度的数量级为1后面跟27～30个零,而目前最大型的并行计算机,我国的"神威·太湖之光"有40960个芯片,峰值性能为12.5亿亿次/秒,持续性能为9.3亿亿次/秒。计算机就两种电路状态(开或关),而脑细胞有很多种,运动起来远比电路复杂得多。因此,尽管电子计算机的才能非凡,神通广大,在某些方面远胜于人,但人脑仍然是世界上最完善的"天然计算机"。

1.1.2 计算机的类型

在计算机的发展过程中出现了各种各样的发展分支,其类型也在不断地发生着变化。目前,一般根据计算机的数据表示方式、计算机的用途、计算机的规模和性能对计算机进行分类。

1. 不同数据表示方式的计算机

根据计算机表示数据的方式不同,可以将计算机分为数字计算机、模拟计算机和数模混合计算机3种类型。

(1) 数字计算机。数字计算机通过电信号的有无表示数据,并利用算术运算和逻辑运算法则进行计算,具有运算速度快、精度高、灵活性强和便于数据存储等优点,因此主要应用于科学计算、信息处理、实时控制和人工智能等领域。人们生活中使用和接触到的计算机都是数字计算机。

(2) 模拟计算机。模拟计算机的问世早于数字计算机,其内部的所有数据信号都是在模拟自然界实际信号的基础上进行处理和显示的,这些数据信号被称为模拟电信号。模拟计算机的基本运算部件是由运算放大器构成的各种模拟电路,其所处理的模拟信号在时间上是连续且不间断的模拟量,如电压、电流或温度等。

与数字计算机相比,模拟计算机的通用性较差,其电路结构复杂、抗干扰能力不强、处理问题时的精度较低,但运算速度较快,因此主要用于过程控制和模拟仿真。

(3) 数模混合计算机。数模混合计算机兼有数字和模拟两种计算机的优点,既能接收、输出和处理模拟信号,又能接收、输出和处理数字信号。

2. 不同应用范围的计算机

计算机已被广泛应用于众多领域,在各种行业的发展过程中发挥着重要的作用。不同行业在使用计算机时的功能大都有所差异,根据应用范围可以将计算机分为通用计算机与专用计算机两大类型。

（1）通用计算机。通用计算机是指使用比较普遍的计算机，其特点是功能多、配置全、用途广、通用性强。日常办公和家庭生活中用到的计算机大都属于通用计算机，如图 1-1 所示。

（2）专用计算机。专用计算机是为适应某种特殊需要而设计的计算机，通常增强了某些特定功能，忽略了一些次要要求，所以专用计算机能高速度、高效率、高可靠性地解决特定问题，具有功能单纯、结构简单、使用面窄，甚至专机专用的特点，如控制轧钢过程的轧钢控制计算机、计算导弹弹道的专用计算机等。

图 1-1　通用计算机

3. 不同规模和性能的计算机

通用计算机又可分为超级计算机（supercomputer）、大型机（mainframe）、服务器（server）、工 作 站（workstation）、微 型 机（microcomputer）和 单 片 机（single-chip computer）6 类，它们的区别在于体积、复杂度、功耗、性能指标、数据存储容量、指令系统规模和价格，如图 1-2 所示。

图 1-2　通用计算机的分类

一般而言，超级计算机主要用于科学计算，其运算速度远远超过其他计算机，数据存储容量很大，结构复杂，价格昂贵。单片机是只用单片集成电路（Integrated Circuit，IC）做成的计算机，体积小，结构简单，性能指标较低，价格便宜。介于超级计算机和单片机之间的是大型机、服务器、工作站和微型机，它们的结构规模和性能指标依次递减。但是，随着超大规模集成电路的迅速发展，微型机、工作站、服务器彼此之间的界限也在发生变化，今天的工作站有可能是明天的微型机，而今天的微型机也可能是明天的单片机。

1.1.3　计算机的应用

计算机之所以得到迅速发展，主要原因在于它的广泛应用。计算机应用已渗透社会的各行各业，在社会发展中起着极其重要的推动作用。

1. 计算机应用的研究

计算机应用是计算机学科与其他学科相结合的边缘学科,研究计算机应用于各个领域的理论、方法、技术和系统等,是计算机学科的组成部分。计算机应用分为数值计算和非数值计算两大领域。非数值计算又包括数据处理、知识处理,如信息系统、工厂自动化、办公室自动化、家庭自动化、专家系统、模式识别、机器翻译等领域。

2. 计算机的应用范围

计算机的应用范围几乎涉及人类社会的所有领域,从国民经济各部门到个人家庭生活,从军事部门到民用部门,从科学教育到文化艺术,从生产领域到消费娱乐,无一不是计算机应用的天下。

(1)科学计算。科学研究和工程技术计算领域是计算机应用最早的领域,也是应用较为广泛的领域,包括数学、化学、原子能、天文学、地球物理学、生物学等基础科学研究,以及航天飞行、飞机设计、桥梁设计、水力发电、地质找矿、天气预报等方面的大量计算。利用计算机进行数值计算,可以节省大量的时间、人力和物力。

(2)自动控制。自动控制是涉及面极广的一门学科,应用于工业、农业、科学技术、国防以至人们日常生活的方方面面。有体积小、价廉、可靠的微型机和单片机作为工具,自动控制进入了以计算机为主要控制设备的新的发展阶段。

(3)测量测试。计算机在测量和测试领域中占的比例也相当大。在这个领域中,计算机主要起两个作用:一是对测量和测试设备本身进行控制;二是采集数据并进行处理。

(4)信息处理。信息是人类赖以生存和交际的媒介。通过五官和皮肤,人类可以看到文字、图像,听到歌声、话语,闻到香、臭气味,尝到酸、甜、苦、辣,感受到冷热变化,这些都是信息。人本身就是一个非常高级的信息处理系统。

计算机在发展初期仅用于数值计算。此后,计算机的应用范围逐渐发展到非数值计算领域,可用来处理文字、表格、图像、声音等各类信息。因此,确切地讲,一台计算机实际上就是一台信息处理机。

(5)辅助工程。计算机辅助工程是将计算机用于产品的设计、制造和测试等过程,辅助人们在特定应用领域内完成任务的理论、方法和技术。“辅助”是强调了人的主导作用,计算机和使用者构成了一个密切交互的人机系统。计算机辅助设计是指利用计算机帮助设计人员进行工程设计,以提高设计工作的自动化程度,节省人力和物力。目前,此技术已经在电路、机械、土木建筑、服装等设计中得到了广泛应用。计算机辅助制造(Computer Aided Manufacturing,CAM)是指利用计算机进行生产设备的管理、控制与操作,从而提高产品质量、降低生产成本、缩短生产周期,并且还大大改善了制造人员的工作条件。计算机辅助测试(Computer Aided Test,CAT)是指利用计算机进行复杂而大量的测试工作。

(6)教育卫生。创立学校、应用书面语言、发明印刷术,被称为教育史上的三次革命。目前,计算机广泛应用于教育,被誉为“教育史上的第四次革命”。除了目前应用较为普遍的计算机辅助教学(Computer Aided Instruction,CAI)外,基于网络的现代远程教学

(Distance Learning，或 e-Learning)也是近几年迅速发展起来的一种典型的教育应用。图 1-3 为计算机辅助教学的场景。

图 1-3　计算机辅助教学的场景

计算机的问世同样为人类健康长寿带来了福音。一方面，使用计算机的各种医疗设备应运而生，CT 图像处理设备、心脑电图分析仪、血液分析仪等先进的设备和仪器为及早发现疾病提供了强有力的手段；另一方面，利用计算机建成了集专家经验之大成的各种各样的专家系统，如中医专家诊疗系统、各种疾病的电子诊疗系统等。事实表明，这些专家系统行之有效，为诊治疾病发挥了很大作用。

(7) 电子电器。目前，不仅各种类型的个人计算机早已进入家庭，而且在微波炉、洗衣机、家用空调、DVD 播放机、电子玩具、游戏机等电子电器产品中也广泛应用了各种嵌入式计算机。

除了可单独使用的独立电器之外，许多家用电器还可以通过各种有线或无线的网络连接(如因特网、红外线、蓝牙等)完成自身程序的自动更新、远程控制等复杂任务。

(8) 人工智能。人工智能，简而言之就是使计算机模仿人的高级思维活动，像人类那样直接利用各种自然形式的信息(如文字、图像、颜色、自然景物、声音、语言等)。目前，在文字识别、图形识别、景物分析、语音识别、语音合成以及语言理解等方面，人工智能已经取得了一些成就。

到目前为止，人工智能研究中最突出的成就非"机器人"莫属。世界上有大量的"工业机器人"在各种生产线上完成简单重复的工作，或是代替人类在高温、有毒、辐射、深水等恶劣环境下工作。现在又出现了更为先进的"智能机器人"，它会自己识别控制对象和工作环境，自动做出判断和决策，直接领会人的命令和意图，避开障碍物，适应环境变化，灵活机动地完成指定的控制任务与信息处理任务。

1.2　计算机系统

计算机系统是按人的要求接收和存储信息，自动进行数据处理和计算，并输出结果信息的系统。计算机系统由硬件系统和软件系统组成。如果说硬件是计算机的躯体，那么软件便是计算机的头脑，只有将这二者有效地结合起来，才能发挥出计算机的功能，使其真正地发挥作用。

1.2.1　计算机硬件系统

计算机硬件系统是组成计算机系统的物理部件的总称,是计算机系统快速、可靠、自动工作的物质基础。

1. 计算机硬件的概念

计算机硬件(computer hardware)是指计算机系统中由电子、机械和光电元件等组成的各种物理装置的总称。这些物理装置按系统结构的要求构成一个有机整体为计算机软件运行提供物质基础。

虽然计算机的制造技术从计算机出现到今天已经发生了极大的变化,但在基本的硬件结构方面,一直沿袭着冯·诺依曼的传统框架,即计算机硬件系统由运算器、控制器、存储器、输入设备、输出设备等基本部件构成。原始数据通过输入设备送入存储器,在运算处理过程中,数据从存储器读入运算器进行运算,运算的结果存入存储器,必要时再经输出设备输出。指令也以数据形式存放于存储器中,运算时指令由存储器送入控制器,由控制器控制各部件的工作。

2. 计算机硬件的基本组成

传统概念上,基本的计算机硬件由运算器、控制器、存储器、输入设备和输出设备5大基本部件组成,随着网络技术的发展,通信部件也逐渐成为其基本部件。

(1) 运算器。运算器(arithmetic unit)是计算机的执行部件,主要功能是执行算术运算和逻辑运算。计算机运行时,运算器的操作和操作种类由控制器决定。运算器处理的数据来自存储器,处理后的结果数据通常送回存储器,或暂时寄存在运算器中。

运算器的主要技术指标是运算速度,其单位是 MIPS(百万指令/秒)。由于执行不同的指令花费的时间不同,因此某一台计算机的运算速度通常是按照一定的频度执行各类指令的统计值。

(2) 控制器。控制器(controller)是计算机的指挥控制中心,用来协调和指挥整个计算机系统的工作,它本身不具有运算功能,而是通过读取各种指令,并对其进行翻译、分析,而后对各部件做出相应的控制。

通常把控制器与运算器合称为中央处理器(Central Processing Unit,CPU)。工业生产中总是采用最先进的超大规模集成电路技术制造中央处理器,即 CPU 芯片。它是计算机的核心设备,其工作速度和计算精度全面影响计算机的性能。

(3) 存储器。存储器(memory)是计算机的记忆设备,用来存放程序和数据。计算机中的操作,大量的是与存储器之间的信息交换,存储器的工作速度相对 CPU 的运算速度要低得多,因此存储器的工作速度是制约计算机运算速度的主要因素之一。

(4) 输入设备。输入设备(input device)将要加工处理的外部信息转换成计算机能够识别和处理的内部表示形式(即二进制代码),输送到计算机中。

(5) 输出设备。输出设备(output device)将计算机内部以二进制代码形式表示的信息转换为用户所需要并能识别的形式(如十进制数字、文字、符号、图形、图像、声音,或者其他系统所能接收的信息形式)输送出来。

1.2.2　计算机软件系统

计算机软件(software)是指在计算机上运行的各种程序、数据,以及相关的文档、资料等。一台性能优良的计算机能否发挥其应有的功能,取决于为之配置的软件是否完善、丰富。

1. 软件的概念

一般认为,计算机软件是指与计算机系统的操作有关的程序、数据、规程、规则以及任何与之有关的文件。简单地说,软件包括程序、数据与文档。

软件与硬件有着诸多的不同点。一是表现形式不同,硬件看得见、摸得着,而软件看不见,也摸不着。软件大多存在于人们的大脑里或纸面上,它是否正确,是好是坏,要在机器上运行才能确定。二是生产方式不同。软件是人们开发出来的,是人的智力的高度发挥,不是传统意义上的硬件制造。尽管软件开发与硬件制造之间有许多共同点,但这两种活动是不同的。三是要求不同。硬件产品允许有误差,而软件产品却不允许有误差。四是维护不同。硬件是会用旧用坏的,理论上,软件是不会用旧用坏的,但实际上,软件也会变旧变坏。因为软件在整个生命周期中,一直处于改变(维护)状态。

2. 软件的分类

按照不同的原则和标准,可以将软件划分为不同的种类。从应用的角度划分,计算机软件通常分为系统软件和应用软件两大类。

(1)系统软件。系统软件是由计算机厂商作为计算机系统资源提供给用户使用的软件总称。其主要功能是使用和管理计算机,也是为其他软件提供服务的软件。根据服务对象的不同,系统软件分为面向计算机管理和操作的软件、面向用户的软件、面向计算机维护人员的软件等。

操作系统(Operating System,OS)是面向计算机管理和操作的软件的典型代表,它是最底层的系统软件,是对硬件系统的首次扩充。操作系统实际上是一组程序,用于统一管理计算机资源,合理地组织计算机的工作流程,协调计算机系统的各部分之间、系统与用户之间、用户与用户之间的关系。操作系统在计算机系统中占有重要的地位。此外,面向计算机管理和操作的软件还有网络通信管理系统、监控程序、故障处理程序等。

面向用户的软件包括语言处理程序(如汇编程序、编译程序、解释程序等),数据库管理系统,以及其他面向用户的软件,如编辑程序、链接程序、数学软件包等。

面向计算机维护人员的软件主要有诊断调试程序、错误测试程序等。

(2)应用软件。应用软件是专门为解决某个或某些应用领域中的具体任务而编写的功能软件,如工程设计程序、数据处理程序、自动控制程序、企业管理程序、情报检索程序、科学计算程序等。随着计算机的广泛应用,应用软件的种类越来越多。

1.2.3　计算机系统的组织结构

现代计算机系统是由软件系统和硬件系统共同实现的十分复杂的系统,而这一复杂的系统可以被看成由若干层次组成,每个层次完成一定的功能,上下层次之间是一种调用和服务的关系。

1. 软件与硬件的关系

随着大规模集成电路和计算机系统结构的发展,实体硬件的功能范围不断扩大。容量大、价格低、体积小、可以改写的只读存储器提供了软件固化的良好物质手段。现在已经可以把许多复杂的、常用的程序制作成所谓的固件。就它的功能来说是软件,但从形态上来说,又是硬件。目前在一片硅单晶芯片上制作复杂的逻辑电路已经是实际可行的,这就为扩大指令的功能提供了物质基础,因此本来通过软件手段实现的某种功能,现在可以通过硬件直接解释执行。进一步的发展,就是设计所谓面向高级语言的计算机。这样的计算机可以通过硬件直接解释执行高级语言的语句,而不需要先经过编译程序的处理。传统的软件部分今后完全有可能"固化"甚至"硬化"。因此,计算机系统软件与硬件的界限已经变得十分模糊。任何操作都可以由软件实现,也可以由硬件实现;任何指令的执行都可以由硬件完成,也可以由软件完成。对于某一功能,是采用硬件方案,还是采用软件方案,取决于器件价格、速度、可靠性、存储容量、变更周期等因素。

2. 计算机系统的多层次结构

现代计算机系统是一个由硬件与软件组成的综合体,可以把它看成按功能划分的多级层次结构,如图1-4所示。图中每一级各对应一类机器,各有自己的"机器"语言。这里,"机器"的定义是能存储、执行程序的算法和数据结构的集合体。各级机器的算法和数据结构的实现方法不同,M0由硬件实现,M1、M2由微程序(固件)实现,M3～M6由软件实现。由软件实现的机器称为虚拟机器,以区别由硬件或固件实现的实际机器。

图 1-4　计算机系统的多级层次结构

其中,M0 是硬件实体机器级。M1 是微程序机器级,是一个实在硬件层,程序员用微指令编写的微程序一般直接由硬件执行。M2 是传统机器级,也是一个实在的机器层,程序员用机器指令编写的程序可以由微程序进行解释。M3 是操作系统机器级,由操作系统程序实现。从操作系统的基本功能看,一方面,它要直接管理传统机器中的软硬件资源;另一方面,它又是传统机器的延伸。M4 是汇编语言机器级,为用户提供一种符号形式语言,借此可编写汇编语言程序。M5 是高级语言机器级。高级语言是面向用户的,通常用编译程序完成高级语言的翻译工作。M6 是应用语言机器级,是为了使计算机满足某种用途而专门设计的,这一级语言就是各种面向问题的应用语言。

把计算机系统按功能划分成多级层次结构,有利于正确理解计算机系统的工作过程,明确软件、硬件在计算机系统中的地位和作用。

1.3　计算机的发展

人类使用的计算工具是随着生产的发展和社会的进步,从简单到复杂、从低级到高级的发展过程,虽然电子计算机的发展历史只有 70 多年,但计算工具的发展历史却很漫长,相继出现了如算盘、计算尺、手摇机械计算机、电动机械计算机等。

1.3.1　计算机的发展阶段

计算机孕育于英国,诞生于美国,成长并遍布于全世界。对于它的历史,可以分 3 个阶段描述,即近代计算机、现代计算机与当代计算机 3 个阶段。

1. 近代计算机阶段

近代计算机指用齿轮杠杆为部件并具有完整含义的机械式或机电式计算机。1642年,法国科学家帕斯卡(Blaise Pascal)发明了齿轮式加减法器。1673 年,德国科学家莱布尼兹(Gottfried Wilhelm Leibniz)发明了齿轮式乘、除法器。1821 年,英国剑桥大学数学教授巴贝奇(Charles Babbage)发明了差分机,1834 年,他又发明了分析机,包括输入、处理、存储、控制、输出五部分装置,可惜这部机器限于工艺条件,直到他逝世也未全部完成。1944 年,哈佛大学物理教授艾肯(Howard Hathaway Aiken)在 IBM 公司的支持下完成了用齿轮和继电器为部件的机电式计算机 Mark,才使巴贝奇的梦想变成现实。

2. 现代计算机阶段

现代计算机是指利用先进的电子技术代替机械齿轮技术,继电器依次被电子管、晶体管、集成电路取代而制成的数字电子计算机。

数字电子计算机的发展与电子技术的发展密切相关,每当电子技术有突破性的进展,就会导致计算机的一次重大变革。因此,计算机发展史中的“代”通常以计算机硬件使用的主要器件划分,通常分为 4 代。

第一代(1946—1957 年)为电子管计算机,具有代表性的有 ENIAC、EDVAC、

EDSAC、UNIVAC 等。世界上公认的第一台电子计算机 ENIAC(Electronic Numerical Integrator and Calculator,电子数字积分器和计算器)诞生于 1946 年,它是美国奥伯丁武器试验场为了满足计算弹道需要而研制成的。全机共使用了 18 000 多个电子管,1500 多个继电器,占地 167m²,每秒钟可执行 5000 次加法运算。第一代计算机的共同特点是:主要器件使用电子管;用穿孔卡片机作为数据和指令的输入设备;用磁鼓或磁带作为外存储器;使用机器语言编程。虽然第一代计算机的体积大,速度慢,能耗高,使用不便且经常发生故障,但是它显示了强大的生命力,预示了将要改变世界的未来。

第二代(1958—1964 年)为晶体管计算机,具有代表性的有 UNIVAC Ⅱ,贝尔的 TRADIC,IBM 的 7090、7094、7040、7044 等。主要特点是:使用晶体管代替电子管,相比第一代,其体积小,速度快,能耗低,可靠性高。软件方面配置了子程序库和批处理管理程序,并且推出了 FORTRAN、COLBOL 等高级程序设计语言及相应的编译程序,成为广大科技人员都能够使用的工具,推进了计算机的普及与应用。

第三代(1965—1971 年)为中小规模的集成电路计算机,具有代表性的有 IBM 360 系列、Honey Well 6000 系列、富士通 F230 系列等。主要特点是:使用中、小规模集成电路,使用半导体存储器,引入操作系统,同时还提供了大量的面向用户的应用程序,开始商业化应用。

第四代(1972 年以后)为超大规模的集成电路计算机。使用大规模、超大规模集成电路,除了传统的大型机和小型机外,最引人注目的是微型机的诞生,此外还出现了超级计算机。具有代表性的有 IBM 的 4300 系列、3080 系列、3090 系列和 9000 系列。

3. 当代计算机阶段

20 世纪 90 年代后,计算机的发展进入崭新的阶段。它并不像 20 世纪 80 年代初人们预想的那样会在第四代大型机的基础上继续出现第五代、第六代乃至第七代计算机。

实际情况是微处理器芯片的功能越来越强大,以"奔腾"为核心的微机性能越来越完善,计算机网络越来越广泛,用许多芯片组成的多处理系统正成为速度最快的新式超级计算机。所有这些事实使我们感到有必要把当代计算机的发展概括为高速计算与高速网络相结合的时代,多媒体、超大型知识数据库向每个人都提供服务的时代。

1.3.2　我国计算机的发展

我国计算机产业的发展起步较晚,计算机产业体系的发展大致经历了 4 个发展阶段,即 1956—1965 年的萌芽阶段;1966—1977 年的曲折发展阶段;1978—20 世纪 80 年代末的产业化发展阶段;20 世纪 90 年代计算机进入快速发展阶段。此后,计算机产业和市场的规模逐年扩大,成为国民经济的重要产业之一。

1. 古代文明对计算机发展的贡献

在人类文明发展的历史上,中国曾经在早期计算工具的发明创造方面写过光辉的一页。远在商代,中国就创造了十进制计数方法,领先于世界千余年。到了周代,中国发明了当时最先进的计算工具——算筹,这是一种用竹、木或骨制成的颜色不同的小棍。计算每个数学问题时,通常编出一套歌诀形式的算法,一边计算,一边不断地重新布棍。中国古代数学家祖冲之就是用算筹计算出圆周率在 3.141 592 6 和 3.141 592 7 之间,这一结果比西方早一千年。珠算盘是中国的又一独创,也是计算工具发展史上的第一项重大发明。这种轻巧灵活、携带方便、与人民生活关系密切的计算工具,最初大约出现于汉朝,到元朝时渐趋成熟。珠算盘不仅对中国经济的发展起过有益的作用,而且传到日本、朝鲜、东南亚等地区,经受了历史的考验,至今仍在使用。

中国发明创造指南车、水运浑象仪、记里鼓车、提花机等,不仅对自动控制机械的发展有卓越的贡献,而且对计算工具的演进产生了直接或间接的影响。例如,张衡制作的水运浑象仪,可以自动与地球运转同步,后经唐、宋两代的改进,遂成为世界上最早的天文钟;记里鼓车则是世界上最早的自动计数装置;提花机原理对计算机程序控制的发展有过间接的影响。中国古代用阳、阴两爻构成八卦,也对计算技术的发展有过直接的影响。德国数学家莱布尼兹写过研究八卦的论文,系统地提出了二进制算术运算法则。他认为,世界上最早的二进制表示法就是中国的八卦。

2. 我国计算机事业的发展

经过漫长的沉寂,中华人民共和国成立后,中国计算技术迈入了新的发展时期,先后建立了研究机构,在高等院校建立了计算技术与装置专业和计算数学专业,并且着手创建中国计算机制造业。

我国的计算机事业始于 1956 年,我国最早倡导研究计算技术的著名数学家华罗庚教授起草了发展电子计算机的措施。从 1964 年开始,北京、天津、上海等地相继制成一批晶体管计算机。20 世纪 70 年代以后,我国进入集成电路计算机时期,20 世纪 70 年代中后期相继研制成功多种每秒百万次的大型机。

1983 年,我国先后研制成功 757 大型计算机和"银河 I"巨型计算机。757 机是由我国自行设计的第一台大型向量计算机,每秒向量运算千万次。"银河 I"是每秒向量运算一亿次的计算机,它填补了国内巨型计算机的空白,使我国跨入世界研制巨型计算机行列。1993 年银河计算机 II 型通过鉴定,1995 年"曙光 1000"研制成功,1997 年"银河 III"型巨型计算机研制成功。

2000 年,我国自行研制成功高性能计算机"神威 I",其主要技术指标和性能达到国际先进水平。2002 年 8 月,联想"深腾 1800"大规模计算机系统研制成功。2003 年 11 月,由深圳大学和清华大学联合研制的"深超-21C"通过技术鉴定。2003 年 11 月,联想"深腾 6800"超级计算机研制成功。2004 年 6 月的全球计算机 500 强名单,曙光计算机公司研制的超级计算机"曙光 4000A"排名进入前 10 位。

2007 年 12 月 26 日,我国首台采用国产高性能通用处理器芯片"龙芯 2F"和其他国产器件、设备和技术的万亿次高性能计算机"KD-50-I"在中国科学技术大学研制成功,并通过专家鉴定。

2008 年 9 月 16 日,我国首台超百万亿次超级计算机"曙光 5000A"在天津下线。"曙光 5000A"不仅使中国成为继美国之后第二个能研发、生产、应用百万亿次超级计算机的国家,而且大大提升了我国的科技竞争力和综合国力,是我国自主创新与产业化的重大突破。

2009 年 10 月 29 日,国防科技大学成功研制出的峰值性能为每秒 1206 万亿次的"天河一号"超级计算机在长沙亮相,标志着我国成为继美国之后世界上第二个能够研制千万亿次超级计算机的国家。2010 年 11 月,中国国防科技大学研制的"天河一号 A"正式对外公布,采用 GPU 加速的超级计算机如愿以偿地登顶 TOP500 首席宝座,成为世界上最快的超级计算机。图 1-5 所示为中国超级计算机"天河一号"。

2012 年 1 月,全部采用国产 CPU 和系统软件构建的我国首台千万亿次计算机——"神威蓝光"千万亿次计算机系统在国家超级计算(济南)中心成功投入应用,这标志着我国继美国、日本之后,成为世界上第三个能够采用自主 CPU 构建千万亿次计算机的国家。"神威蓝光"计算机采用万万亿次体系架构,系统全面采用高密度组装和低功耗技术,组装密度和能效居世界领先水平,系统综合水平处于当今世界先进行列。

2016 年 6 月,"神威·太湖之光"超级计算机系统正式发布。它是全球第一台性能超过十亿亿次的计算机,并且全部采用国产高性能众核处理器构建。其峰值运算性能、持续性能和系统能效比等三大技术指标同比大幅领先,标志着我国超级计算机在自主可控、峰值速度、持续性能、绿色指标等方面实现了突破。图 1-6 为中国超级计算机"神威·太湖之光"。

图 1-5   中国超级计算机"天河一号"

图 1-6   中国超级计算机"神威·太湖之光"

1.3.3   影响计算机发展的重要人物

在计算机的发展历史中,众多思想家、科学家的理论与思想对计算机的发展产生了重要影响,如图灵、冯·诺依曼、香农、布尔、伯纳斯·李等。

1. 图灵与图灵奖

艾伦·麦席森·图灵(Alan Mathison Turing,1912—1954),英国著名的数学家和逻辑学家,计算机逻辑的奠基者。图灵提出了"图灵机"和"图灵测试"等重要概念,被称为计算机科学之父、人工智能之父。

1936 年,图灵描绘出的"通用图灵机"成为后世超级计算机和个人计算机、复杂设备和通用设备所共同依循的设计雏形,甚至新一代量子计算机也仍是以图灵机为原型。这个简单有效、趋近完美的模型规范了机器演算时的主要组件,包括运算、存储、程序、呈现。图灵机出现以前的计算设备,如算盘和其他机械式运算设备,虽然也是通用的"计算机",但它们不可能像图灵机那样执行所有的计算任务。另外,算盘的"程序"只能储存在演算者的大脑里,而图灵机存储的程序成为计算机自身的一部分,这就是很重要的区别。

1950 年 10 月,在曼彻斯特大学任教的图灵发表了一篇名为《计算机与智能》(*Computing Machinery and Intelligence*)的论文,首次提出机器具备思维的可能性。"图灵测试"通过让测试主持者对计算机及作为参照考察对象的人进行一系列问题验证,来判断与之对话的是人,还是机器——如果无法判断或混淆了被考察的机器和人,则可认为被测试的机器具有某种程度的智慧。图灵曾预言,至 20 世纪末,一定会涌现出可通过图灵测试的计算机。从某种意义上说,这一预言在 1997 年 5 月实现。当时国际象棋之王卡斯珀罗夫在美国纽约与超级计算机"深蓝"对弈,结果"深蓝"取得了胜利——在"深蓝"接连走出几步妙棋杀招时,人类冠军几乎不相信与他对弈的是一台机器。

和图灵机、图灵测试一样,"图灵奖"也可视为大师图灵留给计算机从业者的遗产。被誉为计算机学界的诺贝尔奖的图灵奖由美国计算机协会(Association for Computer Machinery,ACM)于 1966 年设立。这一全球计算机科学领域最高荣誉的奖项名称,展现出整个产业对图灵这位杰出前辈的崇敬与追慕。

2. 冯·诺依曼体系结构

约翰·冯·诺依曼(John von Neumann,1903—1957)是 20 世纪最杰出的数学家之一,于 1945 年提出了"程序内存式"计算机的设计思想。这一卓越的思想为电子计算机的逻辑结构设计奠定了基础,已成为计算机设计的基本原则。他由于在计算机逻辑结构设计上有伟大的贡献,所以被誉为"计算机之父"。

从 20 世纪初,物理学和电子学科科学家们就在争论制造可以进行数值计算的机器应该采用什么样的结构。人们被十进制这个人类习惯的计数方法所困扰。所以,那时以研制模拟计算机的呼声更为响亮和有力。20 世纪 30 年代中期,冯·诺依曼大胆地提出,抛弃十进制,采用二进制作为数字计算机的数制基础,并提出预先编制计算程序,然后由计算机按照人们事前制定的计算顺序执行数值计算工作,人们把这个理论称为冯·诺依曼体系结构。从世界上第一台电子数字计算机 ENIAC 到当前最先进的计算机,采用的都是冯·诺依曼体系结构。

3. 香农和信息论

克劳德·艾尔伍德·香农(Claude Elwood Shannon,1916—2001),现代信息论的著名创始人,信息论及数字通信时代的奠基人。香农在普林斯顿高级研究所(The Institute for Advanced Study at Princeton)期间开始思考信息论与有效通信系统的问题。从 1948 年 6 月到 10 月,香农在《贝尔系统技术杂志》(*Bell System Technical Journal*)上连载发表了影响深远的论文《通讯的数学原理》。1949 年,香农又在该杂志上发表了另一篇著名论文《噪声下的通信》。在这两篇论文中,香农解决了过去许多悬而未决的问题:阐明了通信的基本问题,给出了通信系统的模型,提出了信息量的数学表达式,并解决了信道容量、信源统计特性、信源编码、信道编码等一系列基本技术问题。两篇论文成为信息论的基础性理论著作。

香农的成就轰动了世界,激发了人们对信息论的巨大热情,它向各门学科冲击,研究规模像滚雪球一样越来越大。它远远突破了香农本人所研究和意料的范畴,即从香农的所谓"狭义信息论"发展到"广义信息论"。20世纪80年代以来,当人们在议论未来的时候,人们的注意力又异口同声地集中到信息领域。按照国际上的一种流行说法,未来将是一个高度信息化的社会。信息工业将发展成头号工业,社会上的大多数人将从事信息的生产、加工和流通。这时,人们才能更正确地估价香农工作的全部含义。

4. 布尔与逻辑运算

乔治·布尔(George Boole,1815—1864),19世纪最重要的数学家之一。1847年,布尔出版了《逻辑的数学分析》(*The Mathematical Analysis of Logic*),这是他对符号逻辑诸多贡献中的第一次。1854年,出版了他最著名的著作《思维规律的研究》,介绍了以他的名字命名的布尔代数。布尔认为,逻辑中的各种命题能够使用数学符号代表,并能依据规则推导出相应逻辑问题的适当结论。布尔的逻辑代数理论建立在两种逻辑值"真"(True)、"假"(False)和3种逻辑关系"与"(AND)、"或"(OR)、"非"(NOT)。这种理论为数字电子计算机的二进制、相关逻辑元件和逻辑电路的设计铺平了道路。

由于布尔在符号逻辑运算中的贡献特殊,所以很多计算机语言中将逻辑运算称为布尔运算,将其结果称为布尔值。

5. 伯纳斯·李与万维网

2017年4月,万维网(World Wide Web,WWW)的发明人、麻省理工学院教授蒂姆·伯纳斯·李(Tim Berners-Lee,1955—)获得了2016年ACM(美国计算机协会)"图灵奖"(A. M. Turing Award)。

1990年,伯纳斯·李在当时的NEXTSTEP网络系统上开发出世界上第一个网络服务器和第一个客户端浏览器编辑程序,之后启动了万维网并成立了全球第一个WWW网站。如今,WWW、HTTP、URL等词语成了人们习惯的日常用语,万维网正在日益深刻地改变人们工作、娱乐、交流思想和社交的各种方式,并几乎影响到人们生活的各个领域。从某种程度上讲,万维网诞生的意义并不亚于印刷术、电话等发明对人类历史的深远影响。

伯纳斯·李的发明改变了全球信息化的传统模式,带来了一个信息交流的全新时代。可是,伯纳斯·李并没有为WWW申请专利和限制它的使用,而是无偿地向全世界开放,为互联网的全球化普及翻开了里程碑式的篇章,让互联网走进千家万户。

1.3.4　计算机的发展趋势

计算机科学技术是世界上发展最快的科学技术之一,产品不断升级换代。计算机本身的性能越来越优越,应用范围也越来越广泛,从而使计算机成为工作、学习和生活中必不可少的工具。

1. 计算机发展的特点

计算机发展的特点主要体现在功能巨型化、体积微型化、资源网络化和处理智能化等方面。

（1）功能巨型化。巨型计算机的发展集中体现了计算机科学技术的发展水平，推动了计算机系统结构、硬件和软件的理论和技术、计算数学以及计算机应用等多个学科分支的发展。高性能计算机主要应用于天文、气象、地质、核反应、航天飞机和卫星轨道计算等尖端科学技术领域和国防事业领域，它标志了一个国家计算机技术的发展水平。目前，运算速度为每秒几百亿次到上万亿次的超级计算机已经投入运行，并正在研制更高速的超级计算机。

（2）体积微型化。由于大规模和超大规模集成电路的飞速发展，微处理器芯片连续更新换代，微型计算机连年降价，加上丰富的软件和外围设备，操作简单，使微型计算机很快普及到社会各个领域并走进千家万户。其中，笔记本型、掌上型等微型计算机必将以更优的性能价格比受到人们的欢迎。

（3）资源网络化。资源网络化是计算机发展的又一个重要趋势。从单机走向联网是计算机应用发展的必然结果。计算机网络化是指用现代通信技术和计算机技术把分布在不同地点的计算机互联起来，组成一个规模大、功能强、可以互相通信的网络结构。网络化的目的是使网络中的软件、硬件和数据等资源能被网络上的用户共享。目前，大到世界范围的通信网，小到实验室内部的局域网已经很普及，因特网（Internet）已经连接世界上绝大部分国家和地区。由于计算机网络实现了多种资源的共享和处理，提高了资源的使用效率，因而深受广大用户欢迎，得到越来越广泛的应用。

（4）处理智能化。处理智能化使计算机具有模拟人的感觉和思维过程的能力，使计算机成为真正的智能工具，这也是目前正在研制的新一代计算机要实现的目标。智能化的研究包括模式识别、图像识别、自然语言的生成和理解、博弈、定理自动证明、自动程序设计、专家系统、学习系统和智能机器人等。目前已研制出多种具有人的部分智能的机器人。

2. 未来计算机

展望未来，计算机的发展必然要经历很多新的突破。基于集成电路的计算机短期内还不会退出历史舞台，但一些新的计算机正在跃跃欲试地加紧研究，这些计算机包括超导计算机、纳米计算机、光计算机、DNA 计算机和量子计算机等。

未来的计算机将在模式识别、语言处理、句式分析和语义分析的综合处理能力上获得重大突破，它可以识别孤立单词、连续单词、连续语言和特定或非特定对象的自然语言。人类将越来越多地同机器对话，键盘和鼠标的时代将渐渐结束。

超导计算机是利用超导技术生产的计算机及其部件，其开关速度达到几微微秒，耗电仅为半导体器件计算机的几千分之一，它执行一条指令只需十亿分之一秒，比半导体元件快几十倍。

纳米计算机指将纳米技术运用于计算机领域所研制出的一种新型计算机。采用纳米技术生产芯片成本十分低廉，它既不需要建设超洁净生产车间，也不需要昂贵的实验设备和庞大的生产队伍，只要在实验室里将设计好的分子合在一起，就可以造出芯片，从而大大降低生产成本。

　　光计算机是由光代替电子或电流,实现高速处理大容量信息的计算机。其基础部件是空间光调制器,并采用光内连技术,在运算部分与存储部分之间进行光连接,运算部分可直接对存储部分进行并行存取,突破了传统的用总线将运算器、存储器、输入和输出设备相连接的体系结构。运算速度极高,耗电极低。

　　DNA计算机是应用DNA(脱氧核糖核酸)存储遗传密码的原理,通过生物化学反应,用基因代码作为计算输入输出的一种生物形式的计算机。它可以实现现有计算机无法进行的模糊推理和神经网络计算,是智能计算机最有希望的突破口。

　　量子计算机是一种基于量子理论的计算机,遵循量子力学规律进行高速数学和逻辑运算、存储及处理量子信息的物理装置。量子计算机的概念源于对可逆计算机的研究。量子计算机应用的是量子比特,可以同时处于多个状态,而不像传统计算机那样只能处于0或1的二进制状态。

　　计算机产业正以人们难以想象的速度大步向前发展,我们正步入一个技术进步呈指数级加速的转折点。

1.4　思考与讨论

1.4.1　问题思考

　　1. 什么是计算机? 其主要特征有哪些?

　　2. 按不同规模和处理能力划分,计算机可分为哪几种类型?

　　3. 计算机系统包括哪几部分?

　　4. 如何理解软件与硬件的关系?

　　5. 现代计算机发展各个阶段的主要特点是什么?

　　6. 计算机的发展趋势体现在哪些方面?

1.4.2　课外讨论

　　1. 为什么计算机无处不在? 举例说明。

　　2. 计算机是一台笨拙的机器,为什么却具有从事令人难以置信的聪明工作的能力?

　　3. 从软件使用的本质分析计算机作为工具的特殊性。

　　4. 计算机应用中你接触过哪些领域?

　　5. 说出几位计算机发展史上的重要人物,并简述他们在计算机发展史上的贡献。

　　6. 写一篇短文,谈谈对计算机的认识。

课后自测-1

第 2 章

计算机运算基础

计算机最基本的功能是数据处理。数据的含义十分广泛,除数学中的数值外,还有字符、声音、图形、图像等。计算机中的各种数据通常都是用二进制编码形式表示、存储、处理和传送的。

2.1 数制及其转换

数制也称为进制,是数的进位计数制,是用一组固定的数码和一套统一的规则表示数值的方法。在日常生活中,通常用十进制计数,此外还有许多非十进制的计数方法。例如,以 60 分为 1 小时,60 秒为 1 分,用的就是六十进制计数。在计算机内部,一切信息的存取、处理和传输均采用二进制计数,为了书写与表示方便,还引入了八进制计数和十六进制计数。

2.1.1 进位计数制

在日常生活中会遇到不同进制的数,如:十进制数,逢 10 进 1;一周有七天,逢 7 进 1;而计算机中用的是二进制数,逢 2 进 1。无论哪种数制,其共同之处都是进位计数制。

1. 进位计数制的基本概念

各种数制的共同特点是:数制规定了每位数上可能有的数码的个数,以及同一个数码处于不同位置表示不同的值。这就是数制中除数码外最重要的两个概念,即基数

(radix)和位权(weight)。

数码是数制中表示基本数值大小的不同数字符号。例如,十进制有 10 个数码:0、1、2、3、4、5、6、7、8、9。

基数是数制使用数码的个数。例如,十进制的基数为 10。

一个数码处在不同位置上代表的值不同,如十进制数中,数字 6 在十位数位置上表示 60,在百位数上表示 600,而在小数点后 1 位表示 0.6,可见每个数码表示的数值等于该数码乘以一个与数码所在位置相关的常数,这个常数叫作位权。位权的大小是以基数为底、以数码所在位置的序号为指数的整数次幂。十进制的个位数位置上的位权是 10^0,十位数位置上的位权为 10^1,小数点后 1 位的位权为 10^{-1}。

2. 计算机中常用的数制

人们最熟悉的数制是十进制,在计算机中采用的是二进制。但是,用二进制表示一个数,其使用的位数要比用十进制表示长得多,书写和阅读都不方便,也不容易被理解。为了书写和阅读方便,人们通常使用八进制和十六进制弥补二进制的这一不足。

(1) 十进制。十进制(decimal)是最常用的数制类型。十进制使用 0、1、2、3、4、5、6、7、8、9 共 10 个数码描述,基数为 10,计数规则是逢 10 进 1。

(2) 二进制。二进制(binary)是计算机系统采用的数制。二进制的基数是 2,也就是说,它只有两个数码,即 0 和 1,计数规则是逢 2 进 1。

(3) 八进制。八进制(octal)虽然比较少用,但在一些场合中还是需要用到的,如一些注册表项中,八进制的基数是 8,即由 0、1、2、3、4、5、6、7 共 8 个数码组成,逢 8 进 1。

(4) 十六进制。十六进制(hexadecimal)是人们在计算机指令代码和数据的书写中经常使用的数制。十六进制的基数是 16,即它有 16 个数码,除了十进制数中的 10 个数可用外,还使用了 6 个英文字母,依次是 0、1、2、3、4、5、6、7、8、9、A、B、C、D、E、F。其中,A~F 分别代表十进制数的 10~15。计数规则是逢 16 进 1。

十进制与二进制、八进制、十六进制的对应关系见表 2-1。

表 2-1　十进制与二进制、八进制、十六进制的对应关系

二进制	八进制	十进制	十六进制	二进制	八进制	十进制	十六进制
0	0	0	0	1000	10	8	8
1	1	1	1	1001	11	9	9
10	2	2	2	1010	12	10	A
11	3	3	3	1011	13	11	B
100	4	4	4	1100	14	12	C
101	5	5	5	1101	15	13	D
110	6	6	6	1110	16	14	E
111	7	7	7	1111	17	15	F

既然有不同的数制,因此在给出一个数时,就需要指明是什么数制类型的数,可以在数字的右下角使用一个下标表示基数,或者用后缀字母标识,二进制标识字母为 B,八进制为 O,十进制为 D,十六进制为 H。对于十进制数,下标或标识字母通常可省略不写。

例如,$(1011)_2$、$(1011)_8$、$(1011)_{10}$、$(1011)_{16}$ 即使用下标表示数,分别为二进制、八进制、十进制和十六进制数。若用后缀字母标识,则 1011B、365O、89D、35ACH 分别为二进制、八进制、十进制和十六进制数。

3. 计算机采用二进制的原因

计算机采用二进制主要有以下原因。

(1) 技术上容易实现。这是因为具有两种稳定状态的物理器件很多,如门电路的导通与截止、电压的高与低等,而它们恰好可以对应表示"1"和"0"这两个数码。假如采用十进制,那么就要制造具有 10 种稳定状态的物理电路,而这是非常困难的。

(2) 运算规则简单。数学推导已经证明,对 R 进制数进行算术求和或求积运算,其运算规则各有 $R(R+1)/2$ 种。如采用十进制,则 $R=10$,就有 55 种求和或求积的运算规则;而采用二进制,则 $R=2$,仅有 3 种求和或求积的运算规则。以加法为例:$0+0=0$,$0+1=1(1+0=1)$,$1+1=10$,因而可以大大简化运算器等物理器件的设计。

(3) 可靠性高。由于电压的高和低、电流的有和无都是一种质的变化,两种物理状态稳定、分明,因此,二进制码传输的抗干扰能力强,鉴别信息的可靠性高。

(4) 逻辑判断方便。采用二进制后,仅有的两个符号"1"和"0"正好可以与逻辑命题的两个值"真"和"假"对应,能够方便地使用逻辑代数这一有力工具来分析和设计计算机的逻辑电路。

2.1.2　不同数制间的转换

在计算机内部,数据与程序都用二进制表示和处理,人们的输入与计算机的输出还是以十进制表示,这就存在数制间的转换工作,转换过程是通过机器完成的,但我们应当了解数制转换的原理。

1. 非十进制数转换为十进制数

非十进制数转换为十进制数采用按位权展开再求和的方法。

任何一个 R 进制数 N:$D_{n-1}D_{n-2}\cdots D_1D_0D_{-1}D_{-2}\cdots D_{-m}$(其中 n 为整数位数,m 为小数位数)均可表示为如下形式。

$$N = D_{n-1} \times R^{n-1} + D_{n-2} \times R^{n-2} + \cdots + D_1 \times R^1 + D_0 \times R^0 + D_{-1} \times R^{-1} + D_{-2} \times R^{-2} + \cdots + D_{-m} \times R^{-m}$$

$$= \sum_{i=-m}^{n-1} D_i \times R^i$$

其中,D_i 表示第 i 位的数码,R^i 是该位的权。

【例 2-1】　二进制数、八进制数、十六进制数转换为十进制数。

二进制数 10001101.11 转换为十进制数。

$$(10001101.11)_2 = 1 \times 2^7 + 0 \times 2^6 + 0 \times 2^5 + 0 \times 2^4 + 1 \times 2^3 + 1 \times 2^2 + 0 \times 2^1 +$$
$$1 \times 2^0 + 1 \times 2^{-1} + 1 \times 2^{-2}$$
$$= 141.75$$

八进制数 337.4 转换为十进制数。

$$(337.4)_8$$
$$= 3 \times 8^2 + 3 \times 8^1 + 7 \times 8^0 + 4 \times 8^{-1}$$
$$= 223.5$$

十六进制数 3BF.4 转换为十进制数。

在十六进制数转换成十进制数时,要将符号 A、B、C、D、E、F 还原成 10、11、12、13、14、15 进行运算。

$$(3BF.4)_{16}$$
$$= 3 \times 16^2 + 11 \times 16^1 + 15 \times 16^0 + 4 \times 16^{-1}$$
$$= 959.25$$

2. 十进制数转换为非十进制数

将十进制数转换为二进制、八进制或十六进制等非十进制数的方法是类似的,其步骤是将十进制数分为整数和小数两部分进行。

(1) 十进制整数转换为非十进制整数。十进制整数转换为非十进制整数,采用"除基取余法",即将十进制整数逐次除以转换目标数制的基数,直到商为 0 时为止,将所得余数自下向上排列即可。

【例 2-2】 将十进制数 35 转换为二进制数、八进制数。

2	35	取余数	↑ 低
2	17	1	
2	8	1	
2	4	0	
2	2	0	
2	1	0	
	0	1	↓ 高

则得:$35 = (100011)_2$

同理,可以将十进制数 35 转换为八进制数。

8	35	取余数	↑ 低
8	4	3	
	0	4	↓ 高

则得:$35 = (43)_8$

由此方法也可以将十进制数 35 转换为十六进制数:

$$35=(23)_{16}$$

（2）十进制小数转换为非十进制小数。十进制小数转换为非十进制小数采用"乘基取整法"，即将十进制小数逐次乘以转换目标数制的基数，直到小数部分的值为 0 或满足精度要求为止，然后将得到的整数自上而下排列。

【例 2-3】 将十进制数 0.25 转换成二进制数。

```
        0.25      取整数       │  高
    ×      2                  │
    ──────────              │
        0.50        0          │
    ×      2                  │
    ──────────              ↓  低
        1.00        1
```

所以，$0.25=(0.01)_2$

当十进制小数不能用有限位二进制小数精确表示时，根据精度要求，采用"0 舍 1 入"法，取有限位二进制小数近似表示。

【例 2-4】 将十进制小数 0.32 转换为二进制小数（要求精确到小数点后 4 位）。

```
        0.32      取整数     │  高
    ×      2                │
    ──────────            │
        0.64        0        │
    ×      2                │
    ──────────            │
        1.28        1        │
        0.28                 │
    ×      2                │
    ──────────            │
        0.56        0        │
    ×      2                │
    ──────────            ↓  低
        1.12        1
```

则得：$0.32≈(0.0101)_2$。

若十进制数中既有整数，又有小数，则应将整数部分和小数部分分别进行转换，再将两者相加，便得到结果。

【例 2-5】 将十进制数 35.25 转换为二进制数。

由于　$35=(10011)_2$

　　　$0.25=(0.01)_2$

则得：$35.25=(10011.01)_2$。

3. 二进制与八进制、十六进制的转换

1 位八进制数对应 3 位二进制数，而 1 位十六进制数对应 4 位二进制数。因此，二进制数与八进制数之间、二进制数与十六进制数之间的相互转换十分容易。

二进制转换为八进制的原则是：整数部分从低位到高位每 3 位为一组（不足 3 位在

高位用 0 补足),小数部分从高位到低位每 3 位为一组(不足 3 位在低位用 0 补足),然后将每组 3 位二进制数转换成对应的一位八进制数。一组一组地转换成对应的八进制数,即得到转换的结果。

【例 2-6】 将二进制数 10011110.00111 转换成八进制数。

$$010\quad 011\quad 110\ .\ 001\quad 110$$
$$2\qquad 3\qquad 6\ .\quad 1\qquad 6$$

所以 $(10011110.00111)_2 = (236.16)_8$。

反之,由八进制数转换成二进制数时,只要将每位八进制数字转换成对应的 3 位二进制数即可。

【例 2-7】 将八进制数 261.34 转换为二进制数。

$$2\qquad 6\qquad 1\ .\quad 3\qquad 4$$
$$010\quad 110\quad 001\ .\quad 011\quad 100$$

则得:$(261.34)_8 = (10110001.0111)_2$。

类似地,十六进制数与二进制数的转换原则是:十六进制数中的每一位用 4 位二进制数表示。

【例 2-8】 将二进制数 10011110.00111 转换成十六进制数,十六进制数 5A.E8 转换为二进制数。

$$1001\quad 1110\ .\ 0011\quad 1000$$
$$9\qquad E\ .\quad 3\qquad 8$$

所以 $(10011110.00111)_2 = (9E.38)_{16}$。

$$5\qquad A\ .\quad E\qquad 8$$
$$0101\quad 1010\ .\ 1110\quad 1000$$

所以 $(5A.E8)_{16} = (1011010.11101)_2$。

2.2　计算机中数据的表示

信息有多种表现形式,包括数值、字符、图形、图像、声音、视频和动画等,可归纳为数值信息与非数值信息两种类型。计算机是用二进制编码方式工作的,它无法直接理解人们日常接触到的信息,需要将信息转化为二进制编码的数据,计算机才能进行存储、传输和处理。

2.2.1　数的机器码表示

为了区别一般书写表示的数与机器中编码表示的数,通常将一般书写表示的数称为真值,机器中编码表示的数称为机器数或机器码。机器数有原码、补码、反码等表示形式。本节以整数为例说明原码、补码和反码的表示方法。

1. 机器数和真值

数有正负之分,如 $N_1 = +1101101$,$N_2 = -1101101$,则 N_1 是一个正数,N_2 是一个负

数。机器不能直接把符号"＋""－"表示出来,为了能在计算机中表示正负数,必须引入符号位,即把正负符号也用 1 位二进制数码表示。为了便于在计算机中表示,同时又便于与实际值区分,在此首先引入机器数和真值的概念。

(1) 机器数。用二进制数"0"或"1"表示数的符号,"0"表示正号,"1"表示负号,且把符号位置于该数的最高数值位前,这样表示的数称为机器数(或称机器码),即符号位和数值位一起编码表示的数就是机器数。

(2) 真值。一般在书写中用"＋""－"表示数的符号,这样表示的数称为真值。

例如:$N_1 = +1101101$,$N_2 = -1101101$,这是真值,表示成机器数(以原码为例)就是:$[N_1]_原 = \underline{0}1101101$,$[N_2]_原 = \underline{1}1101101$。

2. 原码

符号位为 0 表示正数,为 1 表示负数,数值部分用二进制数的绝对值表示的方法称为原码表示法,通常用 $[X]_原$ 表示 X 的原码。

例如,要表示＋59 和－59 的原码。假设机器数的位数为 8 位(即机器的字长为 8 位),最高位是符号位,其余 7 位是数值位,那么,＋59 和－59 的原码分别表示为:

$$[+59]_原 = \underline{0}0111011$$
$$[-59]_原 = \underline{1}0111011$$

需要注意的是,0 的原码有两个值,有"正零"和"负零"之分,机器遇到这两种情况都当作 0 处理。

$$[+0]_原 = 00000000$$
$$[-0]_原 = 10000000$$

原码的表示方法简单易懂,与真值转换方便,但在进行加减法运算时,符号位不能直接参加运算,而是要分别计算符号位和数值位。当两数相加时,如果是同号,则数值相加;如果是异号,则进行减法运算。而在进行减法运算时,还要比较绝对值的大小,然后用大数减去小数,最后还要给运算结果选择恰当的符号。

为了解决这些问题,人们引进了数的补码表示法。

3. 反码

引入反码的目的是便于求负数的补码。正数的反码与原码相同,负数的反码是符号位不变,数值位逐位取反。

例如:$[+59]_反 = [+59]_原 = 00111011$,而$[-59]_原 = 10111011$,因此,$[-59]_反 = 11000100$。0 的反码也有两个,$[+0]_反 = 00000000$,$[-0]_反 = 11111111$。

在计算机中,求一个数的反码很容易,因此,求一个数的补码也就易于实现。

4. 补码

要了解补码,先来看日常生活中的实例。假如现在是 7 点,而你的手表却指向了 9 点,调整手表的时间可用两种方法拨动时针:一种方法是顺时针拨,即向前拨动 10 个小时;另一种方法是逆时针拨,即向后拨 2 个小时。从数学的角度可以表示为:

$$(9+10)-12=19-12=7$$

或

$$9-2=7$$

可见,对手表来说,向前拨 10 个小时和向后拨 2 个小时的结果是一样的,减 2 可以用加 10 代替。这是因为手表是按 12 进位的,12 就是它的"模"。对模 12 来说,-2 与 $+10$ 是"同余"的,也就是说,-2 与 $+10$ 对于模 12 来说是互为补数的。

因此可以引入补码,把减法运算转换为加法运算。补码的定义:把某数 X 加上模数 K,称为以 K 为模的 X 的补码。因此,正数的补码的最高位为符号"0",数值部分为该数本身;负数的补码的最高位为符号"1",数值部分为用模减去该数的绝对值。

计算机中的加法器是以 2^n 为模的有模器件,通过用模 2^n 减去某数的绝对值的方法求某数的补码比较麻烦,求一个二进制数的补码的简便方法是:正数的补码与其原码相同;负数的补码是符号位不变,数值位逐位取反(即求其反码),然后在最低位加 1。

例如:$[+59]_补=[+59]_原=00111011$,而 $[-59]_原=10111011$,$[-59]_反=11000100$,因此,$[-59]_补=[-59]_反+1=11000100+1=11000101$。

0 的补码只有一种形式,就是 n 位 0。n 位二进制数补码表示的范围为 $-2^{n-1}\sim +2^{n-1}-1$。例如,在 8 位机中,补码表示的范围为 $-128\sim +127$。

采用补码运算,符号位可以和数值位一起参加运算,而且不论数是正,还是负,计算机总是做加法,减法运算可转换为加法运算。计算机的控制线路较为简单,所以,大多数计算机均采用补码存储、补码运算,其运算结果仍为补码形式。

2.2.2　数值数据的表示

计算机中常用的数据表示格式有两种:一种是定点格式;另一种是浮点格式。定点格式是指一个数中小数点的位置是固定的,故称为定点数;反之,如果一个数中小数点的位置是浮动的,则是浮点表示,称为浮点数。一般来说,定点格式可表示的数值的范围有限,但要求的处理硬件比较简单;而浮点格式可表示的数值的范围很大,但要求的处理硬件比较复杂。

采用定点数表示法的计算机称为定点计算机,采用浮点数表示法的计算机称为浮点计算机。一般微型机和单片机大多采用定点数的表示方法,大、中型计算机及高档微型机都采用浮点表示法,或同时具有定点和浮点两种表示方法。

1. 定点数表示

所谓定点格式,即约定机器中所有数据的小数点位置固定不变。通常将定点数据表示成纯小数或纯整数。为了将数表示成纯小数,通常把小数点固定在数值部分的最高位前;而为了把数表示成纯整数,则把小数点固定在数值部分的最后面,如图 2-1 所示。

图 2-1 中标示的小数点"."在机器中不表示出来,而是事先约定在固定的位置。对于一台计算机,一旦确定了小数点的位置,就不再改变。

对纯小数进行运算时,要用适当的比例因子进行折算,以免产生溢出,或降低精度。

图 2-1　定点数表示法

假设用 n 位表示一个定点数 $x = x_0 x_1 x_2 \cdots x_{n-1}$，其中 x_0 用来表示数的符号位，其余位数代表它的量值。对于任意定点数 $x = x_0 x_1 x_2 \cdots x_{n-1}$，如果 x 表示的是纯小数，那么小数点就位于 x_0 和 x_1 之间，数的表示范围为：$0 \leqslant |x| \leqslant 1 - 2^{-(n-1)}$；如果 x 表示的是纯整数，则小数点就位于最低位 x_{n-1} 的右边，数的表示范围为：$0 \leqslant |x| \leqslant 2^{n-1} - 1$。

目前计算机中大多采用定点纯整数表示，因此将定点数表示的运算简称为整数运算。

2. 浮点数表示

在定点数表示中存在的一个问题是，难以表示数值很大的数据和数值很小的数据。例如，电子的质量（9×10^{-28} g）和太阳的质量（2×10^{33} g）相差甚远，在定点计算机中无法直接表示，因为小数点只能固定在某一个位置上，从而限制了数据的表示范围。

为了表示更大范围的数据，数学上通常采用科学计数法，把数据表示成一个小数乘以一个以 10 为底的指数。

例如，在计算机中，电子的质量和太阳的质量可以分别取不同的比例因子，以使其数值部分的绝对值小于 1，即：

$$9 \times 10^{-28} = 0.9 \times 10^{-27}$$
$$2 \times 10^{33} = 0.2 \times 10^{34}$$

这里的比例因子 10^{-27} 和 10^{34} 要分别存放在机器的某个单元中，以便以后对计算结果按此比例增大。显然，这要占用一定的存储空间和运算时间。

浮点表示法就是把一个数的有效数字和数的范围在计算机中分别予以表示。这种把数的范围和精度分别表示的方法相当于数的小数点位置随比例因子的不同而在一定范围内自由浮动，因此称为浮点表示法。

浮点数的一般表示形式为：

一个十进制数 N 可以写成：

$$N = 10^e \times M$$

一个二进制数 N 可以写成：

$$N = 2^e \times M$$

其中，M 称为浮点数的尾数，是一个纯小数；e 是比例因子的指数，称为浮点数的阶码，是一个整数。尾数部分给出有效数字的位数，因而决定了浮点数的表示精度；阶码部分指明了小数点在数据中的位置，因而决定了浮点数的表示范围。浮点数也是有符号数。带符号的浮点数的表示如图 2-2 所示。

图 2-2　带符号的浮点数的表示

其中，S 为尾数的符号位，放在最高一位；E 为阶码，紧跟在符号位之后，占 m 位；M 为尾数，放在低位部分，占 n 位。

(1) 规格化浮点数。若不对浮点数的表示做出明确规定，同一个浮点数的表示就不是唯一的。例如：

$$(1.75)_{10}=(1.11)_2=1.11\times2^0=0.111\times2^1=0.0111\times2^2=0.00111\times2^3$$

为了提高数据的表示精度，需要充分利用尾数的有效位数。当尾数的值不为 0 时，尾数域的最高有效位应为 1，否则就要修改阶码移动小数点的位置，使其变成符合这一要求的表示形式，这称为浮点数的规格化。

(2) IEEE-754 标准浮点格式。在 IEEE-754 标准出现前，业界并没有一个统一的浮点数标准，相反，很多计算机制造商都在设计自己的浮点数规则以及运算细节。

为了便于软件的移植，浮点数的表示格式应该有一个统一的标准。1985 年，美国电气和电子工程师协会(Institute of Electrical and Electronics Engineers，IEEE)提出了 IEEE-754 标准，并以此作为浮点数表示格式的统一标准。目前，几乎所有的计算机都支持该标准，从而大大改善了科学应用程序的可移植性。

IEEE 标准从逻辑上采用一个三元组 $\{S,E,M\}$ 表示一个数 N，它规定基数为 2，符号位 S 用 0 和 1 分别表示正和负，尾数 M 用原码表示，阶码 E 用移码表示。根据浮点数的规格化方法，尾数域的最高有效位总是 1，由此，该标准约定这一位不予存储，而是认为隐藏在小数点的左边，因此，尾数域表示的值是 $1.M$(实际存储的是 M)，这样可使尾数的表示范围比实际存储多一位。为了表示指数的正负，阶码 E 通常采用移码方式表示，将数据的指数 e 加上一个固定的偏移量后作为该数的阶码，这样做既可避免出现正负指数，又可保持数据的原有大小顺序，便于进行比较操作。

目前，大多数高级语言都按照 IEEE-754 标准规定浮点数的存储格式。IEEE-754 标准规定，单精度浮点数用 4B(即 32 位)存储，双精度浮点数用 8B(即 64 位)存储，如图 2-3 所示。

单精度格式(32位)　　　　　双精度格式(64位)

图 2-3　IEEE-754 标准浮点格式

单精度格式(32 位)中，符号位(S)1 位；阶码(E)8 位，阶码的偏移量为 127(7FH)；尾数(M)23 位，用纯小数表示。双精度格式(64 位)中，符号位(S)1 位；阶码(E)11 位，阶码的偏移量为 1023(3FFH)；尾数(M)52 位，用纯小数表示。

在 IEEE-754 标准中，一个规格化的 32 位浮点数 X 的真值可表示为：

$$X=(-1)^s\times(1.M)\times2^{E-127}\quad e=E-127$$

在 IEEE-754 标准中，一个规格化的 64 位浮点数 X 的真值可表示为：

$$X=(-1)^s\times(1.M)\times2^{E-1023}\quad e=E-1023$$

由于双精度格式的原理与单精度格式相同，仅是表示的位数有所增加，所以，下面主要介绍单精度格式(32 位)浮点数的表示方法。

当一个浮点数的尾数为 0,不论其阶码为何值,或者当阶码的值遇到比它所能表示的最小值还小时,不管其尾数为何值,计算机都把该浮点数看成零值,称为机器零。

当阶码 E 为全 0 且尾数 M 也为全 0 时,表示的真值 X 为零,结合符号位 S 为 0 或 1,有正零和负零之分。当阶码 E 为全 1 且尾数 M 也为全 0 时,表示的真值 X 为无穷大(∞),结合符号位 S 为 0 或 1,有 $+\infty$ 和 $-\infty$ 之分。这样,在 32 位浮点数表示中,要除去 E 用全 0 和全 1(255)表示零和无穷大的特殊情况,因此,阶码 E 的取值范围变为 1～254,指数的偏移量不选 128(10000000B),而选 127(01111111B)。对于 32 位规格化浮点数,真正的指数值 e 为 -126～$+127$,因此,数的绝对值的范围是 2^{-126}～$2^{127}\approx10^{-38}$～10^{38}。

2.2.3　非数值数据的表示

非数值数据通常指的是字符、图形、图像、声音、视频等,它们并不用来表示数值的大小,一般情况下也不对它们进行算术运算。这里介绍字符数据的表示。

1. 西文字符的表示

由于计算机内部只能识别和处理二进制代码,所以字符必须按照一定的规则用一组二进制编码表示。字符编码方式有很多种,美国国家标准学会(ANSI)制定的美国信息交换标准码(American Standard Code for Information Interchange,ASCII)是现今最通用的单字节编码系统,它主要用于显示现代英文字母和符号,已被国际标准化组织(ISO)定为国际标准,称为 ISO 646 标准。

ASCII 字符编码表见表 2-2,表中的横轴为 7 位 ASCII 码高 3 位 $b_6b_5b_4$ 的二进制表示,纵轴为 ASCII 码低 4 位 $b_3b_2b_1b_0$ 的二进制表示,括号中的数字为对应的十六进制表示。

表 2-2　ASCII 字符编码表

$b_6b_5b_4$ / $b_3b_2b_1b_0$	000 (0)	001 (1)	010 (2)	011 (3)	100 (4)	101 (5)	110 (6)	111 (7)
0000(0)	NUL	DLE	SP	0	@	P	`	p
0001(1)	SOH	DC1	!	1	A	Q	a	q
0010(2)	STX	DC2	"	2	B	R	b	r
0011(3)	ETX	DC3	#	3	C	S	c	s
0100(4)	EOT	DC4	$	4	D	T	d	t
0101(5)	ENQ	NAK	%	5	E	U	e	u
0110(6)	ACK	SYN	&	6	F	V	f	v
0111(7)	BEL	ETB	'	7	G	W	g	w
1000(8)	BS	CAN	(	8	H	X	h	x
1001(9)	HT	EM	)	9	I	Y	i	y

$b_6 b_5 b_4$ $b_3 b_2 b_1 b_0$	000 (0)	001 (1)	010 (2)	011 (3)	100 (4)	101 (5)	110 (6)	111 (7)
1010(A)	LF	SUB	*	:	J	Z	j	z
1011(B)	VT	ESC	+	;	K	[	k	{
1100(C)	FF	FS	,	<	L	\	l	l
1101(D)	CR	GS	—	=	M	]	m	}
1110(E)	SO	RS	.	>	N	^	n	~
1111(F)	SI	US	/	?	O	_	o	DEL

ASCII 码用 7 位二进制编码(0～127)表示一个字符,总共可以表示 128 个字符,其中有 95 个是可显示和打印的字符,包括 10 个十进制数字(0～9)、52 个英文大写和小写字母(A～Z,a～z),以及若干个运算符和标点符号,除此之外的 33 个字符是不可显示和打印的控制符号,原先用于控制计算机外围设备的某些工作特性现在多数已被废弃。

计算机通常用一个字节(8 位)存放一个 ASCII 字符,字节的低 7 位表示不同的 ASCII 字符,而字节的最高 1 位固定为 0。在有些情况下,字节的最高 1 位也可用作奇偶校验位以检验错误,或用作西文字符和汉字的区分标识。

除了使用字节最高位为 0 的标准 ASCII 码(0～127)外,通过使用字节最高位为 1 的另外 128 个编码(128～255),许多公司和组织还自行定义了不少互不兼容的扩展 ASCII 码系统。扩展 ASCII 码用 8 位二进制表示一个字符,总共可以表示 256 个不同的字符。

2. 汉字的表示

汉字处理是我国计算机推广应用中必须解决的问题。汉字的字数繁多,字形复杂,读音多变,常用汉字就有 7000 个左右。要在计算机中表示汉字,最方便的方法是为每个汉字设计一个编码,而且要使这些编码与西文字符和其他字符有明显的区别。

目前,在我国使用的计算机汉字操作平台中,常见的有以下 4 种汉字字符集。

(1) GB 2312 字符集。GB 2312 即国标码字符集 GB 2312—1980,全称为《信息交换用汉字编码字符集—基本集》,由国家标准总局于 1980 年发布,1981 年 5 月 1 日起实施,是中国国家标准的简体中文字符集。GB 2312 用两个字节表示一个汉字编码,为了和西文字符隔离开,规定每个字节的最高位为 1。它所收录的汉字已经覆盖 99.75% 的使用频率,基本满足了汉字的计算机处理需要。

(2) BIG5 字符集。BIG5 又称大五码,1984 年由中国台湾财团法人信息工业策进会和 5 家软件公司——宏碁(Acer)、神通(MiTAC)、佳佳、零壹(Zero One)、大众(FIC)创立,故称大五码。BIG5 码的产生,一方面是因为当时中国台湾不同厂商各自推出不同的编码,如倚天码、IBM PS55、王安码等,彼此不能兼容;另一方面,中国台湾当时尚未推出官方的汉字编码,而 GB 2312 编码亦未收录繁体中文字。BIG5 字符集共收录 13053 个中文字,该字符集在中国台湾使用。

尽管 BIG5 码内包含一万多个字符,但是没有考虑社会上流通的人名、地名用字、方言用字、化学及生物学科等用字,没有包含日文平假名及片假名字母。

(3) GBK 字符集。1995 年底推出的 GBK(汉字内码扩展规范)编码是中文编码扩展国家标准,该编码标准兼容 GB 2312,共收录汉字 21003 个、符号 883 个,并提供 1894 个造字码位,简、繁体字融于一库。它和 GB 2312 的区别在于只规定第 1 个字节的最高位为 1。

GBK 字符集主要扩展了对繁体中文字的支持。

(4) GB 18030 字符集。GB 18030 的全称是 GB 18030—2000《信息交换用汉字编码字符集基本集的扩充》,是国家质量技术监督局于 2000 年 3 月 1 日发布的新的汉字编码国家标准,2000 年 7 月 1 日后在中国市场上发布的软件必须符合该标准。2005 年 11 月 8 日,国家标准化管理委员会重新发布了新标准 GB 18030—2005《信息技术中文编码字符集》替代 GB 18030—2000,并于 2006 年 5 月 1 日实施。

GB 18030 字符集标准解决了汉字、日文假名、朝鲜语和中国少数民族文字组成的大字符集计算机编码问题。该标准采用单字节、双字节和四字节 3 种编码方式,字符总编码空间超过 150 万个编码位,收录了 27484 个汉字,覆盖中文、日文、朝鲜语和中国少数民族文字,能满足东亚信息交换多文种、大字量、多用途、统一编码格式的要求,并且与 Unicode 3.0 版本兼容,与以前的国家字符编码标准兼容。

3. Unicode 码

现今,人类使用了接近 6800 种不同的语言,即使是扩展 ASCII 码,这类 8 位代码也不能满足需要。解决问题的最佳方案是设计一种全新的编码方法,而这种方法必须有足够的能力来容纳全世界所有语言中任意一种语言的所有符号,这就是 Unicode(统一码)。Unicode 为每种语言中的每个字符设定了统一并且唯一的二进制编码,以满足跨语言、跨平台进行文本转换、处理的要求。

目前实际应用的 Unicode 对应于 UCS-2(2-byte Universal Character Set,2 字节通用字符集),每个字符占用 2B,使用 16 位的编码空间,理论上允许表示 $2^{16} = 65536$ 个字符,可以基本满足各种语言的使用需要。实际上,目前版本的 Unicode 尚未填充满这 16 位编码,从而为特殊的应用和将来的扩展保留了大量的编码空间。这个编码空间已经非常大了,但设计者考虑到将来某一天它可能也会不够用,所以又定义了 UCS-4 编码,每个字符占用 4B(实际上只用了 31 位,最高位必须为 0),理论上可以表示 $2^{31} = 2\ 147\ 483\ 648$ 个字符。

2.3　数据存储与数据运算

数据存储与数据运算是计算机的基本功能。数据在计算机中以器件的物理状态表示,采用二进制数字系统,计算机处理所有的字符或符号也要用二进制编码表示。

2.3.1　数据存储

不论是什么类型的数据,在计算机中都是以二进制编码存放的。二进制编码的存储涉及数据的存储单元、存储地址等概念。

1. 存储单元

在计算机中最小的信息单位是 bit,也就是一个二进制位(b),8 个 bit 组成一个 Byte,也就是字节(B)。一个存储单元(memory cell)可以存储一个字节,也就是 8 个二进制位。计算机的存储器容量是以字节为最小单位计算的,对于一个有 128 个存储单元的存储器,可以说它的容量为 128B。

存储单元的地址称为存储地址(memory address),一般用十六进制数表示,从 0 开始顺序编号。存储单元的地址和地址中的内容两者是不一样的。前者是存储单元的编号,表示存储器总的一个位置,而后者表示这个位置里存放的数据,正如一个是房间号码,一个是房间里住的人一样。

2. 数据的存储单位

字节是计算机存储容量的基本单位,更大容量的单位有千字节、兆字节、吉字节、太字节等。存储容量单位的定义见表 2-3。

表 2-3　存储容量单位的定义

中文单位	英文单位	英文简称	进率(Byte=1)
字节	Byte	B	2^0
千字节	KiloByte	KB	2^{10}
兆字节	MegaByte	MB	2^{20}
吉字节	GigaByte	GB	2^{30}
太字节	TeraByte	TB	2^{40}
拍字节	PetaByte	PB	2^{50}
艾字节	ExaByte	EB	2^{60}
泽字节	ZettaByte	ZB	2^{70}
尧字节	YottaByte	YB	2^{80}

2.3.2　数据运算

计算机中的基本运算有算术运算和逻辑运算两大类。算术运算主要是指加、减、乘、除四则运算,参加运算的数据一般要考虑符号和编码格式(即原码、反码,还是补码)。由于数据有定点数和浮点数两大类,因此也可以分为定点数四则运算和浮点数四则运算。逻辑运算包括逻辑与、或、非、异或等运算,针对不带符号的二进制数。

1. 定点加、减法运算

定点加、减法运算属于算术运算,要考虑参加运算数据的符号和编码格式。在计算机中,定点数据主要有原码、反码、补码 3 种形式;在定点加、减法运算时,3 种编码形式从理论上来说都是可以实现的,但难度不同。

补码运算时,可以将符号位与数值位一起处理,因此,现代计算机的运算器一般都采用补码形式进行加、减法运算。

(1) 补码加法。补码加法的公式是:

$$[x]_{补} + [y]_{补} = [x+y]_{补} \quad (\bmod 2)$$

在模 2 意义下,任意两数的补码之和等于该两数之和的补码,这是补码加法的理论基础。之所以说是模 2 运算,是因为最高位(即符号位 x_0 和 y_0)相加结果中的向上进位是要舍去的。

由此可见,当两数以补码形式相加时,符号位可作为数据的一部分参加运算,而不用单独处理;运算的结果将直接得到两数之和的补码;符号位如有进位,丢弃即可。这样的运算规则十分方便,这也是补码在计算机内大量使用的原因。

(2) 补码减法。由于减去一个数就是加上这个数的负数,因此

$$[x-y]_{补} = [x+(-y)]_{补} = [x]_{补} + [-y]_{补} \quad (\bmod 2)$$

从 $[y]_{补}$ 求 $[-y]_{补}$ 的法则:当已知 $[y]_{补}$ 要求 $[-y]_{补}$ 时,只要将 $[y]_{补}$ 连同符号位"取反且最低位加 1"即可。

由此可见,补码定点减法和补码定点加法在本质上是相同的,因此,减法运算可以转换成加法运算,使用同一个加法器电路,无须再配减法器,从而可以简化计算机的设计。

(3) 溢出及其判断。在计算机中,由于机器码的位数是有限的,所以数的表示范围也是有限的。如果两数进行加减运算之后的运算结果超出了给定的取值范围,这就称为溢出。在定点数运算中,正常情况下溢出是不允许的。

两个正数相加,结果大于机器所能表示的最大正数,称为正溢。而两个负数相加,结果小于机器所能表示的最小负数,称为负溢。

2. 定点乘、除法运算

基本运算器的功能只能完成数码的传送、加法和移位,并不能直接完成两数的乘、除法运算,但在实际运算中,乘、除法却又是计算机的基本运算之一,下面讨论实现乘、除法运算的方法。

从实现角度来说,实现乘、除法运算一般有 3 种方式:一是采用软件实现乘、除法运算。利用基本运算指令,编写实现乘、除法的循环子程序。这种方法所需的硬件最简单,但速度最慢。二是在原有的基本运算电路的基础上,通过增加左右移位和计数器等逻辑电路实现乘、除法运算,同时增加专门的乘、除法指令。这种方式的速度比第一种方式快。三是自从大规模集成电路问世以来,高速的单元阵列乘、除法器应运而生,出现了各种形式的流水式阵列乘、除法器,它们属于并行乘、除法器,也有专门的乘、除法指令。这种方法依靠硬件资源的重复设置来赢得乘、除运算的高速,是 3 种方式中速度最快的

一种。

从编码角度考虑,由于乘、除法结果的符号位确定比较容易,运算结果的绝对值和参加运算的数据的符号无关,所以用原码实现也很简单,但在现代计算机中一般还是采用补码进行乘、除法运算。

3. 逻辑运算

在计算机中,运算器除了要进行加、减、乘、除等算术运算外,还要完成各种逻辑运算。参加逻辑运算的数据称为逻辑数,是不带符号位的二进制数,通常用"1"表示逻辑真,用"0"表示逻辑假。

利用逻辑运算可以进行两个数的比较,或者从某个数中选取某几位等操作。由于在文本、图片、声音等非数值数据中有着广泛的应用,因此逻辑运算也是一种非常重要的运算。

计算机中的逻辑运算主要包括逻辑非、逻辑与、逻辑或、逻辑异或 4 种运算。

(1) 逻辑非(NOT)运算。逻辑非运算又称为取反运算,就是对某个操作数的各位按位取反,即 0 变成 1,1 变成 0。逻辑非运算的运算符一般写成"ˉ"。

设 $x = x_0 x_1 x_2 \cdots x_n$,则逻辑非标记为:

$$\bar{x} = \bar{x}_0\ \bar{x}_1\ \bar{x}_2 \cdots \bar{x}_n$$

(2) 逻辑与(AND)运算。逻辑与运算也称逻辑乘,表示两个操作数相同位的数据进行按位"与"运算,两个都是 1,则结果为 1,两个中只要有 1 个为 0,结果就为 0。逻辑与运算的运算符一般写成"∧"或"·"。

逻辑与的特点是:对任何数据逻辑与 0 都会变成 0,而逻辑与 1 则保持原有数据不变。所以,在实际应用中,如果需要对一个数据的某几位清 0(其他位保持不变)时,常常会用到逻辑与运算。

(3) 逻辑或(OR)运算。逻辑或运算也称逻辑加,表示两个操作数相同位的数据进行按位"或"运算,两个都是 0,则结果为 0,两个中只要有 1 个为 1,结果就是 1。逻辑或运算的运算符一般写成"∨"或"+"。

逻辑或的特点是:对任何数据,逻辑或 1 都会变成 1,而逻辑或 0 则保持原有数据不变。所以,在实际应用中,如果需要对一个数据的某几位置 1(其他位保持不变)时,常常会用到逻辑或运算。

(4) 逻辑异或(XOR)运算。逻辑异或运算又称按位加,表示两个操作数相同位的数据进行按位"模 2 加"运算,若两个都相同,则结果为 0;若两个不同,则结果为 1。逻辑异或运算的运算符一般写成"⊕"。

逻辑异或的特点是:对任何数据逻辑异或 1 都会取反,而逻辑异或 0 则保持原有数据不变。所以,在实际应用中,如果需要对一个数据的某几位取反(其他位保持不变),常常会用到逻辑异或运算。逻辑异或的另一个特点是:对一个数连续进行两次逻辑异或,该数就会恢复到原来的状态,这一特点在一些需要数据可恢复的操作中很有用。

2.4　思考与讨论

2.4.1　问题思考

1. 什么是数制？数制的主要特点是什么？
2. 计算机为什么要采用二进制？
3. 机器数有哪几种表示形式？
4. 什么是 ASCII 码？其作用是什么？
5. 计算机的存储器容量是如何计算的？
6. 逻辑运算有什么特点？

2.4.2　课外讨论

1. 如果采用非二进制设计计算机，会带来哪些问题？
2. 总结二进制数与十进制数转换的方法。
3. 计算机中的数用二进制表示，为什么还需要八进制和十六进制？
4. 分析计算机系统中采用补码的原因。
5. 常用的文本软件中分别用到哪几种汉字编码方式？
6. 为什么说逻辑运算是一种非常重要的运算。

课后自测-2

第 3 章

计算机组成

计算机组成即计算机系统结构的逻辑实现,其任务是研究计算机各组成部分的内部构造和相互联系,以实现机器指令集的各种功能和特性。

3.1 计算机系统结构

计算机系统结构是计算机的机器语言程序员或编译程序编写者所看到的外特性。所谓外特性,就是计算机的概念性结构和功能特性,主要研究计算机系统的基本工作原理,以及在硬件、软件界面划分的权衡策略,建立完整的系统的计算机软硬件整体概念。

3.1.1 冯·诺依曼体系结构

计算机问世以来,虽然现在的计算机系统从性能指标、运算速度、工作方式、应用领域和价格等方面与当时的计算机有很大差别,但基本体系结构没有变,都属于冯·诺依曼计算机结构模式。

1. 冯·诺依曼思想的基本要点

冯·诺依曼思想即冯·诺依曼体系结构思想,其最基本的概念是存储程序概念,它奠定了现代计算机的结构基础。从世界上第一台数字计算机 ENIAC 到当前最先进的计算机,采用的都是冯·诺依曼体系结构。

(1) 功能部件。根据冯·诺依曼体系结构构成的计算机,必须具有如下功能:能够把需要的程序和数据送至计算机中;具有长期记忆程序、数据、中间结果及最终运算结果的能力;具有能够完成各种算术运算、逻辑运算和数据传送等数据加工处理的能力;能够根据需要控制程序走向,并能根据指令控制机器的各部件协调工作;能够按照要求将处理结果输出给用户。

为了完成上述功能,计算机必须具备五大基本组成部件,包括:运算器、控制器、存储器、输入设备和输出设备。

(2) 存储程序原理。冯·诺依曼体系结构思想的核心是采用存储程序原理,即把编制好的程序和数据存放在存储器中,按存储程序的首地址执行程序的第一条指令,以后就由程序控制执行,直到程序运行结束。

(3) 采用二进制形式。冯·诺依曼体系结构计算机中,数据与指令均以二进制代码的形式同存于存储器中,两者在存储器中的地位相同,并可按地址寻访。

2. 计算机体系结构的研究

电子计算机问世以来,冯·诺依曼体系结构一直占据计算机体系结构的统治地位,科学家和工程师们在此基础上不断研究硬件和软件,使 CPU 和存储器技术得到了飞速的发展,也为信息化、网络化奠定了基础。随着人们对信息化的要求越来越高,冯·诺依曼体系结构已经无法满足人们的技术需求和发展要求,对计算机的要求不再仅仅是高速计算,同时更应具备信息处理和智能升级能力。

近年来,人们谋求突破传统冯·诺依曼体制的束缚,这种努力被称为非冯·诺依曼化。对所谓非冯·诺依曼化的探讨仍在争议中,一般认为有如下有效的探索。一是在冯·诺依曼体制范畴内,对传统冯·诺依曼机进行改造,如采用多个处理部件形成流水处理,依靠时间上的重叠提高处理效率。又如,组成阵列机结构,形成单指令流多数据流,提高处理速度;二是用多个冯·诺依曼机组成多机系统,支持并行算法结构;三是从根本上改变冯·诺依曼机的控制流驱动方式。例如,采用数据流驱动工作方式的数据流计算机,只要数据已经准备好了,有关的指令就可并行地执行。这是真正意义上非冯·诺依曼化的计算机,它为并行处理开辟了新的前景。

3.1.2　计算机的总线结构

总线结构是微型计算机的典型结构,其设计目标是以小的硬件代价组成具有较强功能的系统,不仅可以大大减少信息传送线的数目,又可提高计算机扩充主存及外围设备的灵活性。自微型计算机诞生起就采用了总线结构,随着微型计算机的发展,总线结构也不断发生变化。

1. 总线的概念

总线是一组信号线和相关的控制、驱动电路的集合,是计算机系统各部件之间传输地址、数据和控制信息的公共通道。在微型计算机系统中常把总线作为一个独立部件看待。在 CPU、内存与外围设备确定的情况下,总线速度是制约计算机整体性能的关键。采用总线结构具有系统结构简单、系统扩展和更新容易、可靠性高等优点;但在部件之间必须采用分时传送操作,降低了系统的工作速度。

典型的计算机总线结构由内部总线和外部总线组成。内部总线用于连接 CPU 内部的各个模块;外部总线用于连接 CPU、存储器和 I/O 系统,又称为系统总线。

2. 总线的内部结构

早期计算机总线的内部结构如图 3-1 所示,它实际上是处理器芯片引脚的延伸,是处理器与 I/O 设备适配器的通道。这种简单的总线一般由 50~100 根信号线组成,按照这些信号线的功能特性可分为 3 类: 数据总线、地址总线和控制总线。

图 3-1 早期计算机总线的内部结构

数据总线(Data Bus,DB)用于传送数据信息。数据总线是双向的,即它既可以把 CPU 的数据传送到存储器或 I/O 接口等其他部件,也可以将其他部件的数据传送到 CPU。数据总线的根数称为数据总线的宽度。由于每根数据总线每次传送 1 位二进制数,所以数据总线的根数决定了每次能同时传送的二进制的位数,由此可见,数据总线的宽度是表现系统总体性能的关键因素之一,通常与微处理的字长一致。

地址总线(Address Bus,AB)是专门用来传送地址的,由于地址只能从 CPU 传向外部存储器或 I/O 端口,所以地址总线是单向的。地址总线的宽度决定了计算机系统能够直接使用的最大的存储器容量。一般来说,若地址总线为 n 位,则可寻址空间为 2^nB。在对输入/输出端口进行寻址时,也要使用地址总线传送地址信息。实际操作时,总是用地址总线的高几位选择总线上指定的存储器段,而用地址总线的低几位选择存储器段内具体的存储器单元或输入/输出端口地址。

控制总线(Control Bus,CB)用来传送控制信号和时序信号。控制信号中,有的是微处理器送往存储器和 I/O 接口电路的,如读/写信号、中断响应信号等;有的是其他部件反馈给 CPU 的,如中断申请信号、复位信号、总线请求信号、设备就绪信号等。因此,控制总线的传送方向由具体控制信号而定,(信息)一般是双向的,控制总线的位数要根据系统的实际控制需要而定。

这种简单的总线结构被早期的计算机广泛采用。随着计算机技术的发展,这种简单总线结构逐渐暴露出一些不足,总线结构与 CPU 紧密相关,通用性较差。

当代总线是一些标准总线,追求与结构、CPU、技术无关的开发标准,满足包括多 CPU 在内的主控者环境需求。当代计算机总线的内部结构如图 3-2 所示。

图 3-2 当代计算机总线的内部结构

在当代总线结构中,CPU 与 Cache 作为一个模块与总线相连,系统中允许存在多个这样的处理器模块,而总线控制器则负责在几个总线请求者之间进行协调与仲裁。整个总线结构分成数据传送总线、仲裁总线、中断和同步总线、公用线 4 个部分。

3. 总线接口

当代计算机的用途,在很大程度上取决于它所能连接的外围设备的范围。由于外围设备种类繁多、速度各异,不可能简单地把外围设备全部连接到 CPU 上。通常由适配器(adapter)连接,通过适配器可以实现高速 CPU 与低速外围设备之间工作速度上的匹配,并完成计算机主机与外围设备之间的数据传送和控制。适配器通常称为接口(interface)。

一个典型的计算机系统具有不同类型的外围设备,因而会有不同类型的接口。图 3-3 展示了 CPU、接口和外围设备之间的连接关系:外围设备本身带有设备控制器,设备控制器是控制外围设备进行操作的控制部件,通过接口接收来自 CPU 的各种信息,并将信息传送到设备,或者从设备中读出信息传送到接口,然后由接口传送给 CPU。

图 3-3 外围设备的连接方式

3.2 计算机的工作原理

计算机的基本原理是存储程序和程序控制。程序就是指挥计算机如何进行操作的指令序列集。每条指令中明确规定了计算机从哪个地址取数,进行什么操作,然后送到什么地址等步骤。

3.2.1 指令系统

指令是计算机硬件能够识别并直接执行操作的命令,一台计算机中所有指令的集合构成了该计算机的指令系统。指令系统是表征计算机性能的重要因素,其格式与功能不仅直接影响到机器的硬件结构,也直接影响到系统软件,影响到机器的适用范围。因此,设计一个合理有效、功能齐全、通用性强、丰富的指令系统至关重要。

从计算机组成的层次结构来说,计算机的指令分为微指令、机器指令和宏指令 3 类。微指令是微程序级的命令,属于硬件;宏指令是由若干条机器指令组成的软件指令,属于软件;机器指令也就是我们通常所说的指令,介于微指令与宏指令之间,每条指令可完成一个独立的算术运算或逻辑运算操作。

1. 指令的格式

指令一般由两部分组成,包括操作码和地址码(address code),其基本格式如图 3-4 所示。操作码用于指明指令的操作功能,地址码用于给出操作数的地址(包括参与运算的操作数地址和运算结果的保存地址)。

操作码字段	地址码字段

图 3-4 指令的基本格式

组成操作码字段的位数一般取决于计算机指令系统的规模,所需指令数越多,组成操作码字段的位数也就越多。例如,一个指令系统只有 8 条指令,则需要 3 位操作码;如果有 32 条指令,则需要 5 位操作码。一般来说,一个包含 n 位操作码的指令系统最多能够表示 2^n 条指令。

根据指令功能的不同,一条指令中可以有 0 个、一个或者多个地址码。

计算机选择什么样的指令格式,包括多方面的因素。一般情况下,地址码越少,占用的存储器空间就越小,运行速度也越快,具有时间和空间上的优势;而地址码越多,指令内容就越丰富。因此,要通过指令的功能选择指令的格式。在计算机中,一个指令系统中采用的指令地址结构并不是唯一的,往往混合采用多种格式,以增强指令的功能。

2. 指令的类型

不同机器的指令系统各不相同。从指令的操作码功能考虑,一个较为完善的指令系统中常见的指令类型包括:数据传送指令、算术运算指令、逻辑运算指令、程序控制指令、输入输出指令、字符串处理指令、系统控制指令。

数据传送指令是最基本、最常用、最重要的指令,用来使数据在主存与 CPU 寄存器之间进行传输,可以一次传送一个数据或一批数据,包括取数指令 LOAD、存数指令 STORE、存储器或寄存器间数据传送指令 MOVE 等。

算术运算是计算机能够执行的基本数值计算,包括加法 ADD、减法 SUB、乘法 MUL、除法 DIV 等指令。

逻辑运算是对数据进行逻辑操作,包括逻辑与 AND、逻辑或 OR、逻辑非 NOT 3 种基本操作以及同或、异或等组合逻辑操作。

程序控制指令主要控制程序的流程,使程序具有调试与判断功能,主要包括转移指令、转子程序指令与子程序返回指令、程序中断指令等。

输入输出指令是主机与外围设备进行信息交换的一类指令,用于启动外围设备、检测外围设备的工作状态、读写外围设备的数据等。信息由外围设备传向主机称为输入(input),反之则称为输出(output)。

字符串处理指令包括字符串传送、转换、比较、查找、匹配、替换等,这些指令的设置可以大大加快文字处理软件的运行速度,因此,在现代计算机指令系统配置中越来越重视这类指令的设计。

系统控制指令用于改变计算机系统的工作状态,包括停机指令、空操作指令、条件码指令和开/关中断指令等。

3.2.2　计算机的工作过程与性能指标

按程序编排的顺序,一步一步地取出指令,自动完成指令规定的操作是计算机最基本的工作原理。衡量计算机的性能指标可以表征计算机的特性。

1. 计算机的工作过程

计算机的工作过程就是执行程序的过程。根据冯·诺依曼的设计,计算机应能自动执行程序,而执行程序又归结为逐条执行指令。计算机的工作过程如图 3-5 所示。

图 3-5　计算机的工作过程

2. 计算机的性能指标

机器字长、数据通路宽度、主存容量、运算速度等性能指标可以进一步表征计算机的特性,衡量一台计算机的性能。

(1) 机器字长。一般来说,计算机在同一时间内处理的一组二进制数称为一个计算机的"字",而这组二进制数的位数就是"字长"。机器字长是指参与运算的数的基本位数,由加法器、寄存器的位数决定,所以机器字长一般等于 CPU 内部寄存器的字长。字长标志着精度,字长越长,计算的精度越高。倘若字长较短,又要计算位数较多的数据,那么就需要经过两次或多次的运算才能完成,这样势必影响整机的运算速度。字长总是 8 的整数倍,通常微型计算机的字长为 16 位(早期)、32 位、64 位。

(2) 数据通路宽度。数据总线一次所能并行传送信息的位数,称为数据通路宽度。它影响到信息的传送能力,从而影响计算机的有效处理速度。这里所说的数据通路宽度是指外部数据总线的宽度,它与 CPU 内部的数据总线宽度(内部寄存器的大小)有可能不同。有些 CPU 的内、外数据总线宽度相等,如 Intel 8086、80286、80486 等;有些 CPU 的外部数据总线宽度小于内部,如 Intel 8088;也有些 CPU 的外部数据总线宽度大于内部。

(3) 主存容量。一个主存储器所能存储的全部信息量称为主存容量。通常,以字节数表示存储容量,这样的计算机称为字节编址的计算机。也有一些计算机是以字为单位编址的,它们用字数乘以字长表示存储容量。计算机的主存容量越大,存放的信息越多。

(4) 运算速度。计算机的运算速度与许多因素有关,如机器的主频、执行什么样的操作以及主存本身的速度等。对运算速度的衡量有不同的方法。

根据不同类型指令在计算过程中出现的频繁程度,乘上不同的系数,求得统计平均值,这时所指的运算速度是平均运算速度。以每条指令执行所需时钟周期数(Cycles Per Instruction,CPI)来衡量运算速度;或者以 MIPS 和 MFLOPS 作为计量单位来衡量运算速度。MIPS(Million Instructions Per Second)表示每秒执行多少百万条指令;MFLOPS (Million Floating-point Operations Per Second)表示每秒执行多少百万次浮点运算。

除上述性能指标外,其他一些因素对计算机的性能也起重要作用,主要有可靠性、可维护性、可用性、性能价格比等。可靠性即计算机系统平均无故障工作时间;可维护性指计算机的维修效率,通常用故障平均排除时间表示;可用性指计算机系统的使用效率,可以用系统在执行任务的任意时刻所能正常工作的概率表示;性能价格比是一项综合性评估计算机系统的性能指标。性能包括硬件和软件的综合性能,价格是整个计算机系统的价格,与系统的配置相关。

3.3 计算机的基本组成

从计算机硬件的功能分析,计算机硬件系统的基本组成包括中央处理单元、存储系统以及输入输出系统等功能部件。

3.3.1　中央处理单元

中央处理单元(Central Processing Unit,CPU)是计算机系统的核心。微型计算机的 CPU 由一块超大规模集成电路组成,称为微处理器(microprocessor),大、中、小型计算机的 CPU 则由多块超大规模集成电路组成。

1. CPU 的功能

CPU 是计算机的运算核心和控制核心。它的功能主要是解释指令以及处理数据。CPU 具有以下基本功能。

(1) 程序控制。程序是指令的有序集合,这些指令的相互顺序不能任意颠倒,必须严格按照程序规定的顺序执行。保证计算机按一定顺序执行程序是 CPU 的首要任务。

(2) 操作控制。一条指令的功能往往由若干个操作信号的组合实现。因此,CPU 管理并产生每条指令的操作信号,把各种操作信号送往相应的部件,从而控制这些部件按指令的要求进行操作。

(3) 时间控制。在计算机中,各种指令的操作信号和指令的整个执行过程都受到严格定时。只有这样,计算机才能有条不紊地工作。

(4) 数据加工。完成数据的加工处理,即对数据进行算术运算和逻辑运算,是 CPU 的根本任务。

2. CPU 的基本结构

CPU 主要包括算术逻辑单元、操作控制器、各类寄存器及实现它们之间联系的总线。CPU 的结构示意图如图 3-6 所示。

图 3-6　CPU 的结构示意图

（1）算术逻辑单元。算术逻辑单元（Arithmetic Logic Unit，ALU）基本功能是完成对各种数据的加工处理，如定点或浮点的算术运算操作、移位操作以及逻辑操作，也可执行地址的运算和转换。

（2）操作控制器。操作控制器主要负责对指令译码，并且发出为完成每条指令所要执行的各个操作的控制信号。操作控制器主要由指令寄存器、译码器、程序计数器、时序产生器等组成。

（3）寄存器。CPU 中还有一些缓存（寄存器），用于暂存指令、数据和地址，缓存越大，CPU 的运算速度越快，包括通用寄存器、专用寄存器和控制寄存器。数据寄存器（如累加器）用于缓存操作数据和操作结果；地址寄存器缓存存储器地址；指令寄存器缓存正在运行的指令；状态寄存器用于记录一次运算结果的特征情况，如是否溢出，结果的符号位，结果是否为零等。

3. CPU 的工作过程

CPU 的基本工作是执行预先存储的指令序列（即程序）。程序的执行过程实际上是不断地取指令、指令译码、执行指令的过程，如此周而复始，使得计算机能够自动工作。程序的执行过程如图 3-7 所示。除非遇到停机指令，否则这个循环将一直进行下去。

图 3-7　程序的执行过程

几乎所有的冯·诺依曼型计算机的 CPU，其工作都可以分为 5 个阶段：取指令、指令译码、执行指令、访存取数、结果写回。

（1）取指令阶段。取指令（Instruction Fetch，IF）阶段是将一条指令从主存中取到指令寄存器的过程。程序计数器 PC 中的数值用来指示当前指令在主存中的位置。当一条指令被取出后，PC 中的数值将根据指令字长度自动递增。

（2）指令译码阶段。取出指令后，进入指令译码（Instruction Decode，ID）阶段。指令译码器按照预定的指令格式对取回的指令进行拆分和解释，识别区分出不同的指令类别以及各种获取操作数的方法。

（3）执行指令阶段。在取指令和指令译码阶段后，接着进入执行指令（Execute，EX）阶段。此阶段完成指令所规定的各种操作，具体实现指令的功能。

（4）访存取数阶段。根据指令需要，有可能要访问主存，读取操作数，这样就进入了访存取数（Memory，MEM）阶段。此阶段的任务是：根据指令地址码，得到操作数在主存中的地址，并从主存中读取该操作数用于运算。

（5）结果写回阶段。结果写回（Writeback，WB）阶段把运行结果数据"写回"到某种存储形式：结果数据经常被写到 CPU 的内部寄存器中，以便被后续的指令快速存取；在有些情况下，结果数据也可被写入主存。许多指令还会改变程序状态字寄存器中标志位的状态，这些标志位标识着不同的操作结果，可影响程序的动作。

在指令执行完毕、结果数据写回之后，若无意外事件（如结果溢出等）发生，计算机就接着从程序计数器 PC 中取得下一条指令地址，开始新一个指令周期。

许多新型 CPU 可以同时取出、译码和执行多条指令，体现并行处理的特性。

4. CPU 的主要技术参数

CPU 品质的高低直接决定了一个计算机系统的档次，而 CPU 的主要技术参数可以反映出 CPU 的大致性能。

（1）主频。主频也叫时钟频率（CPU clock speed），单位是 MHz，是 CPU 内数字脉冲信号震荡的速度。主频和实际的运算速度有关，但主频仅仅是 CPU 性能表现的一个方面，不代表 CPU 的整体性能。CPU 的主频＝外频×倍频系数。

（2）外频。外频是系统总线的频率，是 CPU 与主板之间同步运行的基准频率，单位也是 MHz。在台式机中所说的超频，都是超 CPU 的外频。但对于服务器 CPU 来讲，超频是不允许的。绝大部分计算机系统中，外频也是内存与主板之间的同步运行的速度。

（3）前端总线频率。前端总线（FSB）指的是 CPU 与北桥芯片连接的总线，北桥芯片负责联系内存、显卡等数据吞吐量大的部件，并和南桥芯片连接。前端总线频率直接影响 CPU 与内存的数据交换速度。有一个公式可以计算，即数据带宽＝（总线频率×数据带宽）/8，数据传输最大带宽取决于所有同时传输的数据的宽度和传输频率。例如，支持 64 位的至强 Nocona，前端总线是 800MHz，按照公式，它的数据传输最大带宽是 6.4GB/s。

前端总线频率与外频的区别是：前端总线的速度指的是数据传输的速度，外频是 CPU 与主板之间同步运行的速度。

（4）CPU 的位和字长。能处理字长为 8 位数据的 CPU 通常称为 8 位的 CPU，同理，32 位的 CPU 能在单位时间内处理字长为 32 位的二进制数据。字长的长度是不固定的，对于不同的 CPU，字长的长度也不一样。8 位的 CPU 一次只能处理一个字节，而 32 位的 CPU 一次能处理 4 个字节，同理，字长为 64 位的 CPU 一次可以处理 8 个字节。

（5）倍频系数。倍频系数是指 CPU 主频与外频之间的相对比例关系。在相同的外频下，倍频越高，CPU 的频率越高。但实际上，在相同外频的前提下，高倍频的 CPU 本身意义并不大。这是因为 CPU 与系统之间数据传输速度是有限的，一味追求高倍频而得到高主频的 CPU 就会出现明显的"瓶颈"效应，CPU 从系统中得到数据的极限速度不能够满足 CPU 运算的速度。

（6）缓存。缓存的结构和大小也是 CPU 的重要指标之一。CPU 内缓存的运行频率极高，一般和处理器同频运行，工作效率远远大于内存和硬盘。实际工作时，CPU 往往需要重复读取同样的数据块，而缓存容量的增大可以大幅度提升 CPU 内部读取数据的命中率，而不用再到内存或者硬盘上寻找，以此提高系统性能。但是，由于 CPU 芯片面积和成本的因素，缓存都很小。

(7) 工作电压。从 586CPU 开始,CPU 的工作电压分为内核电压和 I/O 电压两种,通常,内核电压小于等于 I/O 电压。其中,内核电压的大小根据 CPU 的生产工艺而定,I/O 电压一般都在 1.6～5V。低电压能解决耗电过大和发热过高的问题。

(8) 制造工艺。线宽是指芯片上门电路的宽度,实际上,门电路之间连线的宽度与门电路的宽度相同,所以可以用线宽描述制造工艺。线宽越小,意味着芯片上包括的晶体管数目越多。例如,Pentium Ⅱ 的线宽是 $0.35\mu m$,集成 750 万个晶体管;Pentium Ⅲ 的线宽是 $0.25\mu m$,集成 950 万个晶体管;Pentium 4 的线宽是 $0.18\mu m$,集成 4200 万个晶体管。

3.3.2　存储系统

存储器是计算机系统中的记忆设备,用来存放程序和数据。现代计算机的工作原理就是存储程序。CPU 所需的指令要从存储器中取出,运算器所需的原始数据要从存储器中取出,运算结果必须在程序执行完毕之前全部写到存储器中,各种输入输出设备也直接与存储器交换数据。因此,在计算机运行过程中,存储器是各种信息存储和交换的中心。

计算机存储系统是由几个容量、速度和价格各不相同的存储器构成的系统。设计一个容量大、速度快、成本低的存储系统是计算机发展的一个重要课题。

1. 存储器的分类

根据存储材料的性能及使用方法的不同,存储器可以有多种分类方法。

(1) 按存储介质分类。广泛使用的存储介质主要有半导体器件、磁存储介质和光存储介质。用半导体器件组成的存储器称为半导体存储器,如计算机主存储器;用磁性材料做成的存储器称为磁表面存储器,它通过磁头和磁记录介质的相对运动完成读出和写入,如磁盘、磁带;利用激光技术在光存储介质上写入和读出信息的存储器称为光盘存储器,如只读型光盘(CD-ROM、DVD-ROM)、可读写光盘(CD-RW,DVD＋RW)等。

(2) 按存取方式分类。如果任何存储单元的内容都能被随机存取,且存取时间和存储单元的物理位置无关,则这种存储器称为随机存储器,如半导体存储器;如果存储单元的内容只能按某种顺序存取,存取时间与存储单元的物理位置有关,取决于访问存储单元的地址顺序,则这类存储器称为顺序存储器,如磁带。与顺序存储器相比,随机存储器的存取速度要快得多,但价格也要高很多。

(3) 按存储器的读写功能分类。有些半导体存储器中存储的内容是固定不变的,只能读出而不能写入,通常用来存放固定不变的程序、汉字字型库等,在制造芯片时由厂家预先写入,这类半导体存储器称为只读存储器(ROM);既能读出内容,又能写入新内容的半导体存储器称为随机读写存储器(RAM),用来存放正在执行的程序和正在访问的数据。

(4) 按信息的可保存性分类。断电后信息就消失的存储器称为非永久记忆存储器,如 RAM;断电后仍能保存信息的存储器称为永久记忆存储器,如磁盘、光盘。

(5) 按在计算机系统中的作用分类。根据在计算机系统中所起的作用,存储器可分为主存储器、辅助存储器、高速缓冲存储器等。

2. 存储系统的分级结构

一个存储器的性能通常用速度、容量、价格 3 个主要指标衡量。计算机对存储器的
要求是容量大、速度快、成本低,需要尽可能地同时兼顾
这 3 方面的要求。但是,一般来讲,存储器速度越快,价格
越高,因而也越难满足大容量的要求。目前通常采用多
级存储器体系结构,如图 3-8 所示。

CPU 能直接访问的存储器称为内存储器(简称内
存),包括高速缓冲存储器(Cache)和主存储器(简称主
存)。CPU 不能直接访问的存储器称为外存储器(简称外
存,也称为辅助存储器),外存的信息必须调入内存才能
被 CPU 使用。

图 3-8　存储系统的分级结构

高速缓冲存储器是 CPU 中的高速、小容量的半导体
存储器(寄存器),它位于高速的 CPU 和相对低速的主存之间,用于匹配两者的速度,达
到高速存取指令和数据的目的。和主存相比,Cache 的存取速度快,但存储容量小。

主存储器(主存)是计算机系统的主要存储器,用来存放计算机正在执行的大量程序
和数据,主要由 MOS 半导体存储器组成。

外存储器(外存)是计算机系统的大容量辅助存储器,用于存放系统中的程序、数据
文件及数据库。与主存相比,外存的特点是存储容量大、成本低,但访问速度慢。目前,
外存储器主要有磁盘存储器、磁带存储器和光盘存储器等。

由 Cache 和主存储器构成的 Cache-主存系统,其主要目标是利用与 CPU 速度接近
的 Cache 高速存取指令和数据,以提高存储器的整体速度,从 CPU 角度看,这个层次的
速度接近 Cache,而容量和每一位的价格则接近主存;由主存和外存构成的虚拟存储器系
统,其主要目的是增加存储器的容量,从整体上看,其速度接近主存的速度,其容量接近
外存的容量。计算机存储系统的这种多层次结构很好地解决了容量、速度、成本三者之
间的矛盾。这些不同速度、不同容量、不同价格的存储器,用硬件、软件或软硬件结合的
方式连接起来形成一个系统。这个存储系统对应用程序员而言是透明的,在应用程序员
看来,它是一个存储器,其速度接近最快的那个存储器,存储容量接近容量最大的那个存
储器,单位价格则接近最便宜的那个存储器。

3. 主存储器

主存储器是整个存储系统的核心,用来存放计算机运行期间需要的程序和数据,
CPU 可直接随机地对它进行访问。主存储器的工作原理是:由 CPU 发来的地址送到地
址寄存器中,在读写控制线路的作用下,对该存储单元进行读/写操作,读出或写入的信
息都暂存于数据寄存器中。

衡量主存储器性能的技术指标主要有存储容量、存取时间、存储周期和存储器带宽。
其中,存取时间、存储周期、存储器带宽都反映了主存的速度指标。

（1）存储容量。在一个存储器中可以容纳的存储单元的总数称为存储容量(memory capacity)。一般而言,存储器的容量越大,所能存放的程序和数据就越多。

（2）存取时间。存取时间即存储器访问时间(Memory Access Time),是指启动一次存储器操作到完成该操作所需的时间。取数时间就是指存储器从接受读命令到信息被读出并稳定在存储器数据寄存器中所需的时间;存数时间就是指存储器从接受写命令到把数据从存储器数据寄存器的输出端传送到存储单元所需的时间。

（3）存储周期。存储周期又称为访问周期,是指连续启动两次独立的存储器操作所需间隔的最小时间,它是衡量主存储器工作性能的重要指标。存储周期通常略大于存取时间。

（4）存储器带宽。存储器带宽是指单位时间里存储器所存取的信息量,是衡量数据传输速率的重要指标,通常以位/秒(bit per second,bps)或字节/秒(Byte/s)为单位。

3.3.3　输入输出系统

输入输出系统是计算机系统中的主机与外部进行通信的系统。它由外围设备和输入输出控制系统两部分组成,是计算机系统的重要组成部分。外围设备包括输入设备、输出设备和外部存储器等。从某种意义上也可以把磁盘、磁带和光盘等设备看成一种输入输出设备,所以输入输出设备与外围设备这两个名词经常是通用的。在计算机系统中,通常把 CPU 和主存储器之外的部分称为输入输出系统,输入输出系统的特点是异步性、实时性和设备无关性。

1. 输入输出设备

输入输出设备种类繁多,有的设备兼有多种功能,到目前为止,很难对输入输出设备做出准确的分类。

（1）输入设备。输入设备(input device)是人或外部与计算机进行交互的一种装置,用于把原始数据和处理这些数据的程序输入计算机中。现在的计算机能够接收各种各样的数据,既可以是数值型的数据,也可以是各种非数值型的数据,如图形、图像、声音等都可以通过不同类型的输入设备输入计算机中,进行存储、处理和输出。

按照输入设备的功能和数据输入形式,可以将常见的输入设备分为:字符输入设备(键盘)、图形输入设备(鼠标、操纵杆、光笔)、图像输入设备(相机、摄像机、扫描仪、传真机)、音频输入设备(麦克风)、磁卡输入设备等。

（2）输出设备。输出设备(output device)包括显示设备、打印设备及声音设备等。

显示设备在计算机输出设备中相当于人体的眼睛。人们要了解操作是否正确,结果是什么,通常都通过显示设备来观察。计算机显示设备主要有 CRT 显示器、LCD 显示器、等离子显示器和投影机等。而用于微型计算机中的主要是 CRT 显示器和 LCD 显示器。

打印设备(如打印机、绘图仪等)是重要的输出设备,将计算机的运算结果或中间结果以人所能识别的数字、字母、符号和图形等,依照规定的格式印在介质上。打印设备的种类很多,按打印元件对纸是否有击打动作,分击打式打印机与非击打式打印机;按打印字符结构,分全形字打印机和点阵字符打印机;按一行字在纸上形成的方式,分串式打印机与行式打印机;按所采用的技术,分柱形、球形、喷墨式、热敏式、激光式、静电式、磁式、发光二极管式等打印机。衡量打印设备好坏的指标有打印分辨率、打印速度和噪声等。

声音设备有音箱、耳机等,其作用是把音频电能转换成相应的声能。

(3) 外部存储器。外部存储器能长期保存信息,并且不依赖电保存信息。但是,由机械部件带动,其速度与内存相比就显得慢很多。外部存储器不直接与运算器和控制器交换信息,首先需要把数据和程序送到内存储器,然后把运算结果从内存储器中取出存储到外存储器。

常见的外部存储器有软磁盘存储器、硬磁盘存储器、磁带存储器、光盘存储器以及移动存储器等。

(4) 网络设备。计算机网络有利于高速、准确地进行信息传送,达到资源共享的目的。计算机与计算机、工作站与服务器进行连接时,除了使用传输介质外,还需要网络设备,如网卡、交换机、路由器等。

(5) 过程控制设备。当计算机进行实时控制时,需要从控制对象取得参数,而这些原始参数大多数是模拟量,需要先用模/数转换器将模拟量转换为数字量,然后输入计算机进行处理。经计算机处理后的控制信息,需先经数/模转换器把数字量转换成模拟量,再送到执行部件对控制对象进行自动调节。模/数、数/模转换设备均是过程控制设备,有关的检测设备也属于过程控制设备。

2. 输入输出控制方式

一般而言,CPU 管理外围设备的输入输出控制方式有 5 种:程序查询方式、程序中断方式、直接存储器存取方式、通道方式、外围处理机方式。前 2 种方式由软件实现,后 3 种方式由硬件实现。

(1) 程序查询方式。程序查询方式是早期计算机中使用的一种方式,CPU 与外围设备的数据交换完全依赖于计算机的程序控制。

在进行信息交换前,CPU 要设置传输参数、传输长度等,然后启动外围设备工作,最后外围设备进行数据传输的准备工作。相对于 CPU 来说,外围设备的速度比较慢,因此外围设备准备时间比较长,而在这段时间里,CPU 除了循环检测外围设备是否已准备好外,不能处理其他业务,只能一直等待;直到外围设备完成数据准备工作,CPU 才能进行信息交换。

这种方式的优点是:CPU 的操作和外围设备的操作能够完全同步,硬件结构也比较简单。但是,外围设备的动作通常很慢,程序进行循环查询白白浪费了宝贵的 CPU 时间,数据传输效率低下。在当前的实际应用中,除单片机外,已经很少使用程序查询方式了。

(2) 程序中断方式。中断是外围设备用来"主动"通知 CPU,准备发送或接收数据的一种方式。

在程序中断方式中,某一外围设备的数据准备就绪后,它"主动"向 CPU 发出中断请求信号,请求 CPU 暂时中断目前正在执行的程序转而进行数据交换;当 CPU 响应这个中断时,便暂停运行主程序,自动转去执行该设备的中断服务程序;当中断服务程序执行完毕(数据交换结束)后,CPU 又回到原来的主程序继续执行。

中断处理示意图如图 3-9 所示,由图 3-9 可见,CPU 只是在外围设备 A、B、C 的数据准备就绪后,才去执行对应的中断服务程序,进行数据交换;而当低速的外围设备准备自己的数据时,CPU 则照常执行自己的主程序。从这个意义上说,CPU 和外围设备的一些操作是异步并行进行的,因而与串行进行的程序查询方式相比,计算机系统的效率的确大大提高了。

图 3-9　中断处理示意图

为了在中断服务程序执行完毕后,能够正确地返回到原来主程序被中断的地方(断点)继续执行,必须把程序计数器 PC 的内容,以及当前指令执行结束后 CPU 的状态(包括寄存器的内容和一些状态标志位)都保存到堆栈中,这些操作称为保存现场;在中断服务程序执行完毕后,需要执行恢复现场操作,从堆栈中恢复 PC 内容和 CPU 状态,以便从断点处继续执行主程序。

中断处理过程是由硬件和软件结合完成的,中断周期由硬件实现,而中断服务程序由机器指令序列实现。

(3) 直接存储器存取方式。直接存储器存取(Direct Memory Access,DMA)方式是一种完全由硬件执行 I/O 交换的工作方式。在这种方式中,DMA 控制器从 CPU 接管对总线的控制,数据交换不经过 CPU,而直接在主存和 I/O 设备之间进行。DMA 控制器向主存发出地址和控制信号,修改主存地址,对传送的字的个数进行计数,并且以中断方式向 CPU 报告传送操作结束。

DMA 方式的主要优点是:控制简单、速度快,由于 CPU 不参加传送操作,因此省去了 CPU 的工作。而且,主存地址的修改、传送字个数的计数等也不由软件实现,而是用硬件线路直接实现。所以,DMA 方式能够满足高速 I/O 设备的要求,也有利于 CPU 效率的发挥,一般用于高速传送成组数据。

(4) 通道方式。在 DMA 方式下,CPU 仍然需要向 DMA 控制器释放和收回总线控制权,随后出现的通道方式将控制 I/O 操作和信息传送的功能从 CPU 中独立出来,代替 CPU 管理和调度外围设备与主机的信息交换,从而进一步提高了 CPU 的效率。

通道是一个特殊功能的处理器,是计算机系统中代替 CPU 管理控制外围设备的独立部件。它有自己的指令和程序,专门负责数据输入输出的传输控制,而 CPU 在将"传输控制"功能下放给通道后只具有"数据处理"功能。这样,通道与 CPU 分时使用主存,实现了 CPU 内部运算与 I/O 设备的并行工作。

通道的基本功能是执行通道指令,按 I/O 指令要求启动外围设备,组织外围设备和主存进行数据传输,向 CPU 报告中断等。CPU 通过执行 I/O 指令以及处理来自通道的中断,实现对通道的管理。来自通道的中断有两种:一种是数据传送结束中断;另一种是故障中断。

(5) 外围处理机方式。外围处理机(Peripheral Processor Unit,PPU)方式是通道方式的进一步发展。PPU 基本上独立于主机工作,它的结构更接近一般的处理机,甚至就是微小型计算机。一些系统中设置了多台 PPU,分别承担 I/O 控制、通信、维护诊断等任务,从某种意义上说,这种系统已经变成了分布式多机系统。

综上所述,计算机输入输出控制方式中,程序查询方式和程序中断方式适用于数据传输率比较低的外围设备,而 DMA 方式、通道方式和外围处理机方式则适用于数据传输率比较高的外围设备。

3. 输入输出接口

由于主机与各种输入输出设备的相对独立性,它们一般是无法直接相连的,必须经过一个转换机构。用于连接主机与输入输出设备的这个转换机构是 I/O 接口电路,简称 I/O 接口。

I/O 接口并非仅仅完成设备间的物理连接,其主要功能有:地址译码功能(计算机系统中连接的多台 I/O 设备,相应的接口也有多个,为了能够进行区别和选择,必须给它们分配不同的地址码);在主机与 I/O 设备之间交换数据、控制命令及状态信息等;支持主机采用程序查询、中断和 DMA 等访问方式;提供主机与 I/O 设备所需缓冲、暂存、驱动能力,满足一定的负载要求和时序要求;进行数据的类型、格式等方面的转换。

输入输出接口的分类方法很多。按数据传送的格式可分为并行接口和串行接口;按主机访问 I/O 设备的控制方式,可分为程序查询接口、中断接口、DMA 接口,以及一些更复杂的通道控制器、I/O 处理机等;按时序控制方式可分为同步接口和异步接口。

一个完整的输入输出接口不仅包括一些硬件电路,也可能包括相关的软件驱动程序模块。

4. 通用串行总线接口

通用串行总线(Universal Serial Bus,USB)接口是连接计算机系统与外围设备的一种串口总线标准,也是一种输入输出接口的技术规范,广泛应用于个人计算机和移动设备等信息通信产品,并扩展至摄影器材、数字电视(机顶盒)、游戏机等其他相关领域。

USB 接口的主要特点是即插即用和允许热插拔。USB 连接器将各种各样的外围设备 I/O 端口合二为一,用户只要简单地将外围设备插入到 USB 连接器上,微型计算机就能自动识别和配置 USB 设备。USB 系统采用级联星形拓扑结构,理论上可用于连接多达 127 个外围设备,包括键盘、鼠标、光驱、软驱、扫描仪、打印机、数码相机、数码摄像机、调制解调器、路由器、游戏手柄等。USB 采用四线电缆,其中的两根线是用来传送数据的串行通道,另两根线为设备提供电源,可以不用外部电源。

USB 自从 1996 年推出后,已成功替代串口和并口,成为个人计算机和大量智能设备的必配接口之一。

3.4　思考与讨论

3.4.1　问题思考

1. 通常将计算机硬件结构划分为哪几部分？各部分的功能是什么？
2. 什么叫总线？总线结构有何特点？
3. 计算机的性能指标有哪些？
4. 中央处理单元由哪几部分组成？
5. 存储器有哪些类型？
6. 输入输出控制方式有哪些？

3.4.2　课外讨论

1. 冯·诺依曼计算机有哪些特点？
2. 指令和数据都存于存储器中，计算机如何区分它们？
3. 从存储程序和程序控制两个方面说明计算机的基本原理。
4. 简述中央处理单元的工作过程。
5. 如何理解计算机存储系统的分级结构？
6. 同种类的外围设备接入计算机系统时，应解决哪些主要问题？

课后自测-3

第4章

CHAPTER 4

操作系统

计算机发展到今天,从个人计算机到超级计算机,无一例外都配置一种或多种操作系统。操作系统理论是计算机科学历史悠久而又活跃的分支,而操作系统的设计与实现则是软件工业的基础与内核。

4.1 操作系统基础

操作系统是管理和控制计算机硬件与软件资源的计算机程序的集合,是直接运行在"裸机"上的最基本的系统软件,任何其他软件都必须在操作系统的支持下才能运行。操作系统在计算机系统中占据着非常重要的地位。

4.1.1 操作系统及其特征

操作系统(Operating System,OS)是计算机系统的关键组成部分。操作系统能有效地组织和管理计算机系统中的硬件及软件资源,合理地组织计算机工作流程,控制程序的执行,并向用户提供各种服务功能,使得用户能够灵活、方便、有效地使用计算机,使整个计算机系统能高效地运行。

1. 操作系统的概念

操作系统是建立在裸机之上的第一层软件,是对硬件资源的首次扩充,其他软件都是建立在操作系统的基础之上的,通过操作系统对硬件功能进行管理,并在操作系统的统一管理和支持下运行。因此,操作系统在整个计算机系统中占据着特殊的、重要的地位,它是硬件与所有其他软件的接口,是用户与计算机的接口,更是整个计算机系统的管理与控制中心。图4-1为计算机硬件和软件构成的层次关系。

图 4-1　计算机硬件和软件构成的层次关系

操作系统是一个大型的软件系统,其功能复杂、体系庞大。从不同角度看的结果也不同,正是"横看成岭侧成峰"。下面从最典型的两个角度进行分析。

(1) 程序员角度的操作系统。计算机问世初期,计算机工作者(程序员)在裸机上通过手工操作方式进行工作。随着技术的发展和应用的普及,计算机硬件体系结构越来越复杂,软件体系也越来越庞大,程序员在开发软件的时候需要一种简单的、高度抽象的、可以与之打交道的设备,而不必陷入复杂的硬件实现细节,花费大量的精力在这个重复的、没有创造性的工作上,而无法将精力集中在更具有创造性的程序设计工作中。操作系统将硬件物理特性和操作细节与程序员隔离开来,为程序员的设计工作提供了便利。

从这个角度看,操作系统的作用是为用户提供一台等价的扩展机器,也称虚拟机,它比底层硬件更容易编程。

(2) 使用者角度的操作系统。操作系统用来管理一个复杂系统的各个部分。操作系统负责在相互竞争的程序之间有序地控制对CPU、内存及其他I/O接口设备的分配。例如,在一台计算机上运行了3个程序,它们试图同时在同一台打印机上输出计算结果。那么头几行可能是程序1的输出,下面几行是程序2的输出,然后又是程序3的输出等。最终结果将是一团糟。这时,操作系统采用将打印输出送到磁盘上的缓冲区的方法就可以避免这种混乱。在一个程序结束后,操作系统可以将暂存在磁盘上的文件送到打印机输出。

从这种角度看,操作系统则是系统的资源管理者。

总之,操作系统是管理计算机系统的软、硬件资源,使之正常运行的系统软件,是为用户提供人机操作界面的系统软件。操作系统的重要作用是通过资源管理提高计算机系统的效率,改善人机界面向用户提供友好的工作环境。

2. 操作系统的特征

操作系统主要有并发性(concurrency)、共享性(sharing)、虚拟性(virtual)和异步性(asynchronism)4个基本特征。

(1) 并发性。在多道程序环境下,并发性是指在一段时间内,宏观上有多个程序在同时运行,但在单处理机系统中,每一时刻却仅能有一道程序执行,故微观上这些程序只能是分时地交替执行。

(2) 共享性。共享性是指系统中的资源可供内存中多个并发执行的进程(线程)共同使用。由于资源属性的不同,进程对资源共享的方式也不同,目前主要有两种资源共享方式:互斥共享方式和同时访问方式。系统中的某些资源,如打印机、磁带机,虽然它们可以提供给多个进程(线程)使用,但为使所打印或记录的结果不致造成混淆,应规定在一段时间内只允许一个进程(线程)访问该资源,其他进程必须等待。这种资源共享方式为互斥共享方式。系统中还有另一类资源,允许在一段时间内由多个进程"同时"对它们进行访问。这里所谓的"同时"往往是宏观上的,而在微观上,这些进程可能是交替地对该资源进行访问。典型的可供多个进程"同时"访问的资源是磁盘设备。

(3) 虚拟性。虚拟性是指通过技术把一个物理实体(设备)变成若干个逻辑上的设备。在操作系统中,虚拟的实现主要是通过分时的使用方法。在操作系统中利用多种虚拟技术,分别实现虚拟处理机、虚拟内存、虚拟外部设备和虚拟信道等。如虚拟处理机技术,利用多道程序设计技术,把一台物理上的 CPU 虚拟为多台逻辑上的 CPU,也称为虚拟处理机,我们把用户所感觉到的 CPU 称为虚拟处理器。类似地,可以通过虚拟存储器技术将一台机器的物理存储器变为虚拟存储器,以便从逻辑上扩充存储器的容量。

(4) 异步性。在多道程序环境下,允许多个程序并发执行。但由于资源有限,进程的执行不是一贯到底,而是走走停停,以不可预知的速度向前推进,这就是进程的异步性。异步性使得操作系统运行在一种随机的环境下,可能导致进程产生与时间有关的错误。但是,只要运行环境相同,操作系统必须保证多次运行进程,都获得相同的结果。

4.1.2 操作系统的类型

操作系统的种类繁多,很难用单一标准统一分类。根据操作系统的使用环境和其对作业的处理方式,可分为批处理系统、分时系统及实时系统;根据其支持的用户数目,可分为单用户系统、多用户系统;根据硬件结构,可分为网络操作系统、分布式系统、多媒体系统等。一般采用功能类型对操作系统进行分类。

1. 操作系统的类型

操作系统可以分为批处理操作系统、分时操作系统、实时操作系统、网络操作系统、分布式操作系统、桌面操作系统和嵌入式操作系统等。

(1) 批处理操作系统。批处理(batch processing)操作系统的工作方式是:用户将作业交给系统操作员,系统操作员将许多用户的作业组成一批作业,之后输入到计算机中,在系统中形成一个自动转接的连续的作业流,然后启动操作系统,系统自动、依次执行每个作业。最后由操作员将作业结果交给用户。批处理操作系统的主要特点是多道和成批处理,其追求的目标是提高系统资源利用率和大作业吞吐量(单位时间内处理作业的个数)以及作业流程的自动化。

(2) 分时操作系统。分时(time sharing)操作系统的工作方式是:一台主机连接了若干个终端,每个终端有一个用户在使用。用户交互式地向系统提出命令请求,系统接收每个用户的命令,采用时间片轮转方式处理服务请求,并通过交互方式在终端上向用户显示结果。用户根据上一步结果发出下一道命令。分时操作系统将 CPU 的时间划分成若干个片段,称为时间片。操作系统以时间片为单位,轮流为每个终端用户服务。每个用户轮流使用一个时间片,而使每个用户并不感到有别的用户存在。

分时系统具有多路性、交互性、"独占"性和及时性的特征。多路性指同时有多个用户使用一台计算机，宏观上是多个人同时使用一个 CPU，微观上是多个人在不同时刻轮流使用 CPU。交互性是指用户根据系统响应结果进一步提出新请求（用户直接干预每一步）。"独占"性是指用户感觉不到计算机为其他人服务，就像整个系统为他所独占。及时性指系统对用户提出的请求及时响应。它支持位于不同终端的多个用户同时使用一台计算机，彼此独立，互不干扰，用户感到好像一台计算机全为他所用。

常见的通用操作系统是分时系统与批处理系统的结合。其原则是分时优先，批处理在后。"前台"响应需频繁交互的作业，如终端的要求；"后台"处理时间性要求不强的作业。

分时系统的主要目标是对用户响应的及时性，即不使用户等待每个命令的处理时间过长。

（3）实时操作系统。实时操作系统（Real Time Operating System，RTOS）是指使计算机能及时响应外部事件的请求，在规定的严格时间内完成对该事件的处理，并控制所有实时设备和实时任务协调一致地工作的操作系统。实时操作系统要追求的目标是：对外部请求在严格时间范围内做出反应，有高可靠性和完整性。其主要特点是：资源的分配和调度首先要考虑实时性，然后才考虑效率。此外，实时操作系统应有较强的容错能力。

（4）网络操作系统。网络操作系统（Network Operating System，NOS）是基于计算机网络的，是在各种计算机操作系统上按网络体系结构协议标准开发的软件，包括网络管理、通信、安全、资源共享和各种网络应用。其目标是相互通信及资源共享。在其支持下，网络中的各台计算机能互相通信和共享资源。其主要特点是与网络的硬件相结合完成网络的通信任务。

（5）分布式操作系统。在一个分布式系统（distributed system）中，通过网络连接的一组独立的计算机展现给用户的是一个统一的整体，就好像是一个系统，可以获得极高的运算能力及广泛的数据共享。它可以解决组织机构分散而数据需要相互联系的问题。例如银行系统，总行与各分行处于不同的城市或城市中的各个地区，在业务上它们需要处理各自的数据，也需要彼此之间的交换和处理，这就需要分布式操作系统。

由于计算机系统的资源分布于系统的不同计算机上，操作系统对用户的资源需求不能像一般的操作系统那样等待有资源时直接分配，而是要在系统的各台计算机上搜索，找到所需资源后才可进行分配。对于有些资源，如具有多个副本的文件，还必须考虑一致性。一致性是指若干个用户对同一个文件所同时读出的数据是一致的。为了保证一致性，操作系统须控制文件的读、写操作，使得多个用户可同时读一个文件，而任一时刻最多只能有一个用户在修改文件。

分布式操作系统与网络操作系统的区别是：网络操作系统可以构架于不同的操作系统之上，通过网络协议实现网络资源的统一配置，在大范围内构成网络操作系统。在网络操作系统中并不要求对网络资源进行透明的访问。分布式是由一种操作系统构架的，网络的概念在应用层被淡化了。所有资源（本地资源和异地资源）都用同一方式管理与访问，用户不必关心资源在哪里，或者资源是怎样存储的。

（6）桌面操作系统。桌面操作系统也称为微机操作系统，是应用最广泛的操作系统，主要应用于个人计算机。个人计算机市场从硬件架构上来说主要分为两大阵营，即 PC 与 Mac 机，从软件上可主要分为两大类，分别为类 UNIX 操作系统和 Windows 操作系统。

（7）嵌入式操作系统。嵌入式操作系统（Embedded Operating System,EOS）是一种支持嵌入式系统应用的操作系统软件，它是嵌入式系统的重要组成部分。嵌入式操作系统负责嵌入式系统的全部软、硬件资源的分配、调度工作，控制协调并发活动；它必须体现其所在系统的特征，能够通过装卸某些模块达到系统要求的功能。

随着 Internet 技术的发展、信息家电的普及，嵌入式操作系统开始从单一的弱功能向高专业化的强功能方向发展。嵌入式操作系统在系统实时高效性、硬件的相关依赖性、软件固态化以及应用的专用性等方面具有较突出的特点。

2. 典型操作系统

操作系统是计算机科学发展的一条主线，它与计算机研究领域和工业界紧密相关。每个成功的操作系统都需要经过几年，甚至几十年的发展和检验。尽管在计算机科学发展的几十年间有大量的操作系统问世，但真正对研究领域和工业界产生影响并能够长久流传下来的并不多，比较有代表性的有以下几种。

（1）UNIX。UNIX 是一个强大的多用户、多任务操作系统，支持多种处理器架构，属于分时操作系统。UNIX 最早于 1969 年在美国 AT&T 的贝尔实验室开发。目前，UNIX 的商标权由国际开放标准组织拥有，只有符合单一 UNIX 规范的 UNIX 系统，才能使用 UNIX 这个名称，否则只能称为类 UNIX(UNIX-like)。

类 UNIX 操作系统指各种传统的 UNIX（如 System V、BSD、FreeBSD、OpenBSD、SUN 公司的 Solaris）以及各种与传统 UNIX 类似的系统（如 Minix、Linux、QNX 等）。它们都相当程度地继承了原始 UNIX 的特性，有许多相似处，并且都在一定程度上遵守 POSIX 规范。类 UNIX 操作系统可在非常多的处理器架构下运行，在服务器系统上有很高的使用率。

（2）Linux。Linux 操作系统诞生于 1991 年 10 月 5 日（这是第一次正式向外公布的时间），以后借助 Internet 网络，并通过全世界各地计算机爱好者的共同努力，已成为今天世界上使用最多的一种类 UNIX 操作系统，并且使用人数还在迅猛增长。

Linux 是一套免费使用和自由传播的类 UNIX 操作系统，是一个基于 POSIX 和 UNIX 的多用户、多任务、支持多线程和多 CPU 的操作系统。它能运行主要的 UNIX 工具软件、应用程序和网络协议。Linux 继承了 UNIX 以网络为核心的设计思想，是一个性能稳定的多用户网络操作系统。它主要用于基于 Intel x86 系列 CPU 的计算机上。这个系统是由全世界各地的成千上万的程序员设计和实现的。其目的是建立不受任何商品化软件的版权制约的、全世界都能自由使用的 UNIX 兼容产品。

Linux 以它的高效性和灵活性著称，Linux 模块化的设计结构，使得它既能在价格昂贵的工作站上运行，也能在廉价的微型机上实现全部的 UNIX 特性，具有多任务、多用户的能力。Linux 是在 GNU 公共许可权限下免费获得的，是一个符合 POSIX 标准的操作系统。Linux 操作系统软件包不仅包括完整的 Linux 操作系统，而且还包括了文本编辑器、高级语言编译器等应用软件,以及带有多个窗口管理器的 X-Windows 图形用户界面。

(3) Mac OS。Mac OS 是一套运行于苹果 Macintosh 系列计算机上的操作系统,是首个在商用领域取得成功的图形用户界面操作系统。Mac 系统是基于 UNIX 内核的图形化操作系统,由苹果公司自行开发,一般情况下在普通微型机上无法安装。

Mac OS 基于 UNIX,设计简单直观,安全易用,高度兼容。从启动 Mac 后看到的桌面,到日常使用的应用程序,都设计得简约精致。无论是浏览网络、查看邮件,还是和外地朋友视频聊天,所有事情都简单高效、趣味盎然。简化复杂任务要求尖端科技,而 Mac OS X 正拥有这些尖端科技。它不仅使用基础坚实、久经考验的 UNIX 系统提供空前的稳定性,还提供超强性能、超炫图形并支持互联网标准。

(4) Windows。Windows 是微软公司开发的操作系统。Windows 是一个多任务的操作系统,采用图形窗口界面,用户对计算机的各种复杂操作只通过单击鼠标就可以实现。

Microsoft Windows 起初是在微软公司给 IBM 机器设计的 MS-DOS 的基础上设计的图形操作系统,之后的系列则基于 Windows NT 内核。Windows NT 内核是从 OS/2 和 OpenVMS 等系统上借来的。Windows 可以在 32 位和 64 位的 Intel 和 AMD 的处理器上运行。虽然由于人们对开放源代码作业系统兴趣的提升,Windows 的市场占有率有所下降,但是 Windows 操作系统仍然在世界范围内占据了桌面操作系统的大部分市场。

Windows 系统也被用在低阶和中阶服务器上,并且支持网页服务、数据库服务等功能。微软公司花费了大量的研究与开发经费用于使 Windows 拥有能运行企业的大型程序的能力。

(5) 移动操作系统。随着移动通信技术的飞速发展和移动多媒体时代的到来,手机作为人们必备的移动通信工具,已从简单的通话工具向智能化发展,演变成一个移动的个人信息收集和处理平台。借助操作系统和丰富的应用软件,智能手机成了一台移动终端。

移动操作系统是在嵌入式操作系统基础之上发展而来的专为手机设计的操作系统,除具备嵌入式操作系统的功能外,还有针对电池供电系统的电源管理、与用户交互的输入/输出、对上层应用提供调用接口的嵌入式图形用户界面服务、针对多媒体应用提供底层编解码服务、针对移动通信服务的无线通信核心功能及智能手机的上层应用等功能。

目前应用在手机上的操作系统主要有 Android(谷歌)、iOS(苹果)、Windows Phone(微软)、Symbian(诺基亚)、BlackBerry OS(黑莓)等。

4.2 操作系统的功能

操作系统是为改善计算机系统的性能、提高计算机的利用率、方便用户使用计算机而配备的一种最基本的底层系统软件,是计算机系统的核心。操作系统的功能可以从资源管理的角度和从方便用户(人机交互)的角度理解。

4.2.1 资源管理

计算机系统的资源分为设备资源和信息资源两大类。设备资源指的是组成计算机的硬件设备,如控制器、处理器、存储器、输入/输出设备。信息资源指的是存放于计算机内的各种文件和数据等。计算机系统的设备资源和信息资源都是操作系统根据用户需求按一定策略进行分配和调度的。

1. 处理机管理

在操作系统中,最重要的资源是处理机,最重要的管理是处理机管理。处理机管理的核心是如何有效地、合理地分配处理机的时间,提高系统的效率。

多道程序在执行时需要共享系统资源,从而导致各程序在执行过程中出现相互制约的关系,程序的执行表现出间断性的特征。这些特征都是在程序的执行过程中发生的,是动态的过程,而程序本身是一组指令的集合,是一个静态的概念,无法描述执行情况。因此,程序这个静态概念已不能如实反映程序并发执行过程的特征。为了深刻描述程序动态执行过程的性质,人们引入了“进程(process)”概念。

(1)进程。进程是正在运行的程序,是程序及其数据在计算机上执行时所发生的一次运行活动。它是操作系统动态执行的基本单元。

程序和进程的区别在于:程序是一个静态的概念,进程是一个动态的概念;程序可以脱离机器长期保存,进程是在机器上执行的程序;一个程序可以多次执行,产生多个不同的进程。

进程管理具体包括进程控制(创建、撤销进程,控制进程运行过程中的状态转变)、过程同步、进程通信和进程调度。

(2)进程的三态模型。在多道程序系统中,进程的运行是走走停停,在处理器上交替运行,状态也不断发生变化。进程一般具有 3 种基本状态,即就绪、运行和阻塞,也称为三态模型,如图 4-2 所示。

在就绪(ready)状态,进程已获得除处理器外的所有资源,等待分配处理机资源;只要分配了处理机进程就可执行。

在运行(running)状态,进程占用处理机资源。处于此状态的进程的数目小于等于处理器的数目。

图 4-2 进程的三态模型

在阻塞(blocked)状态,由于进程等待某种条件(如 I/O 操作或进程同步),在条件满足之前即使把处理机分配给该进程,也无法继续执行。

(3)进程调度。当有多个进程(或多个进程发出的请求)要使用处理机资源时,因为资源的有限性,必须按照一定的原则选择进程来占用资源,这就是进程调度。常用的进程调度算法有先来先服务调度算法、时间片轮转调度算法、优先数法等。

先来先服务调度算法是最简单的进程调度算法,其基本思想是按照进程进入就绪队列的先后顺序调度并分配处理机资源。一旦一个进程占有了处理机,它就一直运行下去,直到该进程完成或者因为等待某个条件而不能继续运行时才释放处理机。先来先服务算法简单,易于程序实现,但它性能较差,在实际运行的操作系统中很少单独使用。

时间片轮转调度算法的基本思想是:对就绪队列中的每一进程分配一个时间片,调度程序按时间片长度轮流调度就绪队列中的每一进程,使每一进程都有机会获得相同长度的时间占用处理机运行。时间片轮转调度算法在分时系统中是一种既简单,又有效的调度策略,可以使系统即时地响应各终端用户的请求。时间片轮转调度算法的性能极大地依赖于时间片长度的取值,如果时间片过大,时间片轮转调度算法就退化为先来先服务调度算法;反之,如果时间片过小,处理机在各进程之间频繁转接,处理机时间开销就变得很大,而提供给用户程序的时间将大大减少。

优先数法的基本思想是:对就绪队列中的每个进程,首先按某种原则定义一个优先数表示它,处理机调度时,每次选择就绪队列中优先数最大者(也可规定优先数越小,其优先权越高),让它占用处理机运行。

(4) 线程。目前很多操作系统把进程细分为线程。线程有时被称为轻量级进程(Lightweight Process,LWP),是进程内一个相对独立的执行单元。由于线程比进程更小,基本不拥有系统资源,但它可与同属一个进程的其他线程共享进程所拥有的全部资源。对它的调度付出的开销就会小得多,能更高效地提高系统内多个程序间并发执行的程度。在 UNIX 中,进程仍然是 CPU 的分配单位;在 Windows 中,线程是 CPU 的分配单位。

2. 存储器管理

存储器管理主要是内存管理。虽然计算机硬件一直在飞速发展,内存容量也在不断增大,但是仍然不可能将所有需要的程序和数据全部装入内存,所以操作系统必须将内存空间进行合理划分和有效分配。操作系统对内存的划分和分配,就是内存管理的概念。有效的内存管理在多道程序设计中非常重要,不仅方便用户使用存储器、提高内存利用率,还可以通过虚拟技术从逻辑上扩充存储器。存储管理的主要功能包括:内存空间的分配和回收、地址映射、内存空间的扩充和存储保护。

(1) 内存空间的分配和回收。内存分配是指为多道作业分配或者回收内存空间的方法。分配内存有 3 种主要方式:单一连续分配、静态分配方式和动态分配方式。单一连续分配把内存空间分为系统区和用户区,每次只装入运行一个程序,存储器利用率极低。绝大多数计算机系统都采用静态分配方式或动态分配方式。静态分配方式预先将用户区划分为若干个固定大小的区域(分区大小可以相等,也可以不等),每个分区只装入一道作业。静态分配方式是多道作业系统最简单的内存分配,但空间利用率较低。动态分配方式又称可变内存分配,是在作业进入内存时,根据作业的大小动态建立分区。动态分配方式的优点是实现了多道程序共享内存,管理方案相对简单,实现存储保护的手段相对简单;缺点是分配速率比静态分配速率低,频繁的分配和释放会造成内存碎片。作业执行结束后要回收使用完毕的内存分区,否则会耗尽内存空间。系统根据回收分区的大小及首地址,在空闲分区表中检查是否有相邻的空闲区,如有,则合并成一个大的空闲区。

(2)地址映射。由于编译程序无法确定程序在执行时对应的地址单元,故一般从 0 号单元开始为其编址。这样的地址称为相对地址、程序地址或虚拟地址。因此,当将可执行代码装入内存时,必须通过地址转换将逻辑地址转换成物理地址,这个过程称为地址重定位。实质上,这是一个地址变换过程,地址变换也称为地址映射。重定位分为静态重定位和动态重定位两种。静态重定位是在程序运行前,由链接装配程序进行的重定位。静态重定位的特点是无须增加硬件地址变换机构,但要求为每个程序分配一个连续的存储区,且在程序执行期间不能移动,故难于做到程序和数据的共享。动态重定位是在程序的执行过程中,每当访问到指令或数据时,将要访问的程序或数据的逻辑地址转换成物理地址。动态重定位的实现需要依靠硬件地址变换机构,优点是根据需要动态地申请分配内存,可以将程序分配到不连续的存储区中,便于程序段的共享。

(3)内存空间的扩充。内存空间的扩充是采用软件手段,在硬件的配合下将部分外存空间虚拟为内存空间,并将内存和外存有机地结合起来,得到一个容量相当于外存、速度接近于内存、价格十分便宜的虚拟存储系统。虚拟存储把一个程序需要的存储空间分成若干页或段,利用内外存自动调度的方法,程序运行用到页和段时,就把它们调到内存,反之就把它们送到外存中。

(4)存储保护。在多道程序系统中,内存中既有操作系统,又有许多用户程序。为使系统正常运行,避免内存中各程序相互干扰,必须对内存中的程序和数据进行保护。存储保护包括两方面内容:防止地址越界、防止非法操作。每个进程都具有其相对独立的存储空间,如果进程在运行时产生的地址超出其地址空间,则发生地址越界。对于允许多个进程共享的公共区域,每个进程都有自己的访问权限。例如,有些进程可以执行写操作,有些进程只能执行读操作,而其他进程不能读,也不能写。存储保护一般以硬件保护机制为主,以软件为辅。当发生越界或非法操作时,硬件产生中断,进入操作系统处理。

3. 设备管理

设备管理是指负责管理各类外围设备,包括分配、启动和故障处理等。设备管理的任务就是动态地掌握并记录设备的状态、为用户分配及释放设备、提高设备利用率等。

在多道程序环境下,当多个进程竞争使用设备时,操作系统按一定策略分配和管理设备,控制设备的各种操作,完成输入输出设备与主存之间的数据交换。为了实现设备分配,系统中应设置一些数据结构,用于记录设备的状态。操作系统为设备提供驱动程序或控制程序,以使用户不必详细了解设备及接口的技术细节,就可方便地对这些设备进行操作。操作系统利用中断技术、直接存储器存储(Direct Memory Access,DMA)技术、通道技术和缓冲技术,缓解 CPU 和设备速度不匹配的矛盾,以提高设备的使用效率,提高整个系统的运行速度。

4. 文件管理

文件管理是对信息资源的管理。操作系统负责管理和存取文件,为用户提供一个简单、统一的访问文件的方法。

文件是在逻辑上具有完整意义的一组相关信息的有序集合。每个文件都有一个文件名。操作系统中的文件系统专门负责管理外存储器上的信息,使用户可以"按名"高效、快速和方便地存储信息。其主要功能包括文件结构与组织、文件目录管理、文件的存取方法、文件的使用,以及文件共享与保护。

(1)文件结构与组织。文件结构是指文件的组织形式,从用户角度看到的文件组织形式称为文件的逻辑结构,用户只要知道所需文件的文件名,而无须知道这些文件究竟存放在什么地方,就可以存取文件中的信息。从实现角度考察文件在外存储器上的存放方式称为文件的物理结构。

(2)文件目录管理。为了实现"按名存取",系统必须为每个文件设置用于描述和控制文件的数据结构,它至少要包括文件名和存放文件的物理地址,这个数据结构称为文件控制块(FCB)。文件控制块的有序集合称为文件目录。也就是说,文件目录是由文件控制块组成的,专门用于文件检索。

目录文件是长度固定的记录式文件。大多数操作系统(如 UNIX、DOS)采用的多级目录结构称为树形目录结构,有树根(根目录)、树枝(文件夹)和树叶(文件),从根目录出发到任一非叶子结点或树叶结点都有且只有一条路径。用户目前使用的工作目录称为当前目录。

(3)文件的存取方法。文件的存取方法是指存取文件存储器上的一个物理块的方法,通常分为顺序存取、随机存取和按键存取。顺序存取是指对文件中的信息按顺序依次存取的方式;随机存取允许用户按任意的次序随机存取文件中的信息,或根据存取命令直接存取;按键存取则根据文件中各记录的某个数据项内容存取记录。

(4)文件的使用。当用户使用文件时,文件系统通过用户给出的文件名查出对应文件的存放位置,读出文件的内容。操作系统在操作级(命令级)和编程级(系统调用和函数)向用户提供文件的服务。其中,在操作级提供的命令有目录管理类命令、文件操作类命令和文件管理类命令等。在编程级提供的系统调用主要有创建文件、撤销文件、打开文件、关闭文件、读文件及写文件。

(5)文件共享与保护。文件共享是指不同用户进程使用同一文件,它不仅是不同用户完成同一任务必需的功能,而且还可以节省内存空间,减少由于文件复制而增加的访问外存的次数。文件系统对文件的保护常采用存取控制方式进行,即不同的用户对文件的访问规定不同的权限,以防止文件被未经授权的用户访问。

5. 作业管理

每个用户请求计算机系统完成的一个独立的操作称为作业(job)。作业由程序、数据和作业说明书3部分组成,其中作业说明书包括作业基本情况、作业控制、作业资源要求的描述。作业的状态分为提交、后备、执行和完成。

作业管理包括作业的输入和输出、作业的调度与控制。作业调度的算法有许多种，常见的有先来先服务、短作业优先、响应比高者优先、优先级调度算法及均衡调度算法等。作业控制分为批处理作业(脱机方式)和交互式作业(联机方式)两种。

4.2.2　人机交互

操作系统是用户和计算机的接口，人机交互功能是决定计算机系统"友善性"的一个重要因素。人机交互功能主要靠可输入输出的外围设备和相应的软件完成，人机交互的主要作用是控制有关设备的运行和理解并执行通过设备传来的有关命令和要求。

1. 人机交互

早期的人机交互设施是键盘显示器。操作员通过键盘输入命令，操作系统接到命令后立即执行并将结果通过显示器显示。命令式交互方式不方便使用，逐渐被图形化的交互界面替代，只需单击图标或菜单等桌面元素，就可以操作计算机，大大简化了用户的使用步骤。随着模式识别，如语音识别、汉字识别等输入设备的发展，操作员和计算机在类似自然语言或受限制的自然语言这一级上进行交互成为可能。这些人机交互可称为智能化的人机交互，这方面的研究工作正在积极开展。

2. 操作系统的界面形式

操作系统为用户提供的界面形式有交互终端命令、图形用户界面、作业控制语言和系统调用命令。

(1) 交互终端命令。交互终端命令(command line)是分时系统具有的界面形式。系统为交互终端用户提供一组交互式命令，用户可以通过终端键盘输入这些命令。每个输入命令都被操作系统中的命令解释程序所接收，该程序分析接收到的命令，然后调用操作系统中的相应模块完成此命令所要求的功能，最后将此命令的执行结果输出给用户，用户根据此结果决定下一个命令的输入，如此进行下去，直到用户完成自己的工作。

(2) 图形用户界面。考虑到用户(尤其是非计算机专业人员)使用计算机系统的方便性，现代操作系统都提供了图形用户界面(Graphic User Interface，GUI)形式。GUI 本质上也属于交互式界面形式，只不过界面由命令行转变为图形提示和鼠标单击。图形界面一般由窗口、图标、菜单、对话框等基本元素以及对基本元素所能进行的操作构成。

(3) 作业控制语言。作业控制语言(Job Control Language，JCL)是批处理系统具有的界面形式。系统为用户提供一种作业控制语言，当用户提交批作业时，使用这种语言书写一个作业说明书，该说明书以操作系统所能识别的形式描述了一个用户作业的处理步骤，然后将此说明书与程序、数据一道提交给系统，操作系统将按照作业说明书规定的步骤一步一步地处理作业。

(4) 系统调用命令。系统调用命令(system call)也称应用程序界面(Application Program Interface，API)。操作系统为用户提供一组系统调用命令，用户可将这些系统调用命令写在程序中，当用户程序在运行过程中执行到这些系统调用命令时，将发生中断，操作系统根据不同的系统调用命令转到相应的处理程序完成该调用命令所要求的服务。

系统调用命令通常可以分为如下几类：与文件相关的系统调用命令，如建立文件、撤销文件、打开文件、关闭文件、读写文件等；与进程相关的系统调用命令，如创建子进程、撤销子进程、跟踪子进程等；与进程通信相关的系统调用命令，如发送消息、接收消息、发送信件、接收信件等；与资源相关的系统调用命令，如申请资源、释放资源等。

4.3 操作系统的研究与发展

操作系统并不是与计算机硬件一起诞生的，它是在人们使用计算机的过程中，为了提高资源利用率、增强计算机系统性能，伴随着计算机技术本身及其应用的日益发展，而逐步形成和完善起来的。

4.3.1 操作系统的发展

操作系统的发展与计算机硬件的发展息息相关。操作系统的本意原为提供简单的工作排序能力，后来为辅助更新更复杂的硬件设施而渐渐演化。从最早的批处理模式开始，分时机制也随之出现。随着多处理器时代的来临，操作系统随之添加多处理器协调功能，甚至是分布式系统的协调功能。个人计算机的操作系统发展也在硬件越来越复杂、强大时，逐步实现了以往只有大型计算机才有的功能。

1. 操作系统的演变过程

计算机操作系统的演变可以分为 3 条发展线索，分别是主机操作系统、服务器操作系统和个人计算机操作系统。

主机操作系统的演变从输入输出控制系统 IOCS 和 IBSYS 开始，经历 OS/360 的里程碑式的突破，逐步演变为 VS、MVS 和 VM 3 个系列(其中，VM 系列还吸取了 UMES 和 CTSS 的某些特征)。目前，IBM 是这 3 个系列的开发商和运营商，其 VM 操作系统经历多代后已经变得十分可靠。

服务器操作系统的演变从 UMES 开始，经 CTSS 演变为 IBM 的 MVS 和 VM 操作系统，经 MULTICS 演变为 UNIX 系统。20 世纪 80 年代初，UNIX 分为由 AT&T(美国电话电报公司)提供的 System 系列和由 UCB 提供的 BSD 系列。XENIX 是微软公司为 PC 而移植的 AT&T 版的 UNIX 操作系统。AT&T 是 UNIX 的鼻祖，UCB 则在美国国防部的支持下开发了 BSD(伯克利软件分配)系列。

随后，IBM 和斯坦福大学分别研发了 AIX 和 SUN OS，其中，SUN 是 Stanford University Network(斯坦福大学网络)的缩写。这样，UNIX 就形成了 4 个系列：AT&T 的 System 系列、IBM 的 AIX 系列、SUN 的 SUN OS 系列以及 UCB 的 BSD 系列。

20 世纪 90 年代中期，美国国防部停止对 BSD 的支持后，UCB 也停止了 BSD 系列的研发，而 AT&T 也在与 BSD 较量中放弃了 System 系列。Linux 则趁 AT&T 和 UCB 忙于与对方较量的时候发展起来。卡内基梅隆大学(Carnegie Mellon University)开发了

MACH 操作系统。MACH 为微内核操作系统,在学术界得到了一定的使用,但由于其运行效率低下而没有获得商业上的广泛应用。这样,UNIX 的商业使用版本就剩下 AIX、SOLARIS 系列(SUN OS 的后续版本)和 Linux 系列。后来由于惠普公司(HP)加入到服务器行列,使得 UNIX 家族又增加了一个版本——HP-UX。

个人计算机操作系统的演变可以说是从 DOS 开始的。微软公司在 1980 年买断了 DOS 的版权。它是一个单用户、单任务的操作系统。看到苹果公司的 Mac OS 的图形界面后,微软公司为 DOS 增加了一个图形界面,称为 Windows。随后,Windows 发展的几个版本都只是覆盖在 DOS 上的一个用户图形界面,并不支持多道编程。到 Windows 98 时,微软公司改变了战略。比尔·盖茨亲自请 DEC 的 David Cutler 主持新一代 Windows 操作系统的研发工作。David Cutler 是 DEC 公司 VMS 操作系统的主要设计人员,他从 DEC 公司带一批人到微软公司工作,设计出了 Windows NT 操作系统。这是一个真正支持多道编程的操作系统。Windows NT 继承了 VMS 的优良结构和 Windows 3X 的图形界面,一推出就获得了市场的认可。Windows 操作系统系列也从单一的支持个人计算机演变为支持个人计算机和服务器的"双料"操作系统。

2. 操作系统的发展推动力

操作系统是在人们不断改善计算机系统性能和提高资源利用率的过程中逐步形成和发展而来的。推动操作系统发展的主要动力是"需求推动发展"。回顾计算机的发展历史,用户就会发现操作系统的重大改进与计算机硬件的更新换代相吻合。每当对操作系统做出新的关键性需求时,这些新的需求有些必须得到计算机结构的硬件支持。因此,计算机各代的划分主要以硬件和操作系统软件技术的创新为标志。新一代计算机系统除了要继承上一代的全部优点外,更重要的是要解决上一代存在的问题,与此同时,新的设计理论和技术又会产生许多新的有待解决的问题,事物就是在不断解决问题的过程中向前发展的。

由此可见,促进操作系统不断发展的因素主要有 3 个方面。第一,硬件的不断升级与新的硬件产品出现,需要操作系统提供更多、更复杂的支持;第二,新的服务需求。操作系统为了满足系统管理者和用户的需求,需要不断扩大服务范围;第三,修补操作系统自身的错误。操作系统在运行的过程中其自身的错误也会不断被发现,因此需要不断地修补操作系统自身的错误(即所谓的"补丁")。需要说明的是,在修补的过程中也会产生新的错误。

此外,操作系统在最初设计时也没有想到会有人从事破坏活动,最早的计算机无须设计任何安全机制。后来发现有人试图利用计算机进行不良操作时,就迫不得已修改操作系统,使其具有安全上的防范功能。安全性的提高也促进了操作系统的演变。每当操作系统改进了安全性,攻击者也会改良他们的攻击手段,这样循环往复,操作系统的安全性和攻击者的攻击水平不断提升。

3. 操作系统的发展趋势

随着计算机不断普及,操作系统的功能会变得越来越复杂。在这种趋势下,操作系统的发展将面临两个方向的选择:一是向微内核方向发展;二是向大而全的全方位方向发展。

微内核操作系统虽然有不少人在研究,但在工业界获得的承认并不多。这方面的代表是 MACH 系统。从工业界来说,操作系统向着多功能、全方位方向发展。Windows XP 操作系统现在有 4000 万行代码,Windows 7 的代码规模更大,某些 Linux 版本有 2 亿行代码,SOLARIS 的代码行数也在不断增多。鉴于大而全的操作系统管理起来比较复杂,现代操作系统采取的都是模块化的方式,即一个小的内核加上模块化的外围管理功能。

例如,最新的 SOLARIS 将操作系统划分为核心内核和可装入模块两部分。其中,核心内核分为系统调用、调度、内存管理、进程管理、VFS 框架、内核锁定、时钟和计时器、中断管理、引导和启动、陷阱管理、CPU 管理;可装入模块分为调度类、文件系统、可加载系统调用、可执行文件格式、流模块、设备和总线驱动程序等。

最新的 Windows 将操作系统划分成内核(kernel)、执行体(executive)、视窗、图形驱动和可装入模块。Windows 执行体又划分为 I/O 管理、文件系统缓存、对象管理、热插拔管理器、能源管理器、安全监视器、虚拟内存、进程与线程、配置管理器、本地过程调用等。而且,Windows 还在用户层设置了数十个功能模块,可谓功能繁多、结构复杂。

进入 21 世纪以来,操作系统发展的一个新动态是虚拟化技术和云操作系统的出现。虚拟化技术和云操作系统虽然不易被理解,但它们不过是传统操作系统和分布式操作系统的延伸和深化。虚拟机扩展的是传统操作系统,将传统操作系统提供的一个虚拟机变成多个虚拟机,从而同时运行多个传统操作系统;云操作系统扩展的是分布式操作系统,而这种扩展有两层含义:分布式范围的扩展和分布式从同源到异源的扩展。虚拟机技术带来的最大好处是闲置计算资源的利用,云操作系统带来的最大好处是分散的计算资源整合和同化。

4.3.2 操作系统的研究方法

在计算机科学研究和发展的过程中,操作系统的研究一直是最引人注目的研究分支。操作系统的研究既是一个老的主题,也仍然是一个活跃的主题。随着计算机应用的深入和相关研究领域的兴起,操作系统面临着更多的挑战和机遇。

1. 研究操作系统的观点

研究操作系统的观点有多种。

(1) 软件的观点。从软件的观点来看,操作系统有其作为软件的外在特性和内在特性。所谓外在特性,是指操作系统作为一种软件的外部表现形式,即它的操作命令定义集和它的界面,完全确定了操作系统这个软件的使用方式。例如,操作系统的各种命令、各种系统调用及其语法定义等。需要从操作系统的使用界面上,即从操作系统的各种命令、系统调用及其语法定义等方面,学习和研究操作系统,只有这样,才能从外部特征上把握住每个操作系统的性能。

所谓内在特性,是指操作系统作为一种软件具有一般软件的结构特点,然而这种软件不是一般的应用软件,它具有一般软件不具备的特殊结构。因此,我们学习和研究操作系统时就需要研讨其结构上的特点,从而更好地把握住它的内部结构特点。例如,操作系统是直接同硬件打交道的,那么就要研究同硬件交互的软件是怎么组成的,每个组成部分的功能作用和各部分之间的关系等,换言之,即要研究其内部算法。

(2) 资源管理的观点。现代的计算机系统都支持多个用户、多道作业共享,那么,面对众多的程序争夺处理器、存储器、设备和共享软件资源,如何协调这些资源,并有条不紊地进行分配;操作系统就是负责登记谁在使用什么样的资源,系统中还有哪些资源空闲,当前响应谁对资源的要求,以及收回哪些不再使用的资源等。操作系统要提供一些机制去协调程序间的竞争与同步,要提供一些机制对资源进行合理使用,要对资源施加保护,并采取虚拟技术“扩充”资源等。总之,操作系统是一个资源的管理者。

(3) 进程的观点。这种观点把操作系统看作是由若干个可以同时独立运行的程序和一个对这些程序进行协调的核心组成。操作系统的核心则是控制和协调这些进程的运行,解决进程之间的通信;它从系统各部分可以并行工作为出发点,考虑管理任务的分割和相互之间的关系,通过进程之间的通信解决共享资源时带来的竞争问题。通常,进程可以分为用户进程和系统进程两大类,由这两类进程在核心控制下的协调运行满足用户的作业要求。

(4) 虚机器观点。从服务用户的计算机扩充的观点看,操作系统为用户使用计算机提供了许多服务功能和良好的工作环境。用户不再直接使用硬件机器,而是通过操作系统控制和使用计算机,从而把计算机扩充为功能更强、使用更加方便的计算机系统(称为虚拟计算机)。操作系统的全部功能,如系统调用、命令、作业控制语言等,被称为操作系统虚机器。

虚机器观点从功能分解的角度出发,考虑操作系统的结构,将操作系统分成若干个层次,每一层次完成特写的功能,从而构成一个虚机器,并为上一层次提供支持,构成它的运行环境。通过逐个层次的功能扩充,最终完成操作系统虚机器,从而向用户提供全套的服务,满足用户的作业要求。

(5) 服务提供者观点。从用户角度来看,操作系统应能为用户提供比裸机功能更强、服务质量更高、使用户更加方便灵活的虚拟机器。操作系统能为用户提供一组功能强大、方便、好用的广义指令(系统调用)。

2. 操作系统的结构

一般情况下,操作系统理论研究者把操作系统分成 4 大部分。

(1) 驱动程序。驱动程序是最底层的、直接控制和监视各类硬件的部分,其职责是隐藏硬件的具体细节,并向其他部分提供一个抽象的、通用的接口。

(2) 内核。操作系统之最内核部分通常运行在最高特权级,负责提供基础性、结构性的功能。

(3) 接口库。接口库是一系列特殊的程序库,它们的职责在于把系统提供的基本服务包装成应用程序所能使用的编程接口(即 API),是最靠近应用程序的部分。例如,

GNU C 运行期库就属于此类,它把各种操作系统的内部编程接口包装成 ANSI C 和 POSIX 编程接口的形式。

(4) 外围。外围是指操作系统中除以上 3 类外的所有其他部分,通常是用于提供特定高级服务的部件。例如,在微内核结构中,大部分系统服务以及 UNIX/Linux 中的各种守护进程通常都被划归到此列。

3. 操作系统的结构设计

操作系统有多种实现方法与设计思路,下面仅选取最有代表性的 3 种方法和思路进行简要叙述。

(1) 整体式系统结构设计。整体式系统结构设计是最常用的一种组织方式,它常被誉为"大杂烩"。也可以说,整体式系统结构就是"无结构"。整个操作系统是一堆过程的集合,每个过程都可以调用任意其他过程。使用这种技术时,系统中的每一过程都有一个定义完好的接口,即它的入口参数和返回值,而且相互间的调用不受约束。

这种结构方式下,开发人员为了构造最终的目标操作系统程序,首先将一些独立的过程或包含过程的文件进行编译,然后用链接程序将它们链接成为一个单独的目标程序。从信息隐藏的观点看,它没有任何程度的隐藏,每个过程对其他过程都是可见的。

Linux 操作系统就是采用整体式的系统结构设计,但其在此基础上增加了一些如动态模块加载等方法来提高整体的灵活性,弥补了整体式系统结构设计的不足。

(2) 层次式系统结构设计。层次式系统即上层软件基于下层软件之上。层次式系统结构设计方式是对系统进行严格的分层,使得整个系统层次分明,等级森严。这种系统学术味道较浓。实际上,完全按照这种结构进行设计的操作系统不多,也没有广泛的应用。

现代的操作系统设计是在整体式系统结构与层次式系统结构设计中寻求平衡。

(3) 微内核系统结构设计。微内核系统结构设计是近几年来出现的一种新的设计理念。微内核系统,顾名思义就是系统内核很小。最有代表性的操作系统有 Mach 和 QNX。

微内核的目标是将系统服务的实现和系统的基本操作规则分离开。例如,进程的输入/输出锁定服务可以由运行在微内核之外的一个服务组件提供。这些模块化的用户态服务器用于完成操作系统中比较高级的操作。这样的设计使内核中最核心的部分的设计更简单。一个服务组件的失效并不会导致整个系统的崩溃,内核需要做的仅仅是重新启动这个组件,而不会影响其他部分。

微内核将许多操作系统服务放入分离的进程,如文件系统、设备驱动程序,而进程通过消息传递调用操作系统服务。微内核结构必然是多线程的,第一代微内核在核心提供了较多的服务,因此被称为"胖微内核",它的典型代表是 MACH,它既是 GNU HURD 的核心,也是 APPLE SERVER OS 的核心。第二代微内核只提供最基本的操作系统服务,典型的操作系统是 QNX,QNX 在理论界很有名,被认为是一种先进的操作系统。

4.4 思考与讨论

4.4.1 问题思考

1. 什么是操作系统？其作用是什么？
2. 操作系统具有什么特征？
3. 操作系统的类型有哪些？
4. 操作系统有哪些主要功能？
5. 操作系统的界面形式有哪几种？
6. 实时操作系统和分时操作系统有何区别？

4.4.2 课外讨论

1. 列出你使用过的操作系统，你感觉哪个操作系统最好？为什么？
2. 驱动操作系统发展的主要动力有哪些？
3. 有人说，处理机管理就是进程管理。请说出你对进程的理解。
4. 你是否对操作系统的未来演变有自己的看法？
5. 选择一种操作系统，写出你感兴趣的操作功能。
6. 很多人都说，没有操作系统的计算机是一堆废铁，无法运转。但在计算机刚诞生的时候，谁也不知道操作系统。那时的计算机为什么在没有操作系统的情况下能够运转？它们是如何运转的？

课后自测-4

第 5 章

chapter 5

计算机网络

计算机网络是计算机技术和通信技术紧密结合的产物,是计算机与通信网络发展的高级阶段。计算机网络几乎可以提供给人们需要的所有资源。随着社会的发展和进步,计算机网络已经渗透到人们生活的各个角落,改变了人们的工作方式与生活方式,未来社会对网络的发展需求也将提到更高的层次。

5.1 计算机网络基础

随着通信和计算机技术的紧密结合和同步发展,计算机网络飞速发展。计算机网络技术实现了资源共享,人们可以在办公室、家里或其他任何地方访问网上的任何资源,极大地提高了工作效率,促进了办公自动化、工厂自动化、家庭自动化的发展。

5.1.1 计算机网络概述

计算机网络利用通信设备和通信线路,将地理位置不同、功能独立的多台计算机系统互联起来,组成可以实现资源共享和信息传递的计算机系统。

1. 计算机网络的概念

计算机网络是“以相互共享资源的方式互联起来的自治计算机系统的集合”。计算机网络具有以下几个主要特征。

（1）组建计算机网络的主要目的是实现资源共享,包括硬件资源、软件资源和数据资源。网络用户不但可以使用本地资源,也可以通过网络访问远程资源,还可以调用网络中的多台计算机协同完成一项任务。

（2）互联的计算机系统是自治的系统。互联的计算机分布在不同的地理位置,每台计算机既能联网工作,也能脱网独立工作,它们之间没有主从之分。

（3）联网计算机之间的通信必须遵循共同的网络协议。计算机之间要交换数据,就必须遵守一些事先约定好的通信规则。这就和人们之间的对话一样,如果人与人之间要顺畅地交流,就需要大家说同样的语言。如果一个说中文,另一个说英文,这时就需要找一个翻译才行。网络协议明确规定了所交换数据的格式和时序。

2. 计算机网络的功能

计算机网络是计算机技术和通信技术紧密结合的产物。它不仅使计算机的作用范围超越了地理位置的限制,而且也大大加强了计算机本身的能力。计算机网络具有单个计算机不具备的下述主要功能。

（1）数据交换和通信。计算机网络中的计算机之间或计算机与终端之间可以快速可靠地相互传递数据、程序或文件。例如,电子邮件(E-mail)可以使相隔万里的异地用户快速准确地相互通信;电子数据交换(EDI)可以实现在商业部门(如银行、海关等)或公司之间进行订单、发票、单据等商业文件安全准确的交换;文件传输服务可以实现文件的实时传递,为用户复制和查找文件提供了有力的工具。

（2）资源共享。充分利用计算机网络中提供的资源(包括硬件、软件和数据)是计算机网络组网的目标之一。计算机的许多资源十分昂贵,不可能为每个用户所拥有。例如,进行复杂运算的巨型计算机、海量存储器、高速激光打印机、大型绘图仪和一些特殊的外部设备等,另外还有大型数据库和大型软件等。这些昂贵的资源都可以为计算机网络上的用户共享。资源共享既可以使用户减少投资,又可以提高资源的利用率。

（3）提高系统的可靠性和可用性。在单机使用的情况下,如没有备用机,计算机一旦有故障,就会停机。如有备用机,则费用会大大增高。当计算机连成网络后,各计算机可以通过网络互为备用机,当某一计算机发生故障时,可由别处的计算机代为处理,还可以在网络的一些结点上设置一定的备用设备,起全网络公用后备的作用,这种计算机网络能起到提高可靠性及可用性的作用。特别是在地理分布很广而且要求具有实时性管理和不间断运行的系统中,建立计算机网络可保证更高的可靠性和可用性。

（4）均衡负荷,相互协作。对于大型的任务或当网络中某台计算机的任务负荷太重时,可将任务分散到较空闲的计算机上去处理,或由网络中比较空闲的计算机分担负荷。这就使得整个网络资源能互相协作,以免网络中的计算机忙闲不均,既影响任务,又不能充分利用计算机资源。

（5）分布式网络处理。在计算机网络中,用户可根据问题的实质和要求选择网内最合适的资源来处理,以便使问题能迅速而经济地得以解决。对于综合性大型问题,可以采用合适的算法将任务分散到不同的计算机上进行处理。各计算机连成网络也有利于共同协作进行重大科研课题的开发和研究。利用网络技术还可以将许多小型机或微型机连成具有高性能的分布式计算机系统,使它具有解决复杂问题的能力,而费用却大大减少。

(6) 提高系统性价比,易于扩充,便于维护。计算机组成网络后,虽然增加了通信费用,但由于资源共享,明显提高了整个系统的性能价格比,降低了系统的维护费用,且易于扩充,方便系统维护。

3. 计算机网络的组成

从逻辑功能上可以将计算机网络划分为两部分:一部分是对数据信息的收集和处理;另一部分则专门负责信息的传输。前者称为资源子网,后者称为通信子网,如图5-1所示。

图 5-1 计算机网络的功能构成

(1) 资源子网。资源子网主要是对信息进行加工和处理,面向用户,接受本地用户和网络用户提交的任务,最终完成信息的处理。它包括访问网络和处理数据的硬件、软件设施,主要有主计算机系统、终端控制器和终端、计算机外部设备、有关软件和可共享的数据(如公共数据库)等。

(2) 通信子网。通信子网主要负责计算机网络内部信息流的传递、交换和控制,以及信号的变换和通信中的有关处理工作,间接服务于用户。它主要包括网络结点、通信链路和信号转换设备等硬件设施,提供网络通信功能。

4. 计算机网络的发展

纵观历史,计算机网络的发展可以分为4个阶段。

(1) 计算机终端网络。计算机网络起源于20世纪50年代,当时计算机主机相当昂贵,而通信线路和通信设备相对便宜,为了共享计算机主机资源和进行信息的综合处理,形成了第一代的以单主机为中心的远程联机系统。典型的应用是由一台计算机和全美范围内2000多个终端组成的飞机订票系统,终端是没有处理能力的终端设备(如由键盘和显示器构成的终端机)。

当时,人们把计算机网络定义为"以传输信息为目的而连接起来,实现远程信息处理或进一步达到资源共享的系统",但这样的通信系统已具备网络的雏形。

(2) 计算机通信网络。20世纪60年代中期至20世纪70年代的第二代计算机网络是以多个主机通过通信线路互联起来,为用户提供服务。最早的是美国国防部高级研究计划局(ARPA)于 20 世纪 60 年代冷战高峰期,为了对抗苏联用于军事目的而组建的 ARPA 网,中文译作"阿柏网"。

ARPA 网是 Internet 的前身,采用的许多网络技术,如分组交换、路由选择等至今仍在使用。主机之间不是直接用线路相连,而是由接口报文处理机(IMP)转接后互联的。IMP 和它们之间互联的通信线路一起负责主机间的通信任务,构成了通信子网。互联的主机负责运行程序,提供资源共享,组成资源子网。

这个时期,网络的概念为"以能够相互共享资源为目的互联起来的具有独立功能的计算机之集合体",形成了计算机网络的基本概念。特点是:连入网中的每台计算机本身是一台完整的独立设备,大家可共享系统的硬件、软件和数据资源。

(3) 开放式的标准化计算机网络。20 世纪 70 年代末至 20 世纪 90 年代的第三代计算机网络是具有统一的网络体系结构并遵守国际标准的开放式和标准化的网络。由于没有统一的标准,不同厂商的产品之间互联很困难,迫切需要一种开放性的标准化实用网络环境,这样就应运而生了两种国际通用的网络体系结构,即国际标准化组织的 OSI (开放系统互联参考模型)体系结构和 TCP/IP 体系结构。

(4) 高速计算机网络。20 世纪 90 年代至今,计算机技术、通信技术以及网络技术得到了迅猛的发展。特别是 1993 年美国宣布建立国家信息基础设施(NII)后,全世界许多国家纷纷制定和建立本国的 NII,从而极大地推动了计算机网络技术的发展,使计算机网络进入一个崭新的阶段。目前,全球形成了高速计算机互联网络,Internet 已经成为人类最重要的、最大的知识宝库。网络互联和高速计算机网络成为新一代计算机网络的发展方向。计算机网络正沿着"互联网—移动互联网—物联网"的轨迹发展壮大,渗透到社会的各个角落,推动着经济的转型与社会发展。

5.1.2　计算机网络的类型

计算机网络的分类方法有很多,习惯上的分类方法有按计算机网络的分布范围分类、按计算机网络构成的拓扑结构分类,以及按计算机网络采用的交换技术分类。

1. 按分布范围分类

计算机网络按照其覆盖的地理范围进行分类,可以很好地反映不同类型网络的技术特征,包括广域网、城域网、局域网、个人区域网和人体区域网 5 类。发展最早的是广域网技术,其次是局域网,早期的城域网技术是包含在局域网技术中同步开展研究的,最后出现的是个人区域网和人体区域网。

(1) 广域网。广域网(Wide Area Network,WAN)也称为远程网,它覆盖的范围较广,从几十千米到几千千米,可以覆盖一个国家、地区,或横跨几个洲。广域网是一种公共数据网络,通信子网可以利用公用分组交换网、卫星通信网或无线分组交换网将分布在不同地区的城域网、局域网互联起来,构成大型互联网络系统。

(2) 城域网。城域网(Metropolitan Area Network,MAN)一般来说是在一个城市,但不在同一小区范围内的网络互联。这种网络的连接距离可以从 10 千米到几十千米,以光纤为传输介质,能够提供 45~150Mb/s 的高速传输率。不能简单地把城域网看成是广域网的缩微,或是局域网的自动延伸。广域网的重点是保证大量用户共享主干通信链路的容量,城域网的重点是交换结点的性能与容量。城域网的每个交换结点都要保证大量接入用户的服务质量。城域网应该是一个在城市区域内,为大量用户提供接入和各种信息服务的高速通信网络。

(3) 局域网。局域网(Local Area Network,LAN)是最常见、应用最广的一种网络,几乎每个单位都有局域网,甚至有的家庭中也有小型局域网。所谓局域网,就是在局部范围内的网络,它覆盖的范围较小,所涉及的地理距离一般来说可以是几米至几千米。局域网一般位于一个建筑物或一个单位内,不存在寻径问题,不包括网络层的应用。局域网的特点是:连接范围窄,用户数少,配置容易,传输速率高。

(4) 个人区域网。随着笔记本电脑、智能手机、Pad与信息家电的广泛应用,人们逐步提出将个人自身附近10m范围内的移动数字终端设备联网的需求。由于个人区域网络(Personal Area Network,PAN)主要是用无线通信技术实现联网设备之间的通信,因此就出现了无线个人区域网络(WPAN)的概念。目前,无线个人区域网主要使用IEEE 802.15.4标准、蓝牙与ZigBee标准。

(5) 人体区域网。在智能医疗应用中,需要将人体携带的传感器或移植到人体内的生物传感器结点组成人体区域网(Body Area Network,BAN),将采集到的人体生理信号(如体温、血糖、血压、心跳等),以及人体活动或动作信号、人所在的环境信息,通过无线方式传送到附近的基站,即无线人体区域网(WBAN)。无线人体区域网的研究目标是为物联网智能医疗应用提供一个集成硬件、软件的无线通信平台,特别强调要适应可穿戴与可植入的生物传感器的尺寸,以及低功耗的无线通信要求。因此,无线个人区域网又称为无线个人传感器网络(WBSN)。

2. 按拓扑结构分类

"拓扑"是从几何学中借用来的。网络拓扑结构是网络形状。确切地说,网络拓扑结构是通过网中结点与通信线路之间的几何关系表示网络结构,反映出网络中各实体之间的结构关系。基本的网络拓扑有5种:星形拓扑结构、环形拓扑结构、总线型拓扑结构、树形拓扑结构、网状拓扑结构。图5-2给出了基本的网络拓扑结构的示意图。

(1) 星形拓扑结构。星形拓扑结构是指各工作站以星形方式连接成网。网络中有中央结点(一般是集线器或交换机),其他结点(如工作站、服务器)都与中央结点直接相连,这种结构以中央结点为中心,因此又称为集中式网络。局域网普遍采用星形拓扑结构。

星形拓扑结构的优点是:结构简单,易于监控和管理;单个结点的故障不会影响全网;网络扩展方便;网络时延较小。缺点是:需要耗费大量的电缆;中央结点负担重,形成"瓶颈",一旦发生故障,全网就受影响。

(2) 环形拓扑结构。环形拓扑结构使用公共电缆组成一个封闭的环,各结点直接连到环上,信息沿着环按一定方向从一个结点传送到另一个结点。这种结构显而易见地消除了结点通信时对中心结点的依赖性。

环形拓扑结构的优点是:电缆长度短;所有站点都能公平访问网络的其他部分;信息

星形拓扑结构　　环形拓扑结构　　　总线型拓扑结构

树形拓扑结构　　　　　网状拓扑结构

图 5-2　网络拓扑结构

流在网中是沿着固定方向流动的,路径选择简单;环路上各结点都是自举控制,控制软件简单。缺点是:信息源在环路中是串行地穿过各个结点,当环中结点过多时,势必影响信息传输速率;环路是封闭的,不便于扩充;环中任何一个结点或通信线路出现故障,都可能造成全网瘫痪,可靠性低。

(3) 总线型拓扑结构。总线型拓扑结构采用单根传输线(如同轴电缆等)作为公用的总线,将网络中所有的结点通过相应的硬件接口和电缆连接到这根共享的总线上。信号沿总线进行广播式传输,即从发送信息的结点开始向两端扩散,如同广播电台发射的信息一样,因此又称为广播式网络。

总线型拓扑结构的优点是:网络结构简单,结点的插入、删除比较方便,易于网络扩展;具有较高的可靠性,单个结点的故障不会涉及整个网络。缺点是:总线传输距离有限,通信范围受到限制;维护难,分支结点故障查找难,一旦传输介质出现故障,就需要将整个总线切断;一次仅能一个结点发送数据,如果有两个或两个以上的结点同时发送数据,就会出现冲突,造成传输失败;介质访问获取机制较复杂,从而增加了结点的硬件和软件开销。

(4) 树形拓扑结构。树形拓扑结构可以认为是由多级星形拓扑结构组成的。树的最下端相当于网络中的边缘层,树的中间部分相当于网络中的汇聚层,而树的顶端则相当于网络中的核心层。它采用分级的集中控制方式,与星形拓扑结构相比,它的通信线路总长度短,成本较低,结点易于扩充,寻找路径比较方便,但除了叶结点及其相连的线路外,任一结点或其相连的线路故障都会使系统受到影响。

(5) 网状结构。网状结构主要指各结点通过传输线互相连接起来,并且每个结点至少与其他两个结点相连。网状结构具有较高的可靠性,由于结点之间有许多条路径相连,所以可以为数据流的传输选择适当的路由,从而绕过失效的部件或过忙的结点,不受瓶颈问题和失效问题的影响。但其结构复杂,实现成本较高,不易管理和维护,因此只在广域网中广泛应用。

3. 按交换技术分类

按交换技术划分,网络可分为电路交换网络(circurt switching)、报文交换网络(message switching)和分组交换网络(packet switching)。目前主要使用分组交换技术。

(1) 电路交换网络。公众电话网(PSTN 网)和移动网(包括 GSM 网和 CDMA 网)采用的都是电路交换技术,它的基本特点是采用面向连接的方式,在双方进行通信前,需要为通信双方分配一条具有固定带宽的通信电路,通信双方在通信过程中将一直占用所分配的资源,直到通信结束。

(2) 报文交换网络。报文交换技术和分组交换技术类似,基本特点是面向无连接,采用存储转发机制。但报文交换是以报文(直接将数据封闭成一个包)作为传送单元。由于报文长度差异很大,长报文传输所需时间较长,出错可能性也越大,所以路由器必须根据最长的报文分配存储空间,导致存储空间的利用率降低。由此人们提出分组交换的概念。在实际应用中,报文交换主要用于传输报文较短、实时性要求较低的通信业务,如公用电报网。

(3) 分组交换网络。分组交换在报文交换的基础上,将报文按照一定的长度分割成一定长度的数据块,并增加相应的用于对数据进行选路和校验等功能的头部字段,作为数据传送的基本单元(即分组)。分组交换网络有利于提高路由器检测接收是否出错、出错重传处理过程的效率,也有利于提高路由器存储空间的利用率。在传输时延和传输效率上进行了平衡,从而得到广泛的应用。并且,路由器可以动态地为不同的分组选择不同的最佳传输路径,有利于减小分组传输延迟,提高数据传输的可靠性。

5.2 网络体系结构

计算机网络采取分层设计方法,按照信息的传输过程将网络分解为一个个功能层,不同计算机上的同等功能层之间采用相同的协议,同一计算机上的相邻功能层之间通过接口进行信息传递。网络体系结构是指计算机网络的分层,以及各层中的协议和层次之间接口的集合。网络协议是为网络数据交换制定的通信规则、约定与标准。

5.2.1 网络互联模型

1977 年,国际标准化组织(ISO)为适应网络标准化发展的需求,制定了开放系统互联参考模型(Open System Interconnection/Reference Model,OSI/RM),从而形成了网络体系结构的国际标准。

1. OSI/RM 结构与功能

开放系统互联参考模型为开放式互联信息系统提供了一种功能结构的框架,它将整个网络的功能划分成 7 个层次:物理层、数据链路层、网络层、传输层、会话层、表示层和应用层,如图 5-3 所示。

图 5-3 ISO OSI/RM 模型

(1) 物理层：物理层(physical layer)利用传输介质实现网络内两个实体间的物理连接,实现比特流的透明传输,为数据链路层提供数据传输服务,物理层的数据传输单元是比特(bit)。

(2) 数据链路层：数据链路层(data link layer)在物理层提供比特流传输的基础上,通过建立数据链路连接,采用差错控制与流量控制方法,使有差错的物理线路变成无差错的数据链路。数据链路层的数据传输单元是帧。

(3) 网络层。网络层(network layer)通过路由选择算法为分组通过通信子网选择适当的传输路径,实现流量控制与网络互联的功能。网络层的数据传输单元是数据分组。

(4) 传输层。传输层(transport layer)又称端到端协议层,是网络高层与网络低层(常将 1～3 层称为网络低层,4～7 层称为网络高层)之间的接口。该层为分布在不同地理位置计算机的进程通信提供可靠的端—端连接与数据传输服务。传输层的数据传输单元是报文。

(5) 会话层。会话层(session layer)负责维护两个会话主机之间连接的建立、管理和终止,以及数据的交换。

(6) 表示层。表示层(presentation layer)负责通信系统之间的数据格式变换、数据加密与解密、数据压缩与恢复。

(7) 应用层。应用层(application layer)实现协同工作的应用程序之间的通信过程控制。

OSI/RM 的最高层为应用层,面向用户提供应用服务;最低层为物理层,连接通信介质实现真正的数据通信。两个用户计算机通过网络进行通信时,除物理层外,其余各对等层之间均不存在直接的通信关系,而是通过各对等层的协议进行通信(用虚线连接),

只有两物理层之间通过媒体进行真正的数据通信。

2. TCP/IP 结构模型

虽然 OSI/RM 已成为计算机网络体系结构的标准模型,但因为其结构过于复杂,实际系统采用 OSI/RM 的并不多。目前使用最广泛的网络体系结构是传输控制协议/网际协议(Transmission Control Protocol/Internet Protocol,TCP/IP)结构模型。虽然从名字上看 TCP/IP 包括两个协议,即传输控制协议(TCP)和网际协议(IP),但 TCP/IP 实际上是一组协议,它包括上百个各种功能的协议,如远程登录、文件传输和电子邮件等,而 TCP 和 IP 是保证数据完整传输的两个基本的重要协议。通常,TCP/IP 是 Internet 协议簇,而不单单是 TCP 和 IP。

TCP/IP 的体系结构与 OSI/RM 的对应关系如图 5-4 所示。

图 5-4   TCP/IP 的体系结构与 OSI/RM 的对应关系

(1) 接入层。接入层为 TCP/IP 模型的最低层,负责发送和接收 IP 分组。TCP/IP 对接入层并没有规定具体的协议,它采取开放的策略,允许使用广域网、局域网与城域网的各种协议。任何一种流行的低层传输协议都可以与 TCP/IP 互联网络层接口。

(2) 网络层。网络层(IP层)的主要功能包括:处理来自传输层的数据发送请求,将报文封装成 IP 分组,启动路由选择算法,选择适当的发送路径,并将分组发送到下一个结点;处理接收的分组,对接收到的 IP 分组检查目的地址,如果目的地址为本结点的 IP 地址,则除去分组头,将分组数据送传输层处理;如果需要转发,则通过路由算法为分组选择下一跳结点的发送路径,并转发分组;处理网络的路由选择、流量控制与拥塞控制。网络层传输的数据单元是 IP 分组。

IP 是网际互联层最重要的协议。IP 是一种不可靠、无连接的数据报传输服务协议,它提供的是一种"尽力而为"的服务。

(3) 传输层。传输层负责在会话进程之间建立和维护端—端连接,实现环境中分布式进程通信。传输层定义了两种不同的协议:传输控制协议(Transport Control Protocol,TCP)与用户数据报协议(User Datagram Protocol,UDP)。

TCP 是一种可靠的、面向连接、面向字节流的传输层协议。源进程在使用 TCP 传送数据之前,需要经过 3 次"握手"与目的进程之间建立一条 TCP 连接;TCP 支持可靠数据传输的关键是对发送和接收的数据进行跟踪和确认,如果有错误,则重传,并且提供拥塞控制机制。UDP 是一种不可靠的、无连接的传输层协议,它将可靠性问题交给应用程序解决。UDP 主要面向请求/应答式的交易型应用,一次交易往往只有一来一回两次报文交换,假如为此而建立连接和撤销连接,开销是相当大的。这种情况下使用 UDP 就非常有效。另外,UDP 也应用于对可靠性要求不高,但要求网络的延迟较小的场合,如语音和视频数据的传送。

（4）应用层。应用层对应 OSI/RM 的高层,为用户提供所需要的各种服务,如 HTTP、HTTPS、FTP、POP3、SMTP 等。

3. TCP/IP 与 OSI/RM 的比较

OSI/RM 和 TCP/IP 模型虽然都采用了层次结构的方法,但是在层次划分与协议内容上有很大区别。

OSI/RM 中有 3 个基本概念:服务、接口和协议。TCP/IP 模型并不十分清晰地区分服务、接口和协议这些概念。相比 TCP/IP 模型,OSI/RM 中的协议具有更好的隐蔽性,并更容易被替换。两者的另外一个差别是有关服务类型方面。OSI/RM 的网络层提供面向连接和无连接两种服务,而传输层只提供面向连接服务。TCP/IP 模型在网络层只提供无连接服务,但在传输层却提供两种服务。

OSI/RM 是在其协议被开发前设计出来的。这意味着 OSI/RM 并不是基于某个特定的协议集而设计的,因而它更具有通用性。但另一方面也意味着 OSI/RM 在协议实现方面存在某些不足。而 TCP/IP 模型正好相反,其模型本身实际上并不存在,只是对现存协议的一个归纳和总结,因而协议与模型非常吻合。问题在于 TCP/IP 模型不适合其他协议栈,因此,它在描述其他非 TCP/IP 网络时用处不大。

4. 一种新的建议模型

无论是 OSI/RM,还是 TCP/IP,都会有它成功和不足的方面。OSI/RM 大而全,效率低,缺乏市场带动力;TCP/IP 应用广泛,但是对参考模型的理论研究相对比较薄弱。为此,现在广泛采纳 Andrew S. Tanenbaum 建议的一种 5 层参考模型,它比 OSI/RM 少了表示层和会话层,并用数据链路层与物理层代替 TCP/IP 模型的接入层。

5.2.2 网络地址与分配

在 TCP/IP 网络中,计算机之间能够实现端到端的通信主要就是通过 TCP/IP 进行通信,TCP/IP 已经成为计算机之间通信的标准。在计算机网络体系结构中,网络层封装的是数据包,然后进行传输,这个数据包具体往哪个方向进行传输也只能通过数据包中封装的地址来标识,如果是 IP 封装的数据包,则数据包内要有源 IP 地址和目标 IP 地址。就好像你要给朋友写新年贺卡一样,当要把这个贺卡邮递到朋友的手里,你需要写上你的地址和你朋友的地址,这样对方才可以收到贺卡。

1. IP 地址的构成

IP 地址是一个 32 位的二进制数逻辑地址(这种表示方式称为 IPv4),人们为了使用方便,习惯上将这个 32 位的数字划分成 4 个字节,并在每个字节之间用"."区分。例如,IP 地址"11000000 10101000 11001000 10000000",每字节用十进制数表示,字节之间用圆点分隔,表示为"192.168.200.128"。

每个 IP 地址由网络号(net-id)和主机号(host-id)两部分组成。分配给这些部分的位数随着地址类的不同而不同。根据网络号与主机号的不同划分,IP 地址可以分为 5 类,如图 5-5 所示。其中,主机号用于标识同一网段内的不同计算机的地址,主机号部分的二进制数是不可以全为 1 或全为 0 的。如果主机位全为 0,则代表是本网段的网络号;如果主机位全为 1,则代表是本网段的广播地址。

图 5-5　IP 地址分类示意图

2. 子网的划分

划分子网的基本思想是:借用主机号的一部分作为子网的子网号,划分出更多的子网 IP 地址,而对外部路由器的寻址没有影响。划分子网后,通过使用掩码,把子网隐藏起来,使得从外部看网络没有变化,这就是子网掩码。

子网掩码是一个 32 位的二进制数,其对应网络地址的所有位都为 1,对应主机地址的所有位都为 0。由此可知,A 类网络的默认子网掩码是 255.0.0.0,B 类网络的默认子网掩码是 255.255.0.0,C 类网络的默认子网掩码是 255.255.255.0。将子网掩码和 IP 地址按位进行逻辑"与"运算,得到 IP 地址的网络地址,剩下的部分就是主机地址,从而区分出任意 IP 地址中的网络地址和主机地址。子网掩码常用点分十进制表示,还可以用网络前缀法表示子网掩码,即"/<网络地址位数>"。如 138.96.0.0/16 表示 B 类网络 138.96.0.0 的子网掩码为 255.255.0.0。

3. IPv6

IPv6(Internet Protocol version 6)是用于替代现行版本 IP(IPv4)的下一代 IP。与 IPv4 相比,IPv6 具有的优势有:IPv6 具有更大的地址空间。IPv6 中 IP 地址的长度为 128 位;IPv6 的地址分配一开始就遵循路由汇聚的原则,使得路由器能在路由表中用一条记录表示一个子网,大大减小了路由器中路由表的长度,提高了路由器转发数据包的速度;IPv6 增加了增强的组播支持以及对流的支持,这使得网络上的多媒体应用有了长足发展的机会,为服务质量(Quality of Service,QoS)控制提供了良好的网络平台;IPv6 加入了对自动配置的支持,这是对 DHCP(动态主机配置协议)的改进和扩展,使得网络(尤其是局域网)的管理更加方便和快捷;在使用 IPv6 的网络中,用户可以对网络层的数据进行加密,并对 IP 报文进行校验,这样极大地增强了网络的安全性。

5.3　传输介质与网络设备

传输介质与网络设备是计算机网络组成的物质基础。计算机系统通过网络设备和通信线路与网络中的其他计算机系统连接起来,形成一个完整的网络系统。

5.3.1　网络传输介质

传输介质是网络中连接收发双方的物理通路,也是通信中实际传送信息的载体,分为有线和无线两大类。

1. 有线传输介质

有线传输介质主要有同轴电缆、双绞线和光纤。双绞线和同轴电缆传输电信号,光纤传输光信号。

(1)同轴电缆。同轴电缆由绕在同一轴线上的两个导体组成。根据传输频带的不同,可分为基带同轴电缆和宽带同轴电缆(即网络同轴电缆和视频同轴电缆)。同轴电缆抗干扰能力较强。在早期的局域网中,同轴电缆是最常见的传输介质,传输速度为 2～10 Mb/s。但同轴电缆柔软性差,不方便布线,成本较高,因此在现在的局域网环境中,基本已被双绞线取代。

(2)双绞线。双绞线(TP)通常由两根绝缘铜导线按一定密度互相绞在一起,从而降低信号的干扰程度,所以称为双绞线。日常将双绞线电缆直接简称为双绞线。

双绞线便宜,也易于安装,因此被广泛使用,尤其是在星形拓扑中,双绞线更是必不可少的。双绞线传输距离较短,一般不超过 100m。此外,双绞线的传输信号向周围辐射,容易被窃听。双绞线分为非屏蔽双绞线(UTP)和屏蔽双绞线(STP)。屏蔽双绞线抗干扰能力较好,具有更高的传输速度,但价格相对较贵。

(3)光纤。光纤是一种细小、柔韧、能传输光信号的传输介质。一根光缆中通常包含多条光纤。与其他传输介质相比,光纤传输的是光束,不受电磁干扰,不会向外辐射电子信号;具有很大的传输带宽,传输速度快,传输距离远;尺寸小、重量轻。光纤主要用于要求传输距离较长、布线条件特殊的主干网连接,其安全性、可靠性都比较强。

光纤可分为单模光纤和多模光纤。单模光纤由激光作光源,仅有一条光通路,传输距离长为20～120km。多模光纤由二极管发光,低速、短距离,一般在2km以内。

2. 无线传输介质

在计算机网络中,无线传输可以突破有线网的限制,利用空间电磁波实现站点之间的通信,可以为广大用户提供移动通信。最常用的无线传输介质有无线电波、微波和红外线。

(1) 无线电波。无线电波的频率为10^4～10^8Hz。无线电信号频率主要用于各种民用或军用目的,如广播、电视、电台等,频率资源基本占满,较少用于计算机网络。

(2) 微波。微波是指频率为100MHz～10GHz的电磁波。微波只在可视的情况下,才能正常接收,并且大气对微波信号的吸收与散射影响较大。由于微波的波长较短,可以利用较小的抛物面天线将能量集中在很小的波束中发射出去,因此可以用很小的发射功率进行远距离的通信。同时,由于微波的频率很高,因此可以获得较大的带宽。由于微波天线的方向性好,因此在地面一般采用点-点的方式通信。如果传输距离较远,则需要中继。第一种方式是地面中继站,每50km左右设置一个中继站;第二种方式是采用卫星中继,地面站把信号上行到卫星,再由卫星下行到其他地面站。当前,计算机无线网络主要使用微波技术实现。

(3) 红外线。红外线由德国科学家霍胥尔于1800年发现,又称为红外热辐射,长为0.75～1000μm,主要用于短距离通信。红外通信有两个最突出的优点:一是不易被人发现和截获,保密性强;二是不受电磁波影响,抗干扰性强。但红外传输距离近(可视直线距离),不能穿越障碍物,并且易受气候因素影响。红外通信速度较低,常应用于双机点对点连接方式,如笔记本之间的通信、红外遥控器与接收装置之间的通信。

5.3.2 网络设备

在网络的不同层次中,使用的网络设备也不相同。

1. 物理层设备

物理层设备有中继器、集线器和无线接入点等。

(1) 中继器。中继器(repeater)的主要功能是放大信号,补偿信号衰减,扩大网络传输的距离,现在已较少使用。

(2) 集线器。集线器(HUB)是有多个端口的中继器,简称HUB。其主要功能是对接收到的信号进行放大和转发,以扩大网络的传输距离,同时把所有结点集中在以它为中心的结点上。HUB本身不能识别MAC地址(网卡的硬件地址),接收到的信号以广播方式转发到其他所有端口。在这种工作方式下,同一时刻网络上只能传输一组数据帧的通信,这种方式就是共享网络带宽。目前大部分集线器已被交换机取代。

(3) 无线接入点。无线接入点(Access Point,AP)设备是无线局域网的重要接入设备,其功能相当于有线网络中的集线器。无线信号覆盖范围内的所有设备都可以通过无线 AP 接入无线局域网中。

2. 数据链路层设备

数据链路层设备有网卡、网桥和交换机等。

(1) 网卡。网卡也称网络接口卡、网络适配器。网卡是计算机连接网络的重要硬件,主要作用是将计算机中的数据转换成能够通过介质传输的信号,是终端设备接入网络的最基本的组件。

为了有效标识网络中的设备,每块网卡都有唯一的 MAC 物理地址标识,用于区别不同的设备。MAC 地址共 48 位,前 24 位表示厂商地址,后 24 位由厂商编号。

(2) 网桥。网桥(bridge)也叫桥接器,可以实现两个同型局域网的连通。网桥更像一个聪明的集线器,它可以学习 MAC 地址,通过"MAC 地址-端口"映射表,确定目的计算机挂在哪个端口,从而使数据帧直接由源地址发送到目的地址,减少网络冲突。网桥的工作速度较慢,现在已较少使用。

(3) 交换机。交换机(switch,意为"开关")又名交换式集线器,是一种能完成过滤和转发数据包功能的网络设备。传统的交换机是从网桥演变而来的。每一数据帧都能独立地从源端口直接交换到目的端口,避免了碰撞发生。只有没有匹配到对应地址时,交换机才将接收到的数据帧以广播方式发送给所有端口。交换机通过这样端口到端口的交换式发送方式,可以有效过滤多余数据流,从而降低整个网络的数据传输量,分割网络数据流,隔离分支网络中的故障,提高整个网络的传输效率。

交换机除了能够连接同种类型的网络外,还可以在不同类型的网络之间起到互联作用。根据工作位置的不同,交换机可以分为广域网交换机和局域网交换机。广域网交换机主要应用于电信领域,提供通信用的基础平台。交换机有多个端口,每个端口都具有桥接功能,可以连接一个局域网或一台高性能服务器或工作站。局域网交换机则应用于局域网络,用于连接终端设备,如 PC 及网络打印机等。

3. 网络层设备

网络层主要负责完成数据分组从源端传输到目的端、逻辑地址分配以及网络的路由选择等任务。网络层的设备主要有路由器和三层交换机等。

(1) 路由器。路由器(router)是一种连接多个网络或网段的网络设备,它能将不同网络或网段之间的数据信息进行"翻译",以使它们能够相互"读懂"对方的数据,从而实现网络互联。路由器的两个主要功能是:选择路由,转发数据包。路由器学习所连接网络的各种信息,最后由路由算法计算出到达目的网络的最佳路径;然后,直接转发数据包。

目前,路由器已经广泛应用于各行各业,各种不同档次的产品已成为实现各种骨干网内部连接、骨干网间互联和骨干网与互联网互联互通业务的主力军。路由器系统构成了基于 TCP/IP 的国际互联网络 Internet 的主体脉络,也可以说,路由器构成了 Internet 的骨架。它的处理速度是网络通信的主要瓶颈之一,它的可靠性和稳定性直接影响着网络互联的质量。

(2) 三层交换机。三层交换技术(也称多层交换技术或 IP 交换技术)是网络层数据传输的重要技术,是相对传统的二层交换技术提出的,相当于二层交换技术＋三层路由技术。

由于网络规模的扩大,大型局域网往往会划分成多个网段,各子网之间如果通过路由器互联,路由器的低速会造成传输瓶颈问题。三层交换机是为解决大型局域网子网通信而设计的 3 层设备。它拥有很强的二层包处理能力,扩展了网络的范围,适用于大型局域网内的数据交换;并且,还可以工作在 3 层,替代路由器完成路由通信功能。

4. 传输层以上的设备

传输层以上的设备主要有防火墙和网关等。

(1) 防火墙。防火墙通常安装在内部网络和因特网的连接处,一方面阻止来自因特网的未授权或未验证的访问,另一方面保护内部网络的用户对因特网进行安全访问,起到一个"安全警卫"的作用。防火墙可以是一种硬件、固件或者软件。

(2) 网关。网关(gateway)又称网间连接器、协议转换器。它将协议进行转换,或将数据重新分组,以便数据分组在两个不同类型的网络系统之间或者二个不同的 IP 子网之间进行通信。同时,网关也可以提供过滤和安全功能。网关是一个概念,不是特指某种产品,实际上是一个网络通向其他网络的 IP 地址。网关的 IP 地址是具有路由功能的设备的 IP 地址。具有路由功能的设备有路由器、启用了路由协议的服务器或代理服务器。

5.4　Internet 及其应用

因特网(Internet)是国际计算机互联网,它以 TCP/IP 网络协议将各种不同类型、不同规模、位于不同地理位置的物理网络连接成一个整体,因此也称为网络的网络(a network of network)。其作用是把分布在世界各地、各部门存储在信息库里的信息资源通过网络连接起来,从而进行通信和信息交换,实现资源共享。

5.4.1　Internet 基础

在互联网应用极其广泛的今天,Internet 已是人们每天都要与之打交道的一种网络,无论从地理范围,还是从网络规模来讲,它都是最大的一种网络,即人们常说的"Web""WWW"和"万维网"等。从地理范围来说,它可以是全球计算机的互联,这种网络的最大的特点是不定性,整个网络的计算机每时每刻随着人们网络的接入都在不断变化。

1. Internet 的概念

由数以万计的小网络构造出 Internet 这个世界上最大、最流行的计算机互联网,它连接了上千万台计算机和用户(还在不断增加)。除去设备规模、统计数字、使用方式、发展方向上的明显优势外,Internet 正以令人难以置信的速度发展。Internet 所包含数据的丰富程度远远超过了人们的想象。

从网络通信技术的角度看,Internet 是一个以 TCP/IP 网络协议连接各个国家、各个地区以及各个机构的计算机网络的数据通信网。从信息资源的角度看,Internet 是一个集各部门、各领域的各种信息资源为一体,供网上用户共享的信息资源网。今天的 Internet 已远远超过网络的含义,它是一个社会。虽然至今还没有一个准确的定义概括 Internet,但是这个定义应从通信协议、物理连接、资源共享、相互联系、相互通信的角度综合考虑。一般认为 Internet 的定义应包含下面 3 方面的内容:Internet 是一个基于 TCP/IP 协议簇的网络;Internet 是一个网络用户的集团,用户使用网络资源,同时也为该网络的发展壮大贡献力量;Internet 是所有可被访问和利用的信息资源的集合。

2. Internet 的域名系统

虽然 IP 地址可以区别 Internet 中的每台主机,但这 4 段 12 位(十进制)数字实在不好记忆,这种纯数字的地址使人们难以一目了然地认识和区别互联网上的千千万万台主机。为了解决这个问题,人们设计了用“.”分隔的一串英文单词来标识每台主机的方法,按照美国地址取名的习惯,以小地址在前、大地址在后的方式为互联网中的每台主机取一个见名知意的地址,如美国 IBM 公司:ibm.com,中国清华大学:tsinghua.edu.cn 等。

“.”前面的是主机名,其后是子域名,最后是顶级域名。但这一人为取的名字计算机网络不认识,还需要将字串式的地址翻译成对应的 IP 地址,这一命名方法及名字,即 IP 地址翻译系统构成域名系统(Domain Name System,DNS)。域名系统是一个分布式数据库,为 Internet 网上的名字识别提供一个分层的名字系统。该数据库是一个树形结构,分布在 Internet 网的各个域及子域中,如清华大学域名 tsinghua.edu.cn,其顶级域属于 cn(中国),子域 edu 从属于教育,最后是主机名 tsinghua。在清华园内还有许多子网,则 tsinghua 又是这些子网的上一级域名。

顶级域名可分为国家顶级域名(national Top-Level Domainnames,nTLDs)、国际顶级域名(international Top-level Domain names,iTDs)两类。目前,200 多个国家和地区都按照 ISO 3166 国家和地区代码分配了顶级域名,如中国是 cn,美国是 us,日本是 jp,中国香港是 hk,等等。国际顶级域名分配给各种行业,如表示工商企业的.com,表示网络提供商的.net,表示非营利组织的.org,表示政府部门的.gov,表示教育机构的.edu,等等。

为加强域名管理,解决域名资源紧张的问题,Internet 协会、Internet 分址机构及世界知识产权组织(WIPO)等国际组织经过广泛协商,在原来国际通用顶级域名的基础上,新增加了新的国际通用顶级域名,如 firm(公司企业)、store(销售公司或企业)、Web(突出 WWW 活动的单位)、arts(突出文化、娱乐活动的单位)、rec(突出消遣、娱乐活动的单位)、info(提供信息服务的单位)、nom(个人),并在世界范围内选择新的注册机构受理域名注册申请。

3．Internet 的接入方式

接入技术关系到如何将成千上万的个人、家庭、单位用户的计算机与移动终端设备接入互联网，关系到用户所得到的网络服务的类型、应用水平、服务质量、资费等切身利益问题，同时也是城市网络基础设施建设中需要解决的一个重要问题。

（1）ADSL。ADSL 可直接利用现有的电话线路，通过 ADSL MODEM 后进行数字信息传输。理论速率可达 8Mb/s 的下行和 1Mb/s 的上行，传输距离可达 4～5km。ADSL2＋速率可达 24Mb/s 的下行和 1Mb/s 的上行。另外，最新的 VDSL2 技术可以达到上下行各 100Mb/s 的速率。其特点是速率稳定、带宽独享、语音数据通信互不干扰等，可满足家庭、个人等用户的网络应用需求。

（2）HFC(CABLE MODEM)。HFC 是一种基于有线电视网络资源的接入方式，具有专线上网的连接特点。其特点是速率较高，接入方式方便（通过有线电缆传输数据，不需要布线）。其缺点在于基于有线电视网络的架构是属于网络资源分享型的，当用户激增时，速率会下降且不稳定，扩展性不够。

（3）光纤宽带。通过光纤接入小区结点或楼道，再由网线连接到各个共享点上（一般不超过 100m），提供一定区域的高速互联接入。其特点是速率高、抗干扰能力强，适用于家庭、个人或各类企事业团体，可以实现各类高速率的互联网应用（如视频服务、高速数据传输、远程交互等），缺点是一次性布线成本较高。

（4）无线网络。无线网络是一种有线接入的延伸技术，使用无线射频(RF)技术收发数据，减少使用电线连接，因此无线网络系统既可达到建设计算机网络系统的目的，又可让设备自由安排和搬动。在公共开放的场所或者企业内部，无线网络一般会作为已存在有线网络的一个补充方式。

目前，我国 4G 移动通信有中国移动、中国电信和中国联通 3 种技术标准，它们各使用自己的标准及专门的上网卡，网卡之间互不兼容。

（5）电力网接入(PLC)。PLC(Power Line Carrier)是指利用电力线传输数据和媒体信号的一种通信方式，也称电力线载波。把载有信息的高频加载于电流，然后用电线传输到接受信息的适配器，再把高频从电流中分离出来，并传送到计算机或电话。电力通信网的内部应用包括电网监控与调度、远程抄表等。面向家庭上网的 PLC 俗称电力宽带，属于低压配电网通信。

5.4.2 Internet 的应用

Internet 提供了丰富的信息资源和应用服务，它不仅可以传送文字、声音、图像等信息，而且远在千里之外的人们通过 Internet 可以进行点播、即时对话、在线交谈等。Internet 上的信息包罗万象，上至政治、经济、高科技、军事，下至大众喜闻乐见的消息等，人们可以非常方便地浏览、查询、下载、复制和使用这些信息。

1．Internet 的基本服务

Internet 提供的基本服务主要有 Web 服务、电子邮件服务、文件传送服务、远程登录服务等。

(1) Web 服务。Web 服务(又称 WWW 服务、3W 服务)以超文本(Hypertext)技术为基础,以面向文件的浏览方式提供具有一定格式的文本、图形、声音和动画等,通过超链接将各种信息联系起来。Web 服务是 Internet 上使用最方便、最受欢迎和使用最多的一项 Internet 服务。

Web 服务采用分布式客户机/服务器模式。Web 服务器的建立较为复杂,包括服务器软件的安装和配置、Web 文档的编辑和维护、Web 服务器访问的记录和监视等。在 Windows 操作系统中的 Web 服务器软件就是 IIS(Internet Information Service)。客户机软件比较简单,只需一个浏览器(browser)即可,如 Internet Explorer。

Web 服务器和客户机之间使用超文本传输协议(HyperText Transfer Protocol, HTTP)进行通信连接。网页以超文本标记语言(HyperText Markup Language, HTML)为基础。Web 用户使用统一资源定位符(Uniform Resource Locator,URL)寻找特定的网页文件。

在 Web 上的可获得的超媒体文件被称为网页。而获得的第一个网页为主页(Homepage)。网页文件的后缀名一般为.html 或者.htm。每个网页的组成分为两个主要部分:头部和紧跟着的正文。头部包含了网页的描述信息,而正文则包含了网页的大部分信息。

(2) 电子邮件服务。电子邮件服务,即通常所说的 E-mail 服务或者电子邮箱服务,是 Internet 上应用最广的服务。它既可以收信、回信、写信和转信,也可用来订阅大量免费的新闻、专题邮件,并实现轻松的信息搜索。

使用电子邮件服务必须至少拥有一个电子邮件地址,这个地址相当于在邮局租用了一个信箱。电子邮件地址的典型格式是 user_name@domain_name。@符号读作 at,@前是电子邮件的名称,这个名称是由用户申请的,在一个邮件服务器中必须是唯一的;@后是电子邮件服务的服务提供商的名称,也就是域名。

电子邮件服务采用异步通信、存储转发的服务方式,使用的协议有 SMTP、MIME、POP3、IMAP4 等。

SMTP(Simple Mail Transfer Protocol,简单邮件传输协议)是一组用于由源地址到目的地址传送邮件的规则以及控制信件的中转。通过 SMTP 所指定的服务器,就可以把 E-mail 寄到收信人的服务器上。MIME(Multipurpose Internet Mail Extensions,多用途互联网邮件扩展)是对 SMTP 的扩充。它提供了一种可以在邮件中附加多种不同编码文件的方法,如文本、图像、动画、声音等,弥补了原来信息格式的不足。

POP3(Post Office Protocol,邮局协议版本 3)规定怎样将计算机连接到 Internet 的邮件服务器上,并且下载电子邮件的协议。它允许用户从电子邮件服务器上把邮件下载到本地计算机上,同时可以删除保存在邮件服务器上的邮件。

IMAP4(Internet Message Access Protocol,交互式邮件访问协议版本 4) 主要提供的是通过 Internet 获取信息的一种协议。IMAP4 像 POP3 那样提供了方便的邮件下载服务,除让用户能进行离线阅读外,还提供了浏览摘要信息等功能,可以在阅读完所有邮件的到达时间、主题、发件人、大小等信息后,才做出是否下载邮件的决定。

(3) 文件传送服务。文件传送服务使用 TCP/IP 协议簇中的 FTP(File Transfer Protocol,文件传输协议)在两台计算机之间实现文件的上传与下载。用户计算机是 FTP 客户端,Internet 上的文件服务器就是 FTP 服务器端。

(4) 远程登录服务。远程登录服务是应用 Telnet 协议实现的,通过 Internet 登录和使用远程的计算机系统,就像使用本地计算机一样。

远程登录服务以客户机/服务器(Client/Server)模式工作。在客户机上要运行 Telnet 客户端程序,Telnet 客户端程序根据服务器的 IP 地址或域名完成与服务器的 TCP 连接,把输入的字符串或者命令转换为标准格式送给服务器,然后从服务器接收送回的信息并显示出来。而 Telnet 服务器程序接受客户机的请求,同时等候 Telnet 命令。当接收到命令后给出响应,把执行命令的结果送回给客户机。

2. Internet 的其他服务

Internet 服务正在不断地改变人们的生活,新的 Internet 服务被不断地推出。下面介绍几种常用的 Internet 服务。

(1) 搜索引擎。搜索引擎(search engines)是对 Internet 上的信息资源进行搜集整理,然后提供查询的系统,它一般包括信息搜集、信息整理和用户查询 3 部分。

(2) 电子公告牌。电子公告牌(Bulletin Board System,BBS)是 Internet 提供的最早的服务之一。BBS 主要是为用户提供一个交流意见的场所,能提供信件讨论、软件下载、在线游戏、在线聊天等多种服务。

(3) 即时消息。即时消息(instant messaging)缩写为 IM 或 IMing,是一种使人们能在网上识别在线用户并与他们实时交换消息的技术,如常用的即时消息软件 MSN 和 QQ。

(4) 博客。博客(Blog)是一种网络交流方式。博客又称"网络日志",是私人在网络上发布和阅读的流水记录,通常由简短且经常更新的帖子构成,这些帖子一般是按照日期倒序排列的。

(5) 网络电话。网络电话(Internet Telephone)也称为 IP 电话,是按 TCP/IP 规定的网络技术开通的电话业务,使用的协议是 VoIP(Voice over Internet Protocol),它是利用 Internet 作为语音传输的媒介,从而实现语音通信的一种全新的通信技术。

(6) 电子商务。电子商务(Electronic Commerce)是利用计算机技术、网络技术和远程通信技术,实现整个商务过程的电子化、数字化和网络化。

(7) 语音广播。在因特网上实现世界范围内的电视会议和语音广播,即 Internet 语音广播(Broadcasting)。Broadcasting 具有传播范围更广、传输速度更快、价格更低廉的特点。

(8) 网络游戏。实现多地点、多人同时参与的游戏项目,即网络游戏(internet game)。网络游戏有两种存在形式:一种必须接入因特网才能进行;另一种则在客户端安装软件,既可以通过因特网同其他人联机,也可以脱离网络单机进行。

(9) 数字家庭网络。数字家庭网络(Digital Home Network)系统指的是融合家庭控制网络和多媒体信息网络组成的家庭信息化平台,是在家庭实现信息设备、娱乐设备、家用电器、自动化设备以及数据和多媒体数据共享的信息系统。一般来说,数字家庭网络的业务定位于三大方面,即家庭影音娱乐、电信及广播业务、控制和监视功能。

5.5　思考与讨论

5.5.1　问题思考

1. 什么是计算机网络?它主要有什么功能?
2. 计算机网络由哪几部分构成?
3. 按照分布范围,计算机网络有哪些类型,各有何特点?
4. 网络设备主要有哪几种?
5. 什么是 OSI/RM?分哪几个层次?
6. Internet 提供哪些基本服务?

5.5.2　课外讨论

1. 简述计算机网络在资源共享、信息交换等方面的功能及自己的使用体会。
2. 简要分析网络互联设备的作用。
3. 目前为什么普遍使用 TCP/IP 网络结构?
4. 区分 OSI/RM 与 TCP/IP 网络结构的相同点和不同点。
5. TFTP 封装在 UDP 报文中进行传输,分析其作用。
6. 内联网(Intranet)是利用 Internet 技术构建的企业内部网,分析其作用。

课后自测-5

第6章

chapter 6

人 机 交 互

　　人机交互是研究人与计算机之间通过相互理解的交流与通信,在最大程度上为人们完成信息管理、服务和处理等功能,使计算机真正成为人们工作学习的和谐助手的一门技术科学,它是伴随着计算机的诞生发展起来的。在现代和未来的社会里,只要有人利用通信、计算机等信息处理技术与社会、经济、环境和资源进行活动,人机交互都是永恒的主题。

6.1　人机交互基础

　　随着硬件技术的发展,CPU 的处理能力已不是制约计算机应用和发展的主要障碍,最关键的制约因素是人机交互。作为一门交叉性、边缘性、综合性的学科,人机交互是计算机行业竞争的焦点从硬件转移到软件之后,又一个新的重要的研究领域。

6.1.1　人机交互概述

　　人机交互(Human Computer Interaction,HCI)作为计算机系统的重要组成部分,它的可用性直接影响计算机系统的可用性、工作质量和效率。

1. 人机交互及其发展

人机交互是指人与计算机之间使用某种对话语言,以一定的交互方式为完成确定任务的信息交换过程。

人机交互作为计算机科学研究领域中的一个重要组成部分,其发展已经经历了半个多世纪,并且取得了很大的进步。从计算机的诞生之日起,人机交互技术的发展已经历了早期的手工作业、作业控制语言及交互命令语言、图形用户界面、网络用户界面和智能人机交互等发展阶段。

(1) 手工作业阶段。这一阶段的特点是由设计者本人(或本部门同事)使用计算机,他们采用手工操作和依赖机器(二进制机器代码)的方法适应现在看来是十分笨拙的计算机。

(2) 作业控制语言及交互命令语言阶段。这一阶段的特点是计算机的主要使用者——程序员可采用批处理作业语言或交互命令语言的方式和计算机打交道,虽然要记忆许多命令和熟练地敲键盘,但已可用较方便的手段调试程序、了解计算机执行情况。

(3) 图形用户界面阶段。图形用户界面又称图形用户接口(Graphical User Interface,GUI),是指采用图形方式显示的计算机操作环境用户接口。图形用户界面的广泛应用极大地方便了非专业用户的使用,人们从此不再需要死记硬背大量的命令,取而代之的是通过窗口、菜单、按键等方式方便地操作。

(4) 网络用户界面阶段。以超文本标记语言(HTML)及超文本传输协议(HTTP)为主要基础的网络浏览器是网络用户界面的代表。由它形成的 WWW 网已经成为当今 Internet 的支柱。这类人机交互技术的特点是发展快,新的技术不断出现,如搜索引擎、网络加速、多媒体动画、聊天工具等。

(5) 智能人机交互阶段。以虚拟现实为代表的计算机系统的拟人化和以手持计算机、智能手机为代表的计算机的微型化、随身化、嵌入化,是当前计算机的两个重要的发展趋势。而以鼠标和键盘为代表的 GUI 技术是影响它们发展的瓶颈。利用人的多种感觉通道和动作通道(如语音、手写、姿势、视线、表情等输入)以并行、非精确的方式与(可见或不可见的)计算机环境进行交互,可以提高人机交互的自然性和高效性。多通道、多媒体的智能人机交互对人们既是一个挑战,也是一个极好的机遇。

2. 人机交互方式

交互的启动者是主动发起交互的一方,一个交互过程总是由启动者和响应者双方组成,如果只有启动者一方,另一方没有响应,则不会形成交互。作为人机交互的参与者,人(用户)和计算机都可以作为交互的启动者和响应者。人机交互方式是指人与计算机之间交换信息的组织形式、语言方式或对话方式。常用的人机交互有如下方式。

(1) 问答式交互。问答式交互是最简单的人机交互方式,通常由计算机启动一次对话,系统给出问题并提示用户进行回答,最简单的回答是 YES/NO,复杂的回答需要用户输入文字字符串,系统根据用户的回答执行相应的操作。

(2) 菜单选择。菜单选择是使用较早、较广泛的人机交互方式,其特点是让用户在一组多个可能对象中进行选择,各种可能的选择项以菜单项的形式显示在屏幕上。

(3) 填表技术。在一次对话中,提供给用户的输入界面是一个待填充的表格,用户可以按照提示填入合适的数据。例如,注册信息的填写即采用表格技术。

(4) 命令语言。命令语言是人机交互中最早使用的方式,其特点是采用人和计算机双方都能理解的语言进行交互式对话,可以直接对设备或信息进行操作。例如,UNIX操作系统的交互方式采用的就是命令语言。

(5) 直接操纵。直接操纵以视觉方式呈献任务概念(如图标),由于只需要类似鼠标的指点操作即可启动一次对话,因而其具有易学、易用的优点。例如,目前流行的图形用户界面就是直接操纵的交互方式。

(6) 语音交互。语音是最自然、最流畅、最方便的信息交流方式,在日常生活中,人类的沟通大部分是通过语音完成的,人机之间的语音交互需要基于语音识别、语音合成和语音理解等技术。

(7) 图像交互。图像交互就是计算机根据人的行为理解图像,然后做出反应,其中让计算机具备视觉感知能力是首先要解决的问题。目前,图像交互取得进展的有人脸图像识别、指纹识别、虹膜识别等。

(8) 行为交互。行为交互是指计算机通过定位和识别技术,跟踪人类的肢体运动和表情特征,从而理解人类的动作和行为,并做出响应的过程。行为交互使计算机通过用户行为能够预测用户想要做什么,因此将带来全新的交互方式。

人机交互方式很多都沿用了人与人交互所采用的技术。但是,作为人机交互的计算机一方,由于其内部结构以及接收能力、表达能力等方面的限制,人机交互还不能像人与人之间的交互那样丰富、生动。

3. 人机界面

人机界面(Human Machine Interaction,HMI)又称用户界面或使用者界面,是人与计算机之间传递、交换信息的媒介和对话接口,是计算机系统的重要组成部分。计算机按照机器的特性去行为,人按照自己的方式去思维和行为。要把人的思维和行为转换成机器可以接受的方式,把机器的行为方式转换成人可以接受的方式,这个转换就依靠人机界面。一个友好、美观的界面会给人带来舒适的视觉享受,拉近人与计算机的距离。使计算机在人机界面上适应人的思维特性和行动特性,是"以人为本"的人机界面设计思想。

人机交互与人机界面是两个有紧密联系而又不尽相同的概念。人机交互本质上是人与计算机的交互。具体来说,人机交互是用户与含有计算机的机器之间的双向通信,以一定的符号和动作实现,如击键、移动鼠标、显示屏幕上的符号/图形等。这个过程包括识别交互对象、理解交互对象、把握对象情态、信息适应与反馈等子过程。而人机界面是指用户与含有计算机的机器系统之间的通信媒体或手段,是人机双向信息交互的支持软件和硬件,如带有鼠标的图形显示终端等。

交互是人与机-环境作用关系/状况的一种描述。界面是人与机-环境发生交互关系的具体表达形式。交互是实现信息传达的情境刻画,而界面是实现交互的手段。在交互设计子系统中,交互是内容,界面是形式;然而,在大的产品设计系统中,交互与界面都只是解决人机关系的一种手段,不是最终目的,其最终目的是解决和满足人的需求。

6.1.2 新型人机交互技术

自计算机诞生以来,人机交互技术经历了穿孔纸带、批处理、联机终端、多媒体用户界面等阶段。"以人为中心"和使交互方式更接近人类自然交流形式,是未来人机交互的总体特征。包括虚拟屏幕和非接触式操作在内的新技术将彻底改变人们使用计算机的方式,也将对计算机使用的广度和深度产生深远的影响。

下面是正在研发或者已投入应用的一些新型人机交互技术。

1. 显示屏技术

人的感觉器官中接受信息最多的是视觉器官(眼睛)。在生产和生活中,人们需要越来越多地利用丰富的视觉信息。显示屏技术利用电子技术提供变换灵活的视觉信息。

(1)触摸式显示屏。触摸式显示屏在很多领域已经被广泛应用,使用者通过手动触摸屏幕就可以执行相关操作。2007 年,微软公司推出了"桌面"(surface)计算机,带来了全新的触摸式人机交互模式。这款酷似咖啡桌桌面的平板电脑完全摒弃了鼠标和键盘,通过声音、笔或者触摸就可以操作。其显示屏隐藏在硬塑料板底下,依靠一套摄像机系统捕捉人发出的指令动作,然后进行分析、理解并加以执行。更令人称奇的是,只要将手机、播放器等物品放到其表面,计算机就能自动识别并进行文件传输。

(2)柔性显示屏。超薄、超轻的柔性显示屏已经走出实验室进入市场。很多评论人士认为,使用能够随意折叠卷曲的柔性显示屏制造的电子书就是未来的纸张。

电子书阅读器的柔性显示屏有多种类型,其中包括可以主动发光但却会给读者的眼睛带来刺激和伤害的有机发光二极管(LOED)显示屏,需要使用背景光的液晶显示屏(LCD),以及用在亚马逊 Kindle 电子书阅读器上的利用电泳显示技术制造的电子纸。不同的显示技术各有优劣,因而拥有不同的应用市场。在将来,报纸、杂志甚至服装、墙面都可以变成显示屏,向人们展示一幅幅动态画面。

(3)3D 显示器。3D 显示器一直被公认为显示技术发展的终极梦想,多年来有许多企业和研究机构从事这方面的研究。一些发达国家和地区早在 20 世纪 80 年代就纷纷涉足立体显示技术的研发,于 20 世纪 90 年代开始陆续获得不同程度的研究成果,现已开发出需佩戴立体眼镜和不需佩戴立体眼镜的两大立体显示技术体系。

传统的 3D 电影在荧幕上有两组图像(来源于在拍摄时的互成角度的两台摄影机),观众必须戴上偏光镜才能消除重影(让一只眼只接收一组图像),形成视差(parallax),产生立体感。利用自动立体显示技术,即所谓的"真 3D 技术",就不用戴眼镜观看立体影像了。这种技术利用所谓的"视差栅栏",使两只眼睛分别接收不同的图像,形成立体效果。

平面显示器要形成立体感的影像,必须至少提供两组相位不同的图像。其中,快门式 3D 技术和不闪式 3D 技术是如今显示器中最常使用的两种。

(4)视网膜显示器。视网膜显示器能够通过低强度激光或者发光二极管直接将影像投射到使用者的视网膜上,具有不遮挡视野的特点。

视网膜显示的概念是在20多年前提出的,但直到近年来才让各种不同的视网膜显示变得可行。例如,边发射发光二极管,它比面发射发光二极管的光输出功率大,但比激光的功率要求低,将其应用于视网膜显示器,可提供一个亮度更高,而成本更低的选择。与传统显示器相比,视网膜显示器的亮度-功率比更高,能耗也会相应地大幅降低。

视网膜成像的应用前景非常广阔,例如,车载平视显示器可将重要的驾驶信息投射在汽车的前风挡玻璃上,司机平视就可以看到,从而可以提高行车安全。此外,还可为执行军事任务的士兵提供最优路径和战术信息,并且在医疗手术、浸入式游戏行业也大有作为。

2. 跟踪与识别

跟踪与识别技术包括地理空间跟踪、动作识别、触觉交互、语音识别、无声语音(默读)识别、眼动跟踪、电触觉刺激、仿生隐形眼镜等。

(1) 地理空间跟踪。目前地理空间跟踪的应用潜力才刚刚开始展现,在未来几年中有望取得巨大的技术进步。智能手机配备的全球定位系统、定向仪和加速度计可以提供足够多的信息,帮助使用者确定大概地点和方向。而技术的改进将有可能使跟踪的精度提高到误差不超出1mm。

很多针对手机开发的现实增强应用,如基于位置的营销、旅游帮助和社交网络等,都使用了地理空间数据,可以提供基于使用者所处方位的关联信息。未来几年内,随着跟踪定位精度进一步提高以及无线网络进一步提速,市场将会大幅扩大。

(2) 动作识别。动作识别是一项正在发展中的技术,如可穿戴式计算机、隐身技术、浸入式游戏以及情感计算等。过去的大部分动作识别系统重点分析的是脸部和手部的动作,而现在研发人员已开始将关注点转移到身体姿势、步态和其他行为举止上。

一些具有动作识别能力的控制设备已经达到消费级水平,如任天堂的游戏主机Wii。动作识别系统也开始进入医疗领域,医生无须触碰键盘或者屏幕,就可以操控数字影像。

(3) 触觉交互。触觉交互可借助人的触感,产生一种虚拟现实的效果。触碰可以产生多种不同的感受,包括轻碰、重碰、压力、疼痛、颤动、热和冷,因此,人工模拟这些感受的方式也各异。

触觉交互技术已经开辟了多种可能的应用领域,包括虚拟现实、遥控机器人、远程医疗、工作培训、基于触觉的三维模型设计等。在电子商务方面,触觉交互也能够发挥重要作用。例如,顾客在网上购买服装前,可以先感知衣料的质地,然后作决定。

(4) 语音识别。能够直接与机器交谈的能力在很多领域都会具有巨大的应用潜力。如果双手可以因语音识别系统得到“解放”,开车、修理发动机、烹饪美餐等活动都能够从中获益。语音识别技术已经被应用于呼叫路由、家庭自动化、语音拨号以及数据录入等服务。针对国际旅行者的语言翻译器已经开始进入市场。

(5) 无声语音(默读)识别。通过默读识别,使用者不需要发出声音,系统就可以将喉部声带动作发出的电信号转换成语音,从而破译人想说的话。但该技术目前尚处于初级研发阶段。

在嘈杂喧闹的环境里、水下或者太空中,无声语音识别是一种有效的输入手段。研究人员也在尝试利用无声语音识别系统来控制机动轮椅车。对于有语言障碍的人士,无声语音识别技术还可以通过高效的语音合成,帮助他们同外界交流。如果这项技术发展成熟,将来人们在网上聊天时就不必再敲键盘了。

(6)眼动跟踪。眼动跟踪的基本工作原理是利用图像处理技术,使用能锁定眼睛的特殊摄像机连续地记录视线变化,追踪视觉注视频率以及注视持续时间,并根据这些信息分析被跟踪者。

越来越多的门户网站和广告商开始追捧眼动跟踪技术,他们可以根据跟踪结果了解用户的浏览习惯,合理安排网页的布局(特别是广告的位置),以期达到更好的投放效果。由于眼动跟踪能够代替键盘输入、鼠标移动的功能,科学家据此研发出了可供残疾人使用的计算机,使用者只需将目光聚集在屏幕的特定区域,就能选择邮件或者指令。

(7)电触觉刺激。通过电刺激实现触觉再现,可以让盲人"看见"周围的世界。英国国防部推出了一款名为 BrainPort 的先进仪器,这种装置能够帮助失明者用舌头获知环境信息。BrainPort 配有一副装有摄像机的眼镜、一根由细电线连接的"棒棒糖"式塑料感应器和一部手机大小的控制器。控制器会将拍摄到的黑白影像变成电子脉冲,传到盲人使用者口含的感应器中,脉冲信号刺激舌头表面的神经,并由感应器上的电极传到大脑,大脑就会将感知到的刺激转化成一幅低像素的图像,从而让盲人清楚地"看到"各种物体的线条及形状。

(8)仿生隐形眼镜。数十年来,隐形眼镜一直是一种用于矫正视力的工具。而现在,科学家希望将电路集成在镜片上,打造出功能更强大的超级隐形眼镜,它既可以让佩戴者拥有将远处物体"拉近放大"的超级视力,显示出全息图像和各种立体影像,甚至还可以取代计算机屏幕,让人们随时享受无线上网的乐趣。

3. 脑-机接口

脑-机接口是在人脑与计算机或其他电子设备之间建立的直接的交流和控制通道,通过这种通道,人就可以直接通过脑表达想法或操纵设备,而不需要语言或动作,这可以有效增强身体严重残疾的患者与外界交流或控制外部环境的能力,以提高患者的生活质量。

脑-机接口分为非侵入式和侵入式两种。非侵入式的脑电波是通过外部方式读取的,例如放置在头皮上的电极可以解读脑电图活动。以往的脑电图扫描需要使用导电凝胶仔细地固定电极,获得的扫描结果才会比较准确,不过,现在技术得到改进后,即使电极的位置不那么精准,扫描也能够将有用的信号捡取出来。其他的非侵入式应用还包括脑磁图描记术和功能磁共振成像等。

侵入式的电极是直接与大脑相连的。到目前为止,侵入式人机界面在人身上的应用仅限于神经系统修复,通过适当的刺激,帮助受创的大脑恢复部分机能。例如,可以再现光明的视网膜修复,以及能够恢复运动功能或者协助运动的运动神经元修复等。

到目前为止,大部分脑-机采用的都是"输入"方式,即由人利用思想操控外部机械或设备。而由人脑接收外部指令并形成感受、语言,甚至思想还面临着技术上的挑战。

6.2　多媒体技术

在信息社会,人们迫切希望计算机能以人类习惯的方式提供信息服务,因而多媒体技术应运而生。它的出现使得原本"面无表情"的计算机有了一副"生动活泼"的面孔。用户不仅可以通过文字信息,还可以通过直接看到的影像和听到的声音了解感兴趣的对象,并可以参与或改变信息的演示。多媒体应用技术的发展为信息时代带来了前所未有的巨大变化。

6.2.1　多媒体技术基础

多媒体技术的发展改变了计算机的使用领域,使计算机由办公室、实验室中的专用品变成了信息社会的普通工具,广泛应用于工业生产管理、学校教育、公共信息咨询、商业广告、军事指挥与训练,甚至家庭生活与娱乐等领域。

1. 多媒体的概念

媒体(media)是指传送信息的载体和表现形式。在人类社会生活中,信息的载体和表现形式是多种多样的。例如,电影、电视、报纸、出版物等可称为文化传播媒体,分别用纸、影像、和电子技术作为载体;电子邮件、电话、电报等可称为信息交流媒体,用电子线路和计算机网络作为载体。

在通常情况下,媒体可分为5种形式,分别为感觉媒体、表示媒体、显示媒体、存储媒体、传输媒体。图6-1表示5种媒体之间的联系。

图6-1　5种媒体之间的联系

(1) 感觉媒体。感觉媒体(perception media)是指能直接作用于人们的感觉器官,使人能直接产生感觉的一类媒体。感觉媒体包括人类的各种语言、文字、音乐、自然界的其他声音、静止的或活动的图像、图形和动画等信息。

(2) 表示媒体。表示媒体(representation media)是指信息的表示形式,它是人类研究和构造出来的、能被感觉媒体接收的一类媒体,如图形、文字、声音、图像、视频、动画等信息的数字化编码表示。表示媒体是为了能更有效地加工、处理和传输感觉媒体而人为研究和构造出来的一种媒体,是多媒体应用技术重点研究和应用的对象。

（3）显示媒体。显示媒体（presentation media）是指感觉媒体传输中电信号和感觉媒体之间转换所用的媒体。显示媒体又分为输入显示媒体和输出显示媒体。输入显示媒体如键盘、鼠标、光笔、数字化仪、扫描仪、麦克风、摄像机等，输出显示媒体如显示器、音箱、打印机、投影仪等。

（4）存储媒体。存储媒体（storage media）又称存储介质，指的是用于存储表示媒体，以便计算机随时加工处理和调用的物理实体，如硬盘、软盘、光盘、磁带等。

（5）传输媒体。传输媒体（transmission media）作为通信的信息载体，是用来将表示媒体从一处传送到另一处的物理实体，如各种导线、电缆、光缆、电磁波等。

多媒体（multimedia）是指融合两种或两种以上媒体的一种人机交互式信息交流和传播媒体。一般来讲，多媒体有两种含义：一种含义是指多种媒体简单组合，如在一个教室内放置录音机、电视机等多种媒体介质就可以称为多媒体教室；另一种含义是指能综合处理多种媒体信息，如文本、图形、图像、声音、动画和视频等。

在实际生活中，特别是在计算机领域中，多媒体成了多媒体计算机、多媒体技术的代名词，是指组合两种或两种以上媒体的一种人机交互式信息交流和传播媒体。

2. 多媒体技术及其特性

多媒体技术是用户通过多种感官与计算机进行实时信息交互的技术，其通过计算机对文字、图形、图像、声音、动画、视频等多种媒体信息进行综合处理和管理。多媒体技术的特性包括集成性、多样性、交互性、可传播性和可存储性等。

（1）集成性。集成性是从计算机硬件和软件两个方面要求的。在硬件上，要求表现多种媒体的硬件和设施能够协同工作，具有较好的同步关系。在软件上，要求能将不同类型的信息有机地结合在一起，统一地表示信息。

（2）多样性。多样性指的就是信息媒体的多样化、多维化，而不再局限于数值和文本信息。

（3）交互性。交互性可使用户主动地选择和接收信息，而不是被动地接收。多媒体信息比单一媒体信息对用户的吸引力大，借助人机之间的交互活动，用户可以获得他们最为关心的信息内容，选择他们认为最合理的方法和途径进行知识性、趣味性的操作，从而激发用户的想象力、创造力。

（4）可传播性。多媒体在通信线路的可传播性极大地丰富了现代网络世界的内容。随着现代通信技术和现代计算机技术的同步发展，多媒体信息从一个地理位置传送到另一个地理位置，乃至全世界，已经是一件非常容易的事情。高速、宽带、海量交换技术、海量存储技术既代表了信息技术的进步，又为多媒体在通信线路的可传播性提供了强有力的保障和支持。以流媒体技术为核心的多媒体通信，使得远距离的多媒体会议、多媒体实况转播、多媒体电视及广播成为人类走向全新信息社会的重要标志。

（5）可存储性。多媒体在存储介质上的可存储性，使人类对信息的积累方式变得灵活多样。多媒体图、文、声、像在各种存储介质上的存储方法研究，是多媒体技术当前活跃的研究课题。

3. 多媒体技术的应用

多媒体技术的迅速发展不仅使原有的计算机技术锦上添花,而且把复杂的事物变得简单,把抽象的东西变得具体。多媒体系统的应用更以极强的渗透力进入人类生活的各个领域,如商业、教育、通信、医疗、出版、艺术、娱乐、金融、建筑、家庭等。其中,运用最多、最广泛,也最早的是电子游戏,数千万青少年甚至成年人为之着迷,可见多媒体的威力。

多媒体技术对教育产生的影响比对其他领域的影响要深远得多。多媒体教材不仅有文字、图像,还有音、视频等,比纸质教材更加生动、形象。计算机辅助教学(CAI)软件集成多种教学信息,大大丰富了教学内容;图像、声音等媒体的辅助改变了传统教学的枯燥和乏味,能营造出生动逼真的教学环境,充分调动学习积极性,激发思考兴趣;人机交流、即时反馈等特点,能根据学生的水平采取不同的教学方案,根据反馈信息为学生提供及时的教学指导,进一步改善学习效果。总体来说,各种媒体与计算机结合可以使人类的感官与想象力相互配合,产生前所未有的思维空间与创造资源。

多媒体技术与网络技术结合,实现了视频和语音的信息传输,突破了地域限制,丰富了单调的信息连接方式,如电子邮件、可视电话、视频会议等已被普遍采用。信息点播(information demand)和计算机协同工作(Computer Supported Cooperative Work,CSCW)系统将对人类的生活、学习和工作产生深刻的影响。信息点播有桌上多媒体通信系统和交互式电视(ITV)。通过桌上多媒体通信系统,人们可以远距离点播所需信息,如电子图书馆、多媒体数据的检索与查询等。交互式电视使用户可以按需选取节目库中的信息,还可提供其他信息服务,如交互式教育、交互式游戏、数字多媒体图书、杂志、电视采购、电视电话等,从而将计算机网络与家庭生活、娱乐、商业导购等多项应用密切地结合在一起。计算机协同工作是指在计算机支持的环境中,一个群体协同工作以完成一项共同的任务,应用于工业产品的协同设计制造、远程医疗会诊、不同地域位置的同行们进行学术和工作交流、师生间的协同式学习等。"多媒体计算机+电视+网络"将形成一个极大的多媒体通信环境,它不仅改变了信息传递的面貌,带来通信技术的大变革,而且计算机的交互性、通信的分布性和多媒体的现实性相结合,将构成继电报、电话、传真之后的第四代通信手段,向社会提供全新的信息服务。

桌面出版物主要包括印刷品、表格、布告、广告、宣传品、海报、市场图表、蓝图及商品图等。多媒体技术为办公室增加了控制信息的能力和充分表达思想的机会,许多应用程序都是为提高工作人员的工作效率而设计的,从而产生了许多新型的办公自动化系统。电子出版物以电子信息为媒介进行信息存储和传播,是对以纸张为主要载体进行信息存储与传播的传统出版物的一个挑战。电子出版物具有容量大、体积小、成本低、检索快、易于保存和复制、能存储音像图文信息等优点,因而前景乐观。用 CD-ROM 代替纸介质出版各类图书被称为印刷业的一次革命。声光艺术作品包括影片剪接、文本编排、音响、画面等特殊效果的制作等。艺术家可以创作多媒体艺术作品,或通过多媒体系统的帮助增进其作品的品质。

多媒体技术还应用于疾病的检测、测量和分析,细胞研究,医疗数据的传输等领域。

如心电图仪器、B 超仪等医疗器械利用数字成像技术可以清晰地跟踪各种医学图像,方便医学专家进行疾病的排除和判断。现代基于 3D 的医疗影像系统改变了传统 CT、核磁共振的二维图像,以更加直观、立体的形式呈现病症,还为医患双方提供了较好的沟通功能,是复杂手术的术前模拟和术中导航。

可以将图像处理、声音处理、检索查询等多媒体技术综合应用到实时报警系统中,更广泛地应用到工业生产、交通安全、银行保安、酒店管理等领域中。它能够及时发现异常情况,迅速报警,同时将报警信息存储到数据库中以备查询,并交互地综合图、文、声、动画多种媒体信息,使报警的表现形式更生动、直观,人机界面更友好。信息以图文并茂的形式存放在多媒体数据库中,随时随地向公众或客户提供"无人值守"的咨询服务,用户界面十分友好,既可获得文字数据说明,听到解说,同时也可看到有关的画面。

多媒体技术在家庭中的应用将使人们在家中上班成为现实。人们足不出户便能在多媒体计算机前办公、上学、购物、娱乐、休闲、打可视电话、登记旅行、召开电视会议等,多媒体技术还可使烦琐的家务随着自动化技术的发展变得轻松、简单,家庭主妇坐在计算机前便可操作一切。

4. 多媒体技术的发展趋势

总体来看,多媒体技术正向 3 个方向发展:多媒体技术的集成化;多媒体技术的网络化;多媒体终端的智能化和嵌入化。

(1) 多媒体技术的集成化。传统单一的信息传递已经越来越不能满足人们的生活和工作需要,在未来的多媒体技术发展中,主要是将多种信息进行合成和处理,使人们在接收和传递信息时能够更加形象、生动。在这一发展目标中,最主要的技术是实现不同信息传递过程中的同步化;另外,多媒体系统还要能根据使用者的不同表情和动作,对人类的需求进行详细计算,为人类和计算机之间进行信息交换提供便利。

(2) 多媒体技术的网络化。随着高速网络成本的降低,多媒体通信关键技术的突破,基于网络的多媒体系统(如可视电话、信息点播、电子商务、远程教学、远程医疗等)得到迅速发展,一个多点分布、网络连接、协同工作的信息资源环境正在日益完善和成熟,它消除了时间和空间的障碍,为人们提供更大范围的多媒体资源分享和协同工作环境。这种协同工作环境代表了多媒体应用的发展趋势。新一代用户界面(UI)与智能人工(intelligent agent)等多媒体软件的应用还可使不同国籍、不同文化背景和不同文化程度的人们通过"人机对话"消除隔阂,自由地沟通与了解。

(3) 多媒体终端的智能化和嵌入化。未来的多媒体系统,通过应用模式识别、全息图像、自然语言理解(语音识别与合成)和新的传感技术(手写输入、数据手套、电子气味合成器)等技术,会具有越来越高的智能性。人类可用日常的感知和表达技能与其进行自然的交互,系统本身不仅能主动感知用户的交互意图,而且还可以根据用户的需求做出相应的反应。嵌入式的应用主要是将各种智能芯片植入到各种电器设备中,提高其智能识别性能,使其具有更多的智慧,在使用过程中,能够根据人们的不同需求进行合理的处理和操作。嵌入式多媒体系统可应用在人们生活与工作的各个方面,在工业控制和商业管理领域,如智能工控设备、POS/ATM 机、IC 卡等;在家庭领域,如数字机顶盒、数字式电视、WebTV、网络冰箱、网络空调等消费类电子产品。此外,嵌入式多媒体系统还在医疗类电子设备、多媒体手机、掌上电脑、车载导航器、娱乐、军事等领域有巨大的应用前景。

6.2.2　多媒体应用技术

多媒体应用技术融合了文字处理技术、音频处理技术、图形图像处理技术、影像处理技术等多种计算机应用技术。多种媒体的集合体将信息的存储、传输和输出有机地结合起来,使人们获取信息的方式变得丰富,引领人们走进一个多姿多彩的数字世界。

1. 文字处理技术

文字媒体不但是信息传播的主要方式,而且包含极为丰富的艺术表现手法。这些表现手法在形式上有书法艺术、书画艺术等;在风格上有诗、词、散文、故事等;在智力创作与游戏上有对联、谜语、测字等。在多媒体应用技术中,不但可融上述表现手法于一体,而且还可进一步融进色彩、动态艺术,使文字媒体的创作空间进一步扩大,表现形式更为生动。

文本的开发与设计包括普通文字、图形文字、动态文字等的开发。

(1) 普通文字的开发。开发普通文字的方法一般有两种,如果文字量较大,可以用专用的字处理程序输入加工,如 Microsoft Word、Word Pad 等;如果文字不多,用多媒体创作软件自身的字符编辑器就足够了。

(2) 图形文字的开发。Microsoft Office 办公软件提供了艺术工具 Microsoft Word Art,用插入对象的方法可以制作丰富多彩、效果各异的效果字;用 PhotoShop 等图形图像处理软件同样能制作图形文字。

(3) 动态文字的开发。在多媒体软件中,经常用一些有一定变化的动态文字吸引人们的注意力。一般的多媒体创作软件都提供了较为丰富的字符动态效果,如 PowerPoint、Authorware 等创作软件中都有溶解、从左边飞入、百叶窗等效果。也可以用动画制作软件制作文字动画,如 Cool3D 等软件在制作文字动画时非常便捷。

2. 音频处理技术

声音是通过空气传播的一种连续的波,叫声波,在时间和幅度上都是连续变化的;而数字音频是一个离散的数据序列。计算机要处理音频信号,首先要将音频信号转换为数字信号。数字音频有两种类型:一种是模拟声音经过模-数(A-D)转换变成数字音频,即声音的数字化;另一种是 MIDI 合成音频。多媒体涉及多方面的音频处理技术,如音频采集、语音编码/解码、文-语转换、音乐合成、语音识别与理解、音频数据传输、音频-视频同步、音频效果与编辑等。

(1) 声音的数字化。声音的数字化包括采样、量化和编码 3 个步骤。

当把模拟音频转换成数字音频时,需要每隔一个时间间隔在音频的波形上取一个样本,称为采样。每秒钟从连续信号提取并组成离散信号的采样个数称为采样频率(单位为 Hz)。采样频率越高,即采样的间隔时间越短,在单位时间内计算机得到的声音样本数据越多,对声音波形的表示也越精确。采样频率与声音频率之间有一定的关系,根据奈奎斯特理论,只有采样频率高于声音信号最高频率的两倍时,才能把数字信号表示的声音还原为原来的声音。这就是说,采样频率是衡量声卡采集、记录和还原声音文件的质量标准,普通 CD 的采样频率是 44.1kHz。

取得采样值后,要对数据进行分级量化,将连续的幅度值用离散的数字表示。量化的等级取决于量化精度,也就是用多少位二进制数表示一个音频数据。量化精度越高,声音的保真度越高。常见的量化精度有 8 位、16 位。

采样频率、量化精度、声道数对声音的音质和占用的存储空间起着决定性作用。未经压缩的声音文件(波形文件)的数据量(字节/秒)=(采样频率×量化精度×声道数)/8。

采样和量化后的信号需要转换成数字编码。最简单的 PCM(脉冲编码调制)是将模拟音频信号只经过采样、量化直接形成的二进制序列,未经过任何编码和压缩处理,其最大的优点是音质好,最大的缺点是数据量大,常见的 WAV 文件就是其具体的应用。

音频压缩属于数据压缩的一种,是减少数字音频文件大小的过程。网上流行的 MP3 音乐文件采用的是动态影像专家压缩标准音频层面 3(MPEG-1 Audio Layer 3,MP3) 压缩技术,可以达到 1:10,甚至 1:12 的压缩率,而对于大多数用户来说,回放的音质没有明显下降。用 MP3 形式存储的音乐称为 MP3 音乐,能播放 MP3 音乐的机器称为 MP3 播放器。

声音文件有多种存储格式,比较流行的有以 wav、au、aiff、snd、rm、mp3 等为扩展名的文件格式。wav 格式主要用在 PC 上,是微软公司开发的一种声音文件格式,音质好,被大量软件所支持。au 主要用在 UNIX 工作站上,aiff 和 snd 主要用在苹果机和美国视算科技有限公司(Silicon Graphics,Inc,SGI)的工作站上,rm 和 mp3 是因特网上流行的音频压缩格式。

音频编辑工具是对音频进行录制、编辑、播放的软件。常见的声音媒体编辑处理软件有 Cool Edit、GoldWave、超级解霸、WaveStudio、SoundEdit 以及 Ulead 公司的 MediaStudio Pro 软件包中的 Audio Editor 等。

(2) MIDI 合成音频。MIDI(Musical Instrument Digital Interface,乐器数字接口)是数字音乐的国际标准。MIDI 文件的扩展名为 mid 和 mod。MIDI 文件存储的不是声音信号,而是音符、控制参数等指令。MIDI 标准规定了各种音调的混合及发音,播放时通过播放软件或者音源的转换,可以将这些数字合成为音乐。

与波形文件相比,MIDI 文件具有文件数据量小、方便编辑、回放质量与文件大小完全无关等优点,但缺乏重现真实自然声音的能力,而且与设备相关,在应用软件和系统支持方面不及数字化声音。

3. 图形图像处理技术

图形与图像是人类直接用视觉去感受的一种形象化信息。在多媒体技术中,计算机图形图像媒体可通过形、体、色、影的变换与处理,使人们产生不同的视觉快感,其特点是生动、形象。

与音频文件一样,计算机中的图像文件也分为两类:一类是真实影像的数字化,称为位图,简称图像;另一类是计算机绘制的矢量图形,简称图形。

(1) 图像的数字化。图像在空间和色彩(亮度)值上是连续变化的,图像数字化就是将连续色调的模拟图像经采样、量化、编码后转换成数字影像的过程。

图像的采样频率是分辨率,即单位长度(inch)内采集的样本点数,单位是 dpi(dot per inch),分辨率越高,图像质量越好。采样的实质就是用多少点描述一幅图像,简单地说,将二维空间上连续的图像在水平和垂直方向等间距地分割成矩形网状结构,所形成的微小方格称为像素点,一副图像就被采样成有限个像素点构成的集合。例如,一幅 640×480 分辨率的图像,表示这幅图像由 $640 \times 480 = 307200$ 个像素点组成。

颜色深度是表示颜色(灰度)数目的二进制位数,位数越多,颜色数目越多,图像色彩越逼真,当达到 24 位色时,可表现 1677 万种颜色,称为真彩色。

分辨率、颜色深度决定图像的质量和文件的大小。一幅未经压缩的数字图像(BMP格式)的数据量(B)=(图像长×分辨率)×(图像宽×分辨率)×颜色深度(位)/8。

BMP(位图)是标准 Windows 图像格式,WMF 是 Windows 图元格式(图标)。GIF(图像交换格式)是一种流行于 Internet 上的无损图像压缩格式,支持 256 色以内的图像,支持透明背景,并且在一个 GIF 文件中可以存多幅图像,按一定的频率逐幅显示,可以构成一种最简单的动画。JPEG 是 Joint Photographic Experts Group(联合图像专家组)开发的一种有损压缩格式,能够将图像压缩在很小的储存空间,文件后缀名为".jpg"或".jpeg",是最常用的图像文件格式。PSD 是 Photoshop 的专用文件格式,可以存储图层、通道等信息,方便修改,但比其他图像文件要大得多。TIFF 格式主要在桌面出版系统中使用,是一种无损压缩格式,画质高,但文件较大。

常用的图像处理工具有 Adobe Photoshop、PaintShop、Painter、Adobe Illustrator、Photo Impact、ACDSee 等。

(2) 图形。图形一般指用计算机绘制的画面。与图像不同,在图形文件中只记录生成图的算法和图上的某些特点。它最大的优点是数据量小,占用的存储空间小,容易进行移动、压缩、旋转和扭曲等变换,放大、缩小均不会发生失真。但由于每次屏幕输出时需要重新计算,因此显示速度没有图像快,并且需要专门的软件才能打开。

图形处理软件有 Adobe 公司的 CorelDRAW、Illustrator、Macromedia FreeHand、Micrografx Designer 和 Windows 的画图等。

4. 影像处理技术

影像信息包括动画和视频,是连续渐变的静态图像或图形序列,沿时间轴按一定的速度顺次更换显示,从而构成运动视感的媒体。当序列中每帧图像是由人工或计算机产生的图像时,常称为动画;当序列中每帧图像是通过实时摄取自然景象或活动对象时,常称为影像视频,或简称为视频。视频与动画并无本质的区别,只是表现手法不同,动画的表现手法更丰富,更夸张。目前两者有趋同的趋势。

影像信息的内容随时间而变化,伴音必须与画面动作同步,具有实时性强、承载数据量大、对计算机处理能力要求高的特点。

视频信息在计算机中存放的格式有很多,目前最流行的有苹果公司的 Quicktime (MOV)格式,微软公司的 AVI 格式和 Windows Media 格式。MPEG 文件遵循 MPEG 压缩标准,文件大小仅为 AVI 文件的 1/6,包括 MPEG/MPG/DAT 格式。流媒体 (RAM)文件遵循 RealNetworks 公司制定的音、视频压缩规范,支持边下载边播放,包括 RealAudio、RealVideo 及 RealFlash。常用的视频处理软件有 Adobe Premiere、Adobe After Effects、Ulead MediaStudio、ProUlead VideoStudio(会声会影)等。

常见的动画文件格式有 Autodesk 公司的计算机动画文件 flic 格式(fli/flc)、avi 格式、gif 格式、Flash 制作的动画文件 swf 格式等。常用的动画制作软件有平面动画制作软件 Animation Pro、Animation Studio,变形动画软件 WinInage,网页动画生成软件 GIF Construction,三维文字动画制作软件 Cool 3D,Flash 动画制作软件 Flash MX,三维动画制作软件 3D Studio Max,专业级三维影视动画制作软件 Maya 等。

5. 多媒体数据压缩技术

多媒体信号数据量大,给存储容量、通信信道的带宽以及计算机的运行速度增加了极大的压力。通过数据压缩手段,可以节约存储空间,提高数据传输效率,使实时处理音频、视频信息成为可能。压缩方法分为有损压缩和无损压缩两种类型。

JPEG 是静态图像的压缩标准,适用于连续色调、彩色或灰度图像。它包括两部分:一是基于 DPCM(空间线性预测)技术的无失真编码;二是基于 DCT(离散余弦变换)和哈夫曼编码的有失真算法。前者图像压缩无失真,但是压缩比很小,目前主要应用的是后一种算法,图像质量有损失但压缩比很大,压缩至 1/20 左右时基本看不出失真。

MPEG 运动图像压缩标准按照 25 帧/s 的速度使用 JPEG 算法压缩视频信号,它除了对单幅图像进行压缩编码以外,还利用图像序列中的相关原则将帧间的冗余去掉,这样大大提高了图像的压缩比例,且通常保持较高的图像质量,而压缩比高达 100。MPEG 算法的缺点是压缩算法复杂,实现很困难。MPEG 标准的版本有 MPEG-1、MPEG-2 和 MPEG-4,目前正在制订 MPEG-7。

多媒体应用中常用的音频压缩标准是 MPEG-1 中的音频压缩算法,它是第一个高保真音频数据压缩的国际标准。该标准提供 3 个独立的压缩层次:第一层用于数字录像机;第二层用于数字广播,是 VCD 的音频编码;第三层是 MP3 和 Windows Media 的文件格式。

6. 超文本与超媒体

随着多媒体技术的兴起和发展,超文本和超媒体技术以其简单、直观、快捷、灵活的数据表示、组织和管理方式等特点而得到广泛应用。

普通文档是以线性方式组织数据的,它与现实世界的信息结构截然不同,而且与人类的知识组织、思维方式也有很大的距离。超文本和超媒体不是顺序的,而是一个非线性的网状信息链。它把文本或其他媒体按其内部固有的独立性和相关性划分成不同的基本信息单元,称为结点。以结点作为信息的单位,一个结点可以是一个信息单元,也可以是若干结点组成的一个更大的信息单元。结点可以是文本、图形、图像、视频、音频或它们的组合体。

为了浏览超文本或超媒体,必须在用户界面上标记能进一步浏览其他信息单元的指示器(pointer),即通常所称的链,结点之间使用链连接起来形成网状结构。用户可以通过单击链快速打开链指向的信息,大大简化了浏览信息的操作。

6.3 虚拟现实技术

虚拟现实技术是 20 世纪末兴起的一门崭新的综合性信息技术。它实时的三维空间表现能力、自然的人机交互式操作环境以及给人带来的身临其境感受,从根本上改变了人与计算机之间枯燥、生硬和被动的交互现状,为人机交互技术开创了新的研究领域。

6.3.1 虚拟现实

虚拟现实(Virtual Reality,VR)也称灵境技术或人工环境,是一种由计算机技术辅助生成的高技术模拟系统。人与该系统可以进行交互,并产生与真实世界中相同的反馈信息,使人们获得和真实世界中一样的感受。当人们需要构造当前不存在的环境(合理虚拟现实)、人类不可能达到的环境(夸张虚拟现实)或纯粹虚构的环境(虚幻虚拟现实)以取代需要耗资巨大的真实环境时,就可以利用虚拟现实技术。

1. 虚拟现实的概念

虚拟现实是一项综合集成技术。它用计算机生成逼真的三维视、听、嗅觉等感觉,使人作为参与者通过适当装置,自然地对虚拟世界进行体验和交互作用。概括地说,虚拟现实是人们通过计算机对复杂数据进行可视化、操作以及实时交互的环境。

与传统的计算机人机界面相比,虚拟现实无论在技术上,还是在思想上都有质的飞跃。传统的人机界面将用户和计算机视为两个独立的实体,而将界面视为信息交换的媒介,由用户把要求或指令输入计算机,计算机对信息或受控对象做出动作反馈。虚拟现实则将用户和计算机视为一个整体,通过各种直观的工具将信息进行可视化,形成一个逼真的环境,用户可以像在日常环境中处理事情一样同计算机交流。这就把人从操作计算机的复杂工作中解放出来。在信息技术日益复杂、用途日益广泛的今天,充分发挥信息技术的潜力具有重大的意义。

2. 虚拟现实的特征

虚拟现实的特征主要有交互性、沉浸感和构想性,这 3 个特性的英文单词的第一个字母均为 I,所以通常又被统称为"3I 特性"。

(1) 交互性。交互性(interactivity)指用户对虚拟环境中对象的可操作程度和从虚拟环境中得到反馈的自然程度(包括实时性),主要借助各种专用设备(如头盔显示器、数据手套等)产生,从而使用户以自然方式(如手势、体态、语言等技能)如同在真实世界中一样操作虚拟环境中的对象。

（2）沉浸感。沉浸感(immersion)又称临场感,是指用户感到作为主角存在于虚拟环境中的真实程度。这是虚拟现实技术最主要的特征,理想的模拟环境应该达到使用户难辨真假的程度。影响沉浸感的主要因素包括多感知性、自主性、三维图像中的深度信息、画面的视野、实现跟踪的时间或空间响应及交互设备的约束程度等。

（3）构想性。构想性(imagination)指用户在虚拟世界中根据所获取的多种信息和自身在系统中的行为,通过逻辑判断、推理和联想等思维过程,随着系统的运行状态变化而对其未来进展进行想象的能力。构想性强调虚拟现实技术应具有广阔的可想象空间,可拓宽人类的认知范围,不仅可再现真实存在的环境,也可随意构想客观不存在的,甚至是不可能发生的环境。

3. 虚拟现实需要解决的问题

虚拟现实需要解决以下 3 个主要问题。

（1）以假乱真的存在技术。即怎样合成对观察者的感觉器官来说与实际存在相一致的输入信息,也就是如何可以产生与现实环境一样的视觉、触觉、嗅觉等。

（2）相互作用。观察者怎样积极和能动地操作虚拟现实,以实现不同的视点景象和更高层次的感觉信息。实际上也就是怎么可以看得更像、听得更真等。

（3）自律性现实。感觉者如何在不意识到自己动作、行为的条件下得到栩栩如生的现实感。这里,观察者、传感器、计算机仿真系统与显示系统构成了一个相互作用的闭环流程。

6.3.2 虚拟现实技术

虚拟现实技术是仿真技术与计算机图形学、人机接口技术、多媒体技术、传感技术、网络技术等多种技术的集合,是一门富有挑战性的交叉技术前沿学科和研究领域。

1. 虚拟现实技术的概念

虚拟现实技术是指利用计算机生成一种模拟环境,并通过多种专用设备使用户"投入"到该环境中,实现用户与该环境直接进行自然交互的技术。

虚拟现实技术主要包括模拟环境、感知、自然技能和传感设备等方面。模拟环境是由计算机生成的、实时动态的三维立体逼真图像。感知是指理想的 VR 应该具有一切人所具有的感知。除计算机图形技术生成的视觉感知外,还有听觉、触觉、力觉、运动等感知,甚至还包括嗅觉和味觉等,也称为多感知。自然技能是指人的头部转动,眼睛、手势或其他人体行为动作,由计算机处理与参与者的动作相适应的数据,对用户的输入实时响应,并分别反馈到用户的五官。传感设备是指三维交互设备。

一般来说,一个完整的虚拟现实系统有以下几个组成部分:以高性能计算机为核心的虚拟环境处理器,以头盔显示器为核心的视觉系统,以语音识别、声音合成与声音定位为核心的听觉系统,以方位跟踪器、数据手套和数据衣为主体的身体方位姿态跟踪设备,以及味觉、嗅觉、触觉与力觉反馈系统等功能单元。图 6-2 是一个典型的虚拟现实系统。

图 6-2 典型的虚拟现实系统

2. 虚拟现实的关键技术

虚拟现实是多种技术的综合,其关键技术和研究内容包括以下几个方面。

(1) 环境建模技术。环境建模即虚拟环境的建立,目的是获取实际三维环境的三维数据,并根据应用的需要,利用获取的三维数据建立相应的虚拟环境模型。

(2) 立体声合成和立体显示技术。在虚拟现实系统中消除声音的方向与用户头部运动的相关性,同时在复杂的场景中实时生成立体图形。

(3) 触觉反馈技术。在虚拟现实系统中让用户能够直接操作虚拟物体并感觉到虚拟物体的反作用力,从而产生身临其境的感觉。

(4) 交互技术。虚拟现实中的人机交互远远超出了键盘和鼠标的传统模式,利用数字头盔、数字手套等复杂的传感器设备,三维交互技术与语音识别、语音输入技术成为重要的人机交互手段。

(5) 系统集成技术。由于虚拟现实系统中包括大量的感知信息和模型,因此系统的集成技术重中之重,包括信息同步技术、模型标定技术、数据转换技术、识别和合成技术等。

3. 虚拟现实技术的应用

早在 20 世纪 70 年代便开始将虚拟现实用于培训宇航员,由于这是一种省钱、安全、有效的培训方法,所以现在已被推广到各行各业的培训中。

(1) 科技开发。虚拟现实可缩短开发周期,减少开发费用。例如,利用虚拟现实,将设计的新型机器直接从计算机屏幕投入生产线,完全省略了中间的试生产;利用虚拟现实技术进行汽车冲撞试验,不必使用真的汽车,便可显示出不同条件下的冲撞后果。虚拟现实技术已经和理论分析、科学实验一起成为人类探索客观世界规律的三大手段。

(2)商业。虚拟现实常被用于推销。例如,建筑工程投标时,把设计的方案用虚拟现实技术表现出来,便可把业主带入未来的建筑物里参观,如门的高度、窗户朝向、采光量、屋内装饰等,业主都可以感同身受。它同样可用于旅游景点以及功能众多、用途多样的商品推销。用虚拟现实技术展现这类商品的魅力,比单用文字或图片宣传更有吸引力。

(3)医疗。虚拟现实在医疗上的应用大致有两类:一是虚拟人体,也就是数字化人体,这样的人体模型使得医生更容易了解人体的构造和功能;二是虚拟手术系统,可用于指导医生进行手术。

(4)军事。利用虚拟现实技术模拟战争过程已成为最先进的研究战争、培训指挥员的方法。由于虚拟现实技术已达到很高水平,即使不进行核试验,也能不断改进核武器。战争实验室在检验预定方案用于实战方面也起着巨大作用。1991年海湾战争开始前,美军便把海湾地区各种自然环境和伊拉克军队的各种数据输入计算机内,进行各种作战方案模拟后才定下初步作战方案。后来实际作战的发展和模拟实验结果相当一致。

(5)娱乐。娱乐应用是虚拟现实最广阔的用途。英国出售的一种滑雪模拟器,使用者身穿滑雪服、脚踩滑雪板、手拄滑雪棍、头上戴着头盔显示器、手脚上都装着传感器。使用者虽然在斗室里,但只要做着各种各样的滑雪动作,便可通过头盔式显示器看到堆满皑皑白雪的高山、峡谷、悬崖陡壁——从身边掠过,其情景就和在滑雪场里滑雪的感觉一样。

6.4 思考与讨论

6.4.1 问题思考

1. 什么是人机交互?常用的人机交互有哪些方式?
2. 人机交互与人机界面有何联系与区别?
3. 什么是媒体?媒体具有哪几种表现形式?
4. 什么是多媒体技术?多媒体技术主要有哪些特性?
5. 计算机常用的图像格式有哪些?它们各自有何特点?
6. 虚拟现实的特征主要有哪些?

6.4.2 课外讨论

1. 人机交互技术的重要性表现在哪些方面?
2. 人机界面的设计应遵循哪些原则?谈谈你了解的人机界面设计。

3. 显示器上的分辨率有两种,即显示分辨率和图像分辨率。分析它们的区别。

4. 举例说明在 3D 电影中运用了哪些多媒体技术。

5. 在你的实践中运用过哪些多媒体应用技术?举例说明。

6. 虚拟现实技术已广泛运用在多个现实领域中,请查阅资料,谈谈你所了解的虚拟现实的应用实例。

课后自测-6

第7章

算法和数据结构

要使用计算机解决某个问题,必须编写程序并交给计算机执行。算法和数据结构的出现是为了有效地提高程序的执行效率。算法是程序的灵魂,数据结构是算法实现的基础。

7.1 算法基础

算法是计算机学科中最具有方法论性质的核心概念,它的基础性地位遍布计算机科学的各个分支领域,被誉为计算机学科的灵魂。

7.1.1 算法及其特性

算法是为解决某一个特定任务而规定的运算序列,是按部就班解决某个问题的方法。在计算机科学中,算法是研究适合计算机程序实现问题解决的方法,因此它是许多计算机问题的核心研究对象。

1. 算法的概念

一般认为,算法(algorithm)是一系列有限的解决问题的指令。也就是说,算法是指能够对一定的规范的输入,在有限时间内获得所要求的输出。算法也可以理解为是由规定的运算顺序所构成的完整的解题步骤。还有些专家认为,算法是一个有穷规则的集合,这些规则规定了解决特定问题的运算序列。

被称为 Pascal 语言之父的瑞士计算机专家尼古拉斯·沃斯(Niklaus Wirth)教授在 1975 年出版的图书中提出"算法+数据结构=程序"的著名论断,并且将该论断作为其图书的名称。由此可见,算法与计算机程序关系的密切程度。

1968 年,美国斯坦福大学计算机系教授高德纳(Donald Ervin Knuth)出版了《计算机程序设计的艺术》一书,在计算机程序设计领域产生了深远的影响。在该书中,高德纳教授总结了算法的 5 个基本特征,即有穷性、确定性、输入、输出和可行性。这 5 个基本特征已经被广泛接受。

(1) 有穷性。有穷性(finiteness)是指任何算法在经过有限的步骤之后总会结束,步骤的数量是一个合理的数字。实际上,算法的有穷性包含了时间的含义。如果某种算法从理论上可以实现,但是运行时间过长(如要运行 200 年),则可能失去了实际的应用价值。

(2) 确定性。确定性(definiteness)是指算法的每个步骤都是精确定义的,在任何情况下这些步骤都是严密的、清晰。该特征是指算法不允许出现模棱两可的解释、不允许有多种不同的理解,不同的人、不同的环境下对同一种算法的理解应该是明确的、唯一的。例如,"把变量 x 加上一个不太大的整数"。这里的"不太大的整数"就是不确定的。

(3) 输入。输入(input)是指算法开始运算时给定的初始数据,这些输入是与特定的运算对象关联的。

(4) 输出。输出(output)是指与输入相关的运算结果,反映了对输入数据加工后的情况。

(5) 可行性。可行性(effectiveness)是指算法的每个步骤都是可以实现的,即使人们用笔和纸进行手工运算,在有限的时间内也是可以完成的。例如,"列出所有的正整数"就是不可行的(有无穷多种情况)。

2. 算法与程序

算法解决的是一类问题,而不是一个特定的问题,而程序是为解决一个具体问题而设计的。将算法采用某种具体的程序设计语言进行描述来解决一个具体问题,这就是程序。如何描述问题的对象和如何设计算法,是编写程序的两个重要方面。

【例 7-1】 在一个从小到大顺序排好的整数序列中查找某一指定的整数所在的位置。

这是一个查找问题。下面比较两种不同的查找方法。

方法一:一种简单而直接的方法是按顺序查找,相应的查找步骤如下。

S_1:查看第一个数。

S_2:若当前查看的数存在,则

S_{2-1}:若该数正是要找的数,则找到,查找过程结束。

S_{2-2}:若该数不是要找的数,则继续查下一个数,重复 S_2。

S_3：若当前查看的数不存在,则要找的数不在序列里,查找过程结束。

方法二：二分查找法(或称折半查找法)。由于序列中的整数是从小到大排列的,所以可以应用此方法。该方法的要点：先比较序列中间位置的整数,如果与要找的数一样,则找到;若比中间位置的整数小,则采用同样的方法在前半个序列中找就可以;否则,在后半个序列中找。相应的查找步骤如下。

S_1：把含 n 个整数的有序序列设为待查序列 S。

S_2：若 S 不空,则取序列 S 中中间位置的整数,并设为 middle。

S_{2-1}：若要找的数与 middle 一样,则找到,查找过程结束。

S_{2-2}：若要找的数小于 middle,则将 S 设为 middle 之前的半段序列,重复 S_2。

S_{2-3}：若要找的数大于 middle,则将 S 设为 middle 之后的半段序列,重复 S_2。

S_3：若 S 为空,则要找的数不在序列中,过程结束。

在上述两种方法中,顺序查找方法简单,但效率不高。一般来说,若整数序列中整数的个数为 n,即平均要找 $n/2$ 次才可找到(若该数在序列中)。而二分查找法虽然思路相对复杂,但效率高。通过分析可以知道,若要查找的数在个数为 n 的序列中,二分查找法平均花 $\log_2(n)$ 次左右的比较就可以找到。当问题的规模 n 很大时,就可以很明显地看出不同算法的效率差异。例如,当 n 为 100 万时,顺序查找平均要比较 50 万次左右,而二分查找平均用 20 次就够了($\log_2(100$ 万$)\approx20$)。

就算法而言,它主要考虑的是问题求解的步骤或过程。但若要把算法变成程序,还有许多事情要做。首先要考虑问题中数据的表达,例如,对于前面用二分法求解查找问题的算法来说,要考虑：如何表达整数序列(一般用数组);如何表达下一步要查找的范围,即子序列 S 的范围(一般可用 S 的首、尾两个整数在数组中的下标表示);要查找的数和 S 的中间整数(可各用一个变量)。其次,要将算法过程用程序设计语言中的控制语句实现(最主要的是循环控制与条件控制语句)。最后,要仔细设计与用户的交互(主要是数据的输入与输出)。

考察算法,可以发现一些有趣的现象。

算法是一种偷懒的方法,只要按照算法规定的步骤一步一步进行,最终必得结果。因此,某一类问题的算法解没有必要人工操作,可移交给计算机执行,人的任务是设计算法以及将算法用计算机语言告诉计算机,计算机可按照算法的要求求解并获得结果。

算法不是程序,算法高于程序。算法仅给出计算机的宏观步骤与过程,并不给出程序中的一些微观和细节部分的描述。这样有利于对算法作必要的讨论,也有利于对具体编程进行指导。

当需要编写程序时,首先要设计一个算法,它给出程序的框架,接着对算法作必要的理论讨论,包括算法的正确性及效率分析,然后根据算法进行程序设计,最终在计算机上执行并获得结果。因此,算法是程序的框架与灵魂,而程序则是算法的实现。

3. 算法表示

一个算法的完整表示可以有两个部分,即算法描述部分和算法评价部分。

(1) 算法描述。算法描述(algorithm description)是指对设计出的算法用一种方式进行详细描述,以便与人交流。算法描述部分共分为算法名、算法输入、算法输出、算法流程等内容。算法名用于唯一标识指定算法,在算法名中还可以附带一些必要的说明;算法输入给出算法的输入数据及相应说明,算法有时可以允许没有输入;算法输出给出算法的输出数据要求及相应说明,任何算法必须有输出,否则该算法就是一个无效的算法;算法流程给出算法的计算过程,它可以采用各种算法描述方法来描述,但是一般不用程序设计语言描述。

(2) 算法评价。同一个问题可用不同算法解决,而一个算法的质量优劣将影响到算法乃至程序的效率。算法评价主要从算法的正确性、可读性、健壮性,以及算法的时间复杂度(执行算法所需要的计算工作量)和空间复杂度(算法需要消耗的内存空间)等方面考虑。

7.1.2 算法的描述

算法可采用多种描述语言描述,各种描述语言在对问题的描述能力方面存在一定差异,但描述的结果必须满足算法的 5 个特征。常用的描述方法有自然语言、流程图、盒图、伪代码和计算机程序设计语言等。

1. 自然语言

自然语言就是人们日常使用的语言,可以是汉语、英语或其他语言。用自然语言描述通俗易懂,但文字冗长,容易产生歧义。自然语言描述算法的含义往往不太严格,要根据上下文才能准确判断其含义。因此,除了简单问题,一般不采用自然语言描述算法。

【例 7-2】 对于一个大于或者等于 3 的正整数,判断它是否为素数(素数是指除了 1 和该数本身外,不能被其他任何整数整除的数)。

假设给定正整数 N,根据题意,判断 N 是否为素数,可以用 N 作为被除数,分别将 2,3,4,$\cdots$,$N-1$ 各个正整数作为除数,如果有任何一个数可以整除,则 N 是非素数;如果都不能整除,则 N 是素数。

算法:

S_1:输入 N 的值。

S_2:$I=2$。

S_3:N 被 I 除,得余数 R。

S_4:如果 $R=0$,表示 N 能被 I 整除,则打印"N 是非素数",算法结束。

S_5:$I+1 \rightarrow I$。

S_6:如果 $I \leqslant N-1$,返回 S_3;否则打印"N 是素数";算法结束。

实际上,N 不必被 2 到 $N-1$ 的整数除,只被 2 到 $N/2$ 间的整数除即可,甚至只被 2 到 sqrt(N)之间的整数除即可。所以,算法可作如下改进。

S_6:如果 $I \leqslant$ sqrt(N),则返回 S_3;否则打印"N 是素数";算法结束。

2. 流程图

流程图使用国际标准的图形符号描述算法的求解步骤。流程图中,在框内写出各个步骤,用带箭头的线把它们连接起来,以表示执行的先后顺序。用图形表示算法直观形象、易于理解。

图 7-1 为判断素数算法的流程图描述。

3. 盒图

盒图也称 N-S 图,是美国学者 I. Nassi、B. Shneiderman 提出的一种新的流程图。盒图完全去掉了带箭头的流程线,全部算法写在一个矩形框内。图 7-2 是判断素数算法的盒图描述。

图 7-1　判断素数算法的流程图描述

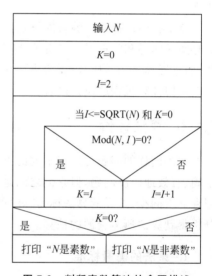

图 7-2　判断素数算法的盒图描述

盒图描述算法比文字描述更加直观、形象,易于理解。整个算法结构由各个基本结构按顺序组成,盒图的上下顺序就是执行时的顺序。但盒图不易扩充和修改,不易描述大型复杂算法。

4. 伪代码

伪代码是用介于自然语言和计算机语言之间的文字和符号描述算法的工具。它不用图形符号,因此书写方便、格式紧凑,易于理解,便于用程序设计语言实现。例 7-2 判断素数的算法伪代码描述如下。

```
BEGIN
    INPUT n
    i=2
    DO WHILE i<=n-1
```

```
        r=MOD(n,i)
        IF(r==0)
            PRINT "N 是非素数"
            END
        END IF
        i=i+1
    END DO
    PRINT "N 是素数"
END
```

5. 计算机程序设计语言

用计算机程序设计语言描述算法就是实际的程序,必须严格遵守所使用的语言的语法规则。

特定程序设计语言编写的算法限制了与他人的交流,不利于解决问题;要花费大量的时间去熟悉和掌握某种特定的程序设计语言;程序设计语言要求描述计算步骤的细节,而忽视算法的本质;需要考虑语法细节,而扰乱算法设计的思路。因此,算法的描述一般不用计算机程序设计语言。

7.1.3 算法评价

解决同样的问题可以有不同的方法,因此可以得到不同的算法。虽然这些算法都能正确、有效地解决问题,但它们之间是有区别的,如有的算法执行速度快、执行时间少,占用存储空间少,这样的算法称为“好”的算法;反之,称为“坏”的算法。算法分析是指通过分析得到算法所需资源的估算。

1. 算法的衡量标准

算法的首要衡量标准是正确性,其次,还有可读性、健壮性,以及算法的时间效率和空间效率等。算法的正确性是指对于一切合法的输入数据,算法经过有限时间的运行都能得到正确的结果;算法的可读性是指有助于设计者和他人阅读、理解、修改和引用;算法的健壮性是指当输入非法数据时,算法能做出反应或进行相应的处理;算法的时间效率是指算法的执行时间,算法的空间效率是指算法执行过程中所需要的最大存储空间。算法的时间效率和空间效率都与算法的规模相关。

2. 算法的规模

算法的规模一般用字母 n 表示,表明算法的数据范围的大小,如需要在人事档案中将某个人的档案找出来,那么所有人的档案总数就是该算法的规模;当然,从 10 个人的档案中查找与从 1000 个人的档案中查找所需的时间是不同的,进而可能影响查找的方法也不相同,甚至可能影响到某些方法不能够找出来。算法分析首先需要确定算法的规模。例如:

列出所有比 n 小的素数,这里的 n 就是算法规模。

求正整数 m、n 的最大公约数,这里的 m、n 中较小者就是算法规模。

城市中求任意两个公交车站点之间的路径,这里所有的公交车站点数目就是算法规模。

3. 时间复杂度

时间复杂度并不是对某个算法的具体执行时间感兴趣,因为精确的时间估计是很困难的,与使用的计算机、操作系统、数据存储介质等都有关系。一般情况下,算法的时间复杂度指的是基本操作重复执行的次数与问题规模 n 的某个函数 $f(n)$,表示为:

$$T(n) = O(f(n))$$

例如,求 $1+2+\cdots+100$,这里最耗费时间的指令是加法,加法的次数是 99 次,而算法的规模 $n=100$,所以时间复杂度 $t(n)=n$。

4. 空间复杂度

空间复杂度是指算法执行过程对计算机存储空间的要求。执行一个算法除了需要存储空间存放本身所用的指令、常数、变量和输出数据外,还需要一些辅助空间用于数据进行存取及存储过程中的中间信息。

算法的空间复杂度 $S(n)=O(f(n))$ 也是一个与算法规模有关的函数。

实践中,算法的时间复杂度和空间复杂度是彼此相关的两个方面,有些情况下,为了追求时间效率,需要采用附加的空间,而有些时候,却需要牺牲时间来减少空间的使用。

7.2　数 据 结 构

数据结构主要研究非数值计算的程序设计问题中计算机的操作对象(数据元素)以及它们之间的关系和运算等。数据结构是介于数学、计算机硬件和计算机软件三者之间的一门核心课程,其内容不仅是一般程序设计(特别是非数值性程序设计)的基础,而且是设计和实现编译程序、操作系统、数据库系统及其他系统程序的重要基础。

7.2.1　数据结构的概念

数据结构(data structure)是计算机存储、组织数据的方式,是相互之间存在着一种或多种特定关系的数据元素的集合。数据元素相互之间的关系称为结构,包括 3 个方面的内容,即数据的逻辑结构、数据的存储(物理)结构和数据的基本操作。

1. 数据的逻辑结构

数据元素间逻辑关系的描述称为数据的逻辑结构。根据数据元素之间关系的不同特性,通常有下列 4 类基本结构,如图 7-3 所示。集合结构中的数据元素"同属一个集合",无其他关系;线性结构中的数据元素存在一对一的关系;树结构中的数据元素存在一对多的关系;图形结构也称网状结构,结构中的数据元素存在多对多的关系。

集合   线性结构

树结构   图结构

图 7-3   数据的逻辑结构

一个数据结构有两个要素:一个是数据元素的集合;另一个是关系的集合。在形式上,数据结构通常可以用一个二元组表示:

$$Data\_Structure = (D, S)$$

其中,D 是数据元素的有限集合,S 是该集合中所有元素之间的关系的有限集合。

2. 数据的存储结构

数据结构在计算机中的表示(映像)称为数据的物理结构,又称为存储结构。它包括数据元素的表示和数据元素之间关系的表示两方面。

数据元素之间的关系在计算机内有顺序映像和非顺序映像两种表示方法。顺序映像借助元素在存储器中的相对位置表示数据元素之间的逻辑关系,也就是说,逻辑关系相邻的数据元素用物理位置相邻的结点顺序存储,即顺序存储结构,通常借助程序设计语言中的数组实现。非顺序映像借助指示元素存储位置的指针(pointer)表示数据元素之间的逻辑关系,与结点的实际存储位置无关,即链式存储结构,通常借助程序设计语言中的指针类型实现。

3. 数据的基本操作

数据的基本操作包括对数据元素的修改、增加、删除、移动等。

因而,完整的数据结构概念可认为是由数据的逻辑结构、存储结构及基本操作集 3个部分组成,可以描述为:

$$Data\_Structure = (D, S, P)$$

其中,D 是数据元素的有限集合,S 是 D 集上关系的有限集合,P 是对 D 的基本操作集。

7.2.2 常用的数据结构

按照逻辑关系的不同,将数据结构分为线性结构和非线性结构。其中,线性结构主要包括线性表、栈、队列,非线性结构主要包括树和图。

1. 线性表

线性表(linear list)是最简单的一种数据结构。一个线性表是 n 个具有相同特性的数据元素的有限序列。这里,数据元素是一个抽象的概念,其具体含义在不同情况下各不相同,可以是一个数、一个符号、一个记录或者是更复杂的信息。例如,英文字母表(A,B,C,…,Z)就是一个线性表,其中的数据元素是单个字符。又如表 7-1 所示的学生信息表也是一个线性表。其中,一个数据元素由若干个数据项(item)组成,称为记录(record)。

表 7-1　学生信息表

学　　号	姓　　名	性　　别	民　族	出 生 年 月	联 系 方 式
Z09417101	王小林	男	汉	1998.01	1391456××××
Z09417102	张强	男	汉	1998.07	1381654××××
Z09417103	钱怡	女	汉	1997.12	1257668××××
…	…	…	…	…	…

线性表中的元素个数 n 称为线性表的长度,$n=0$ 时称为空表。在非空表中,每个数据元素都有一个确定的位置,如用 a_i 表示数据元素,则 i 表示数据元素在线性表中的位序。若将线性表记作:

$$L = (a_1, a_2, \cdots, a_{i-1}, a_i, a_{i+1}, \cdots, a_n)$$

则 a_1 是表中的第一个数据元素(表头),a_n 是最后一个数据元素(表尾),a_i 是第 i 个数据元素,i 表示数据元素在线性表中的位序;a_{i-1} 是 a_i 的前驱结点,a_{i+1} 是 a_i 的后继结点;除表头和表尾外,每个结点有且仅有一个前驱结点和一个后继结点。

线性表的存储有顺序存储和链式存储两种结构,称为顺序表和链表。

顺序表用一组地址连续的存储单元依次存放数据元素。它以元素在计算机内的"物理位置相邻"表示线性表中数据元素间的逻辑关系,如图 7-4 所示。

链表使用不一定连续的存储单元存放线性表。因此,在表示数据元素之间的逻辑关系时,除了存储其本身的信息外,还需存储一个指示其直接后继的存储位置信息(指针),如图 7-5 所示。

表 7-4　线性表的顺序存储

图 7-5　线性表的链式存储

线性表的应用非常广泛,能够进行初始化、查找、插入、删除、更新和遍历等多种操作。

2. 栈

栈(stack)是一种受限的线性表,即在栈中规定只能在表的一端(表尾)进行插入或删除操作。允许进行插入或删除的一端称为栈顶(top);另一端称为栈底(bottom)。不含元素的栈称为空栈。

假设栈 $S=(a_1,a_2,\cdots,a_n)$,则 a_1 为栈底元素,a_n 为栈顶元素。向栈中插入新的元素称为入栈或进栈(push);从栈中删除一个元素时,只能删除当前的栈顶元素,称为出栈或退栈(pop)。

就像铁路调度站一样。由于栈的插入和删除只能在栈顶进行,因此最先入栈的元素最后出栈,最后入栈的元素最先出栈,因此栈又称为后进先出(Last In First Out,LIFO)的线性表。栈的结构如图 7-6 所示。

(a) 栈的示意图　　　(b) 铁路调度站表示栈

图 7-6　栈的结构

栈的基本操作除了在栈顶进行插入或删除外,还有栈的初始化、判空及取栈顶元素等。

栈一般采用顺序存储结构。即使用一个连续的存储区域存放栈元素,并设置一个指针 top,用来标示栈顶的位置,进栈和退栈只能在栈顶进行。

3. 队列

和栈相反,队列(queue)是一种先进先出(First In First Out,FIFO)的线性表,它只允许在表的一端插入(队尾,rear),而在另一端删除元素(队首,front)。当队列中没有包含数据元素时,称为空队。向一个队列插入新的元素称为入队(enqueue),此时,新插入的元素成为新的队尾元素;从队列中删除一个元素时,只能删除当前的队首元素,称为出队(dequeue)。这和人们日常生活中的排队是一致的,最早进入队列的元素最早离开。

假设队列为 $Q=(a_1,a_2,\cdots,a_n)$,那么 a_1 是队头元素,a_n 是队尾元素。队列的结构如图 7-7 所示。

图 7-7 队列的结构

如果使用顺序存储结构,其中的数据要频繁地进行移动,因此,队列通常采用链式存储结构,设置两个指针,分别指向队首和队尾。利用这两个指针,可以知道队首和队尾的位置,从而便于执行出队和入队操作。队列的基本操作有初始化队列、入队、出队等。

4. 树和二叉树

树(tree)是一类重要的非线性数据结构。树结构的数据元素(结点)之间有分支,并且具有层次关系,可用于表示数据元素之间一对多的关系。把它叫作"树"是因为它看起来像一棵倒挂的树,根朝上,叶朝下。树结构在客观世界中广泛存在,如人类社会的族谱和各种社会组织机构都可用树来形象表示。

图 7-8(a)是有 13 个结点的树,A 是根(root),一棵树有且仅有一个根。其余结点分成 3 个互斥的集合 $T_1=\{B,E,F,K,L\}$、$T_2=\{C,G\}$、$T_3=\{D,H,I,J,M\}$,T_1、T_2、T_3 都是 A 的子树(subtree),其本身也是一棵树。结点拥有的子树数称为结点的度(degree)。A 的度为 3,C 的度为 1,F 的度为 0。度为 0 的结点称为叶子(leaf)或终端结点,K、L、F、G、M、I、J 都是树的叶子。树的度是树内各结点的度的最大值,图 7-8(a)所示树的度为 3。把一个结点的直接前驱称为该结点的双亲(parent);反之,把一个结点的所有直接后继称为该结点的孩子(child)。结点 B 是结点 A 的子结点,结点 A 是结点 B 的父结点。同一双亲的孩子之间互称为兄弟。结点 K、L 互为兄弟,结点 H、I、J 互为兄弟。将这些关系进一步推广,结点的祖先就是从根到该结点的所经分支上的所有结点。以某结点为根的子树中的任一结点都称为该结点的子孙。此外,双亲在同一层上的结点互为堂兄弟。树中结点的最大层次称为树的深度(depth)或高度。

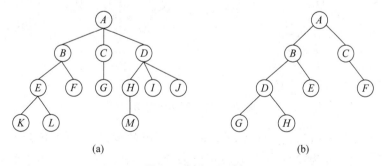

(a)   (b)

图 7-8 树和二叉树

二叉树(binary tree)是最重要的一种树形结构,它的特点是每个结点至多只有两棵子树(即二叉树中不存在度大于 2 的结点),并且,二叉树的子树有左、右之分,其次序不能任意颠倒,如图 7-8(b)所示。

树的存储有双亲表示法、孩子表示法和双亲孩子表示法,每种表示法都有自己的优缺点。可以根据业务的要求,选择不同的表示法。

树的基本运算是遍历,其他运算可建立在遍历运算的基础上。所谓遍历,是指对树中所有结点的信息的访问,即依次对树中每个结点访问一次且仅访问一次。二叉树最重要的3种遍历方式是前序遍历(根-左子树-右子树)、中序遍历(左子树-根-右子树)和后序遍历(左子树-右子树-根)。以这3种方式遍历一棵树时,若按访问结点的先后次序将结点排列起来,可分别得到树中所有结点的前序列表、中序列表和后序列表。图7-8(b)的前序列表、中序列表、后序列表分别为 $ABDGHECF$、$GDHBEACF$、$GHDEBFCA$。

5. 图

图是一种复杂的非线性结构,表示数据元素之间"多对多"的联系。图结构可以描述各种复杂的数据结构,如通信线路、交通航线、工序进度计划等。

图(graph)由顶点和顶点之间边的集合组成,记作 $G=(V,E)$。图中的结点(数据元素)称为顶点(vertex),V 是顶点的有穷非空集合;边(edge)是顶点的有序偶对,若两个顶点之间存在一条边,就表示这两个顶点具有相邻关系。E 是边的有穷集合。

图按照无方向和有方向分为无向图和有向图。若图中的边是有方向的,则称为有向图(digraph)。有向图中的边称为弧(arc)或有向边,用尖括号括起的顶点偶对表示,如 $<V_1,V_2>$ 是从顶点 V_1 到顶点 V_2 的一条弧,V_1 是弧尾(tail,始点),V_2 是弧头(head,终点)。图7-9中的 G_1 是有向图。若图中的边是无方向的,则是无向图(undigraph)。用括号括起的顶点偶对表示边。如 (V_1,V_2) 是顶点 V_1 与 V_2 之间的一条边。(V_1,V_2) 和 (V_2,V_1) 指的是同一条边,$<V_1,V_2>$ 和 $<V_2,V_1>$ 是两条不同的弧。图7-9中的 G_2 是无向图。

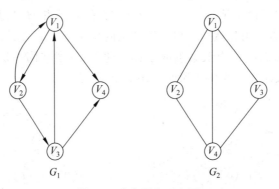

图7-9　有向图和无向图

通常,在图中用 n 表示顶点的数目,e 表示边或弧的数目。有时,图的边或弧附有相关的数值,这种数值称为权(weight),权可以表示一个顶点到另一个顶点的距离或时间耗费、开销等。如图7-10所示,每条边或弧都带权的图称为网(network)。

无向图中顶点 x 的度(degree)是与 x 相关联的边的数目。有向图中顶点 x 的度分为入度(indegree)和出度(outdegree),入度是以 x 为终点的弧的数目,出度是以 x 为始点的弧的数目。

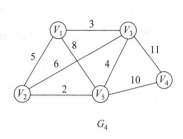

图 7-10　网

如果任意两个顶点之间都存在边,则称为完全图,有向的完全图称为有向完全图。如果无重复的边或者无顶点到自身的边,则称为简单图。如果任意两个顶点之间都存在路径,则称为连通图,有向的连通图称为强连通图。

图的存储有邻接矩阵、邻接表、十字链表等方法。

图的遍历和树的遍历类似,即从图中某一顶点出发访遍图中其余顶点,且使每个顶点仅被访问一次。对于图的遍历来说,如何避免因回路陷入死循环,就需要科学地设计遍历方案。

7.3　算　法　分　析

编写计算机程序时,研究和选择合理的算法是一项非常重要的工作。无论是数学领域的科学计算,还是管理领域、工程领域的数据处理,都离不开对算法的研究和应用。对于任意给定的问题,设计出复杂性尽可能低的算法是设计算法时追求的重要目标。当给定的问题有多种算法可供选择时,选择其中复杂性最低的,是选用算法时遵循的一个重要准则。

7.3.1　常用的算法

常用的算法有许多种,最基本的有递归算法、贪心算法、分治算法、回溯算法、分支限界算法和动态规划算法等。

1. 递归算法

递归算法是一种思考和解决问题的方式,是计算机科学的核心思想之一。递归算法的主要思想是将一个初始问题重复分解为比较小的、有相同形式的子问题,直到子问题足够简单,能够被理解并解决为止,然后将所有子问题的解组合起来得到初始问题的结果。许多高级程序设计语言都提供了支持递归运算的函数。

例如,为了计算阶乘,可以使用下面的定义:

$$n! = \begin{cases} 1, & n = 0 \\ n \times (n-1)!, & n > 0 \end{cases}$$

此定义准确地给出了计算阶乘的方法。现在考虑计算5!。由于5＞0,根据定义可得5!＝5×4!。这个公式虽然简单了一些,但是依然不知道4!的值。继续计算4!,因为4＞0,可得4!＝4×3!。同样,继续计算,可得3!＝3×2!,2!＝2×1!。因为1＞0,可得1!＝1×0!。可以根据定义单独处理$n＝0$的情况,0!＝1。整个阶乘5!的计算可以按照下式进行。

$$5!＝5×4!＝5×(4×3!)＝5×(4×(3×2!))＝5×(4×(3×(2×1!)))$$
$$＝5×(4×(3×(2×(1×0!))))＝5×(4×(3×(2×(1×1))))$$
$$＝5×(4×(3×(2×1)))＝5×(4×(3×2))＝5×(4×6)$$
$$＝5×24＝120$$

上面的示例演示了递归算法的特征,即把问题转化为规模缩小了的同类问题的子问题,然后递归调用函数(或过程)获得问题的解。

2. 贪心算法

贪心算法背后隐藏的基本思想是从小的方案推广到大方案的解决方法。它分阶段工作,在每个阶段总是选择认为当前最好的方案,而不考虑将来的后果。所以,贪心算法只需随着过程的进行保持当前的最好方案。这种“眼下能多占便宜的就先占着”的贪心者的策略就是这类算法名称的来源。用这种策略设计的算法往往比较简单,但不能保证最后求得的解是最佳的。在许多情况下,最后求得的解即使不是最优的,只要它能够满足设计目的,这个算法就是具有价值的。下面举一个经典的例子,进一步说明贪心算法的设计思路。

典型的贪心算法的例子是找零钱问题:如果有一些硬币,其面值有1角、5分、2分和1分,要求用最少数量的硬币给顾客找某数额的零钱(如2角4分)。贪心法的思路是:每次选取最大面额的硬币,直到凑到所需要的找零数额。如2角4分的找零问题,首先考虑的是用“角”,共需要2个1角,还余4分;考虑5分,再考虑2分,最后的结果是用2个1角2个2分。当然,这种找零的方法不能保证最优。例如,若硬币中有面值7分的硬币,现在要找1角4分。贪心法的结果是1个1角,2个2分;而实际上用2个7分就可以了。

从一系列整数中挑选最大值的整数也可以用贪心算法实现。其设计思路是:逐个查看这一系列整数,先认为第一个是最大的,然后查看下一个;若新观察到的整数比已知最大的整数还要大,则更新当前最大值,直到看完所有的整数。这就相当于拿一箩筐苹果让你挑一个最大的,你看到第一个就抓在手里,然后盯着筐里的下一个苹果;如果下一个苹果没有手里的苹果大,就把它扔在一边,若下一个苹果比手里的苹果大,就换一下手里的苹果,直到所有苹果都被比较了一遍。

此外,背包问题、马踏棋盘问题都是典型的贪心算法求解应用问题。

3. 分治算法

任何一个可以用计算机求解的问题所需的计算时间都与其规模有关。问题规模越小,解题所需的计算时间往往也越少,从而也越容易计算。想解决一个较大的问题,有时是相当困难的。分治法的思想是：将一个难以直接解决的大问题分割成一些规模较小的相同问题，以便各个击破，分而治之。

分治的基本思想是将一个规模为 n 的问题分解为 k 个规模较小的子问题，这些子问题互相独立且与原问题性质相同。求出子问题的解，就可得到原问题的解。

分治算法的所需时间包括解决子问题所需的工作总量（由子问题的个数、解决每个子问题的工作量决定）及合并所有子问题所需的工作量。

分治算法是把任意大小问题尽可能地等分成两个子问题的递归算法。例如，二分法检索、棋盘覆盖问题、快速排序和日程问题等都是分治算法的应用。

4. 回溯算法

回溯算法是一种满足某些约束条件的穷举搜索法。它要求设计者找出所有可能的方法，然后选择其中一种方法，若该方法不可行，则试探下一种可能的方法。显然，穷举法（也称蛮力法）不是一个最好的算法选择，但当想不出别的更好的办法时，它也是一种有效解决问题的方法。

作为算法设计技术，回溯算法在许多情况下还是比较理想的。在一些算法中，其时间复杂度并不总是问题规模的多项式函数。例如，在数学中利用克莱姆法则求解 n 阶线性方程组，总共需要做 $(n^2-1)\,n!$ 次乘法运算。对规模为 n 的问题，若不存在一个时间复杂性为多项式函数 $P(n)$ 的算法来求解该问题，就称该问题是 NP 类问题，也就是难题。

回溯算法最典型的例子是 n 皇后问题。这个问题是：将 n 个皇后放到 $n \times n$ 的棋盘上，使得任何两个皇后之间不能互相攻击，也就是说，任何两个皇后不能在一行、一列或一条对角线上。

假设 $n=4$，如图 7-11 所示。

(a) 4×4的棋盘　　　　　　(b) 皇后位置

图 7-11　4 皇后问题

假设每个皇后 $Q_1 \sim Q_4$ 占据一行，要考虑的是给皇后在棋盘上分配一个列。应用回溯法的思路，求解过程从空棋盘开始，按顺序进行尝试。

S1：将 Q_1 放到第一行的第一个可能位置，就是第 1 列。

S2：考虑 Q_2。显然，第一列和第二列尝试失败，因此 Q_2 放到棋盘的 $(2,3)$ 位置上，也就是第 2 行第 3 列。

S3：接下来考虑 Q_3，发现 Q_3 已经无处可放。这时算法开始倒退（回溯），将 Q_2 放到第 2 个可能的位置，就是棋盘上的 $(2,4)$ 位置上。

S4：再考虑 Q_3，可以放到 $(3,2)$。

S5：考虑 Q_4，无地方可放，尝试结束，再次回溯考虑 Q_3 的位置。

如此下去，直到回溯到 Q_1。排除 Q_1 原来的选择，Q_1 的第 2 个位置为 $(1,2)$，继续考虑 Q_2 的位置……。最后的解(图 7-3(b))是：

将 Q_1 放到 $(1,2)$ 位置上；

Q_2 放到 $(2,4)$ 位置上；

Q_3 放到 $(3,1)$ 位置上；

Q_4 放到 $(4,3)$ 位置上。

这只是对 $n=4$ 的分析。当 $n=1$ 时，答案是明显的。当 $n=2$ 和 $n=3$ 时无解，对 $n>4$ 的情况，可应用同样的方法尝试各种可能，最后得到解。

综合以上过程，对回溯法最简单的解释就是"向前走，碰壁就回头"。

此外，迷宫问题、旅行售货员问题、装载问题等都可以应用回溯算法求解。

5. 分支限界算法

分支限界算法类似于回溯算法，也是一种在问题的解空间树 T 上搜索问题解的算法。但在一般情况下，分支限界算法与回溯算法的求解目标不同。回溯算法的求解目标是找出 T 中满足约束条件的所有解，而分支限界算法的求解目标是找出满足约束条件的一个解，或是在满足约束条件的解中找出使用某一目标函数值达到极大或极小的解，即在某种意义下的最优解。

例如，单源最短路径问题、布线问题等都可以应用分支限界法求解。这种算法在人工智能上有非常好的应用。

6. 动态规划算法

动态规划算法通常用于求解具有某种最优性质的问题。在这类问题中，可能会有许多可行解。每个解都对应一个值，我们希望找到具有最优值的解。动态规划算法与分治法类似，其基本思想也是将待求解问题分解成若干个子问题，先求解子问题，然后从这些子问题的解得到原问题的解。与分治算法不同的是，适合用动态规划求解的问题，经分解得到子问题往往不是互相独立的。若用分治算法解这类问题，则分解得到的子问题数目太多，有些子问题被重复计算了很多次。如果我们能够保存已解决的子问题的答案，而在需要时再找出已求得的答案，这样就可以避免大量的重复计算，节省时间。我们可以用一个表记录所有已解的子问题的答案。不管该子问题以后是否被用到，只要它被计算过，就将其结果填入表中。这就是动态规划算法的基本思路。具体的动态规划算法多种多样，但它们具有相同的填表格式。

设计动态规划算法的步骤如下。

S1：找出最优解的性质，并刻画其结构特征。

S2：递归地定义最优值(写出动态规划方程)。

S3：以自底向上的方式计算出最优值。

S4：根据计算最优值时得到的信息，构造一个最优解。

S1～S3 是动态规划算法的基本步骤。在只需要求出最优值的情形，S4 可以省略，S3

中记录的信息也较少；若需要求出问题的一个最优解，则必须执行 S4，S3 中记录的信息必须足够多，以便构造最优解。

动态规划算法的有效性依赖于问题本身所具有的两个重要性质：最优子结构性质和子问题重叠性质。当问题的最优解包含了其子问题的最优解时，称该问题具有最优子结构性质。在用递归算法自顶向下解问题时，每次产生的子问题并不总是新问题，有些子问题被反复计算多次。动态规划算法正是利用了这种子问题的重叠性质，对每个子问题只解一次，而后将其解保存在一个表格中，以后尽可能多地利用这些子问题的解。

工程耗费问题、求最短路径算法等都是动态规划算法的典型应用。

7.3.2　经典计算机算法问题

算法是计算机科学中一门古老而常新的学科，就像一个人的思维能力一样，其重要性对于计算机性能的分析、应用与改进有着不言而喻的地位。而随着计算机科学技术的发展，新的算法也随着新的应用渐渐出现，但总有一些算法由于其本身具有的特点以及对计算机科学发展做出的卓越贡献而成为经典。

1. 哥尼斯堡七桥问题

哥尼斯堡七桥问题引出数学上有关图论研究的问题，在解决问题的方法上，则是一个对问题进行抽象的典型实例。

17 世纪的东普鲁士有一座哥尼斯堡城，城中有一座奈佛夫岛，普雷格尔河的两条支流环绕其旁边，并将整个城市分成北区、东区、南区和岛区 4 个区域，全城共有 7 座桥将 4 个城区连起来，如图 7-12 所示。

图 7-12　哥尼斯堡七桥

通过这 7 座桥到各城区游玩，提出的问题是：寻找走遍这 7 座桥的路径，要求过每座桥只许走一次，最后又回到原出发点。

问题提出后，很多人对此很感兴趣，纷纷进行试验，但在相当长的时间里，始终未能解决该问题。而利用普通数学知识，每座桥均走一次，那么这 7 座桥所有的走法一共有 7!＝5040 种，如果要一一试验，这将会是很大的工作量。但怎么才能找到成功走过每座桥而不重复的路线呢？因而形成了著名的“哥尼斯堡七桥问题”。

哥尼斯堡七桥问题引起了著名数学家列昂纳德·欧拉(Leonhard Euler)的关注。1736 年，在经过一年的研究之后，欧拉提交了论文《哥尼斯堡七桥》，圆满解决了这一问题，同时开创了数学新分支——图论。

在论文中,欧拉将七桥问题抽象出来,把每块陆地考虑成一个点,连接两块陆地的桥用线表示,并由此得到如图7-13所示的几何图形。若分别用A、B、C、D 4个点表示哥尼斯堡的4个区域。这样,著名的"七桥问题"便转换为是否能够用一笔不重复地画出此7条线的问题了。若可以画出来,则图形中必有终点和起点,并且起点和终点应该是同一点。由对称性可知以A或C为起点得到的效果是一样的,假设以A为起点和终点,则必有一条离开线和对应的进入线,若定义进入A的线的条数为入度,离开线的条数为出度,与A有关的线的条数为A的度,则A的出度和入度是相等的,即A的度应该为偶数。即要使得从A出发有解,则A的度数应该为偶数,而实际上,A的度数是3,为奇数,于是可知从A出发是

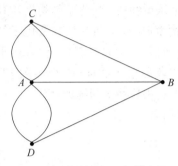

图7-13   哥尼斯堡七桥抽象图

无解的。同样,若从B或D出发,由于B、D的度数分别是5、3,都是奇数,即以B、D为起点都是无解的。

综上可知,所抽象出的数学问题是无解的,即"七桥问题"也是无解的。

欧拉给出了哥尼斯堡七桥问题的证明,还用数学方法给出了3条判定规则(判定每座桥恰好走过一次,不一定回到原点,即对欧拉路径的判定)。

如果通奇数座桥的地方不止两个,则满足要求的路线是找不到的。

如果只有两个地方通奇数座桥,则可以从这两个地方之一出发,找到所要求的路线。

如果没有一个地方是通奇数座桥的,则无论从哪里出发,所要求的路线都能实现。

根据第3点可以得出,任一连通图存在欧拉回路的充分必要条件是所有顶点均有偶数度。

欧拉解决问题的方法为抽象的方法。根据"寻找走遍这7座桥,且只许走过每座桥一次,最后又回到原出发点的路径"的问题,抽象出问题本质的东西,忽视问题非本质的东西。即将区域抽象为点、将桥抽象为边,使问题转化为"经过图中每边一次且仅一次的回路问题"。

2. 汉诺塔问题

计算机学科的问题,无非就是计算问题,从大的方面来说,分可计算问题与不可计算问题。可计算问题是存在算法可解的问题,不可计算问题是不存在算法可解的问题。

汉诺塔问题源于印度一个古老传说。上帝创造世界的时候做了3根金刚石柱子,在一根柱子上从下往上按大小顺序摞着64片黄金圆盘(图7-14)。上帝命令婆罗门把圆盘从下面开始按大小顺序重新摆放在另一根柱子上。并且规定,在小圆盘上不能放大圆盘,在3根柱子之间一次只能移动一个圆盘。

图7-14   汉诺塔

不管这个传说的可信度有多大,如果考虑把64片黄金圆盘从一根柱子上移到另一根柱子上,并且始终保持上小下大的顺序,需要移动多少次?

假设有 n 片黄金圆盘，移动次数是 $f(n)$。显然，$f(1)=1$，$f(2)=3$，$f(3)=7$，且 $f(k+1)=2 \times f(k)+1$。不难证明 $f(n)=2^{n-1}$。当 $n=64$ 时，$f(64)=2^{64-1}=18\ 446\ 744\ 073\ 709\ 551\ 615$。假如每秒钟移动一次，平均每年 $31\ 556\ 952s$，经计算可知，移完这些黄金圆盘需要 5845 亿年以上，而地球存在至今不过 45 亿年，太阳系的预期寿命据说也就是数百亿年。

汉诺塔问题的算法非常简单，当盘子的个数为 n 时，移动的次数应等于 2^{n-1}。后来，一位美国学者发现一种出人意料的简单方法，只要轮流进行两步操作就可以了。首先把 3 根柱子按顺序排成品字形，把所有的圆盘按从大到小的顺序放在柱子 A 上，根据圆盘的数量确定柱子的排放顺序：若 n 为偶数，按顺时针方向依次摆放 A、B、C；若 n 为奇数，按顺时针方向依次摆放 A、C、B。

S1：按顺时针方向把圆盘 1 从现在的柱子移到下一根柱子，即当 n 为偶数时，若圆盘 1 在柱子 A 上，则把它移到 B；若圆盘 1 在柱子 B 上，则把它移到 C；若圆盘 1 在柱子 C 上，则把它移到 A。

S2：把另外两根柱子上可以移动的圆盘移到新的柱子上，即把非空柱子上的圆盘移到空柱子上，当两根柱子都非空时，移动较小的圆盘。这一步没有明确规定移动哪个圆盘，你可能以为会有多种可能性，其实不然，可实施的行动是唯一的。

S3：反复进行 S1、S2 操作，最后就能按规定完成汉诺塔的移动。

所以，结果非常简单，就是按照移动规则向一个方向移动圆盘。如 3 阶汉诺塔的移动：$A \rightarrow C$，$A \rightarrow B$，$C \rightarrow B$，$A \rightarrow C$，$B \rightarrow A$，$B \rightarrow C$，$A \rightarrow C$。

汉诺塔是一个只能采用递归方法进行计算的问题，时间复杂度为指数级。递归在可计算性理论与算法设计中都有很重要的地位。

3. 哲学家就餐问题

哲学家就餐问题是在计算机科学中的一个经典问题，用来演示在并行计算中多线程同步（Synchronization）时产生的问题。1971 年，著名的计算机科学家艾兹格·迪科斯彻（Edsger Wybe Dijkstra）提出了一个同步问题，即假设有 5 台计算机都试图访问 5 个共享的磁带驱动器。稍后，这个问题被托尼·霍尔（Tony Hoare）重新表述为哲学家就餐问题。这个问题可用来解释死锁和资源耗尽。

哲学家就餐问题涉及 5 个哲学家，共用一张放有 5 把椅子的餐桌，每人坐在一把椅子上，桌子上有 5 碗面和 5 根筷子，每人两边各放一根筷子。哲学家们是交替思考和就餐，饥饿时便试图取其左右最靠近他的筷子（图 7-15）。

当哲学家思考时，他不和其他人交谈。当哲学家饥饿时，他将拿起和他相邻的两根筷子就餐，但他很可能仅拿到一根，此时旁边的另一根正在他邻居的手中。只有他同时拿到两根筷子时，才能开始就餐。就

图 7-15 哲学家就餐图

餐后,他将两根筷子分别放回原位,然后再次开始思考。由此,一个哲学家的生活进程可表示为:

S1:思考问题。

S2:饿了停止思考,左手拿一根筷子(若拿不到,就等待)。

S3:右手拿一根筷子(若拿不到,就等待)。

S4:进餐。

S5:放右手筷子。

S6:放左手筷子。

S7:重新回到思考问题的状态 S1。

如何协调 5 个哲学家的生活进程,使每个哲学家最终都可以就餐。

考虑下列两种情况:

一是按哲学家的活动,当所有的哲学家都同时拿起左手筷子时,则所有的哲学家都将拿不到右手的筷子,并处于等待状态,那么哲学家都将无法就餐,最终饿死。

二是将哲学家的活动修改一下,变成当右手的筷子拿不到时,就放下左手的筷子,这种情况是不是就没有问题? 不一定,因为可能在一瞬间,所有的哲学家都同时拿起左手的筷子,自然就拿不到右手的筷子,于是都同时放下左手的筷子,等一会儿,又同时拿起左手的筷子,如此这样重复下去,所有的哲学家都吃不到面条,最终饿死。

以上两方面的问题反映的是程序并发执行时进程同步的两个问题:一个是死锁(deadlock);另一个是饥饿(starvation)。

哲学家就餐问题实际上反映了计算机程序设计中多进程共享单个处理机资源时的并发控制问题。要防止这种情况发生,就必须建立一种机制,既要让每个哲学家都能吃到面条,又不能让任何一个哲学家始终拿着一根筷子不放。

解决"哲学家就餐"问题首先要找出对应的控制关系,设定相应的控制信号量。避免死锁也是解决该类问题的关键。

考虑如下算法:哲学家正在思考—取左侧的筷子—取右侧筷子—吃饭—把右侧筷子放回桌子—把左侧筷子放回桌子。

对上述算法进行改进:至多只允许 4 个哲学家同时就餐,以保证至少有一个哲学家能够就餐,最终总会释放出他所使用过的两根筷子,从而可使更多的哲学家就餐。

再考虑以下算法:规定奇数号的哲学家先拿起他左边的筷子,然后再去拿他右边的筷子;偶数号的哲学家则相反。按此规定,将是 1、2 号哲学家竞争 1 号筷子,3、4 号哲学家竞争 3 号筷子,即 5 个哲学家都竞争奇数号筷子,获得后,再去竞争偶数号筷子,最后总会有一个哲学家能获得两根筷子而就餐。申请不到的哲学家进入等待队列,根据先入先出原则,先申请的哲学家会较先吃饭,因此不会出现饿死的哲学家。

哲学家就餐问题是计算机系统中一个常见且复杂的同步问题,它可为多个竞争进程或线程互斥地访问有限资源问题的解决提供思路,并有人不断提出解决问题的新算法。

4. 旅行商问题

旅行商问题(Traveling Saleman Problem,TSP)又译为旅行推销员问题、货郎担问题,简称为 TSP 问题,是最基本的路线问题,该问题是在寻求单一旅行者由起点出发,通过所有给定的需求点后,最后再回到原点的最小路径成本。

"旅行商问题"可描述为:有若干城市,任何两个城市之间的距离都是确定的,现要求一个旅行商从某城市出发,必须经过每个城市且只能在每个城市逗留一次,最后回到原出发城市。问如何事先确定好一条最短的路线,使其旅行的费用最少。

如果有 3 个城市 A、B 和 C,它们互相之间都有往返的飞机,而且起始城市是任意的,则有 6 种访问每个城市的次序:ABC、ACB、BAC、BCA、CAB、CBA;若有 4 个城市,则有 24 种次序,可以用阶乘 $4!=4\times3!=4\times3\times2\times1=24$ 表示;若有 5 个城市,则有 $5!=5\times4!=120$ 种次序,类似的有 $6!=720$ 等。很显然,路径数呈指数级数规律急剧增长,以达到无法计算的地步,这就是"组合爆炸问题",因此,寻找切实可行的简化求解方法成为问题的关键。

"旅行商问题"的应用领域包括:如何规划最合理、高效的道路交通,以减少拥堵;如何更好地规划物流,以减少运营成本;在互联网环境中如何更好地设置结点,以更好地让信息流动等。

7.4   思考与讨论

7.4.1   问题思考

1. 什么是算法?算法的基本特征是什么?
2. 算法的衡量标准有哪些?
3. 如何对算法进行描述?
4. 什么是数据结构?数据元素相互之间的关系有哪些形式?
5. 常用的数据结构有哪些?
6. 最基本的算法有哪几种?

7.4.2   课外讨论

1. 简述算法在计算机应用上的重要性。
2. 如何判断计算过程是否为一个算法?判断下列过程是否为算法:
S1:开始。
S2:$n<=0$。
S3:$n=n+1$。
S4:重复 S3。

S5：结束。

3．试用一种算法描述方法写出求 $1+2+3+\cdots+n$ 的算法描述。

4．数据结构中，线性结构和非线性结构的主要区别是什么？

5．用分治算法解决问题的基本思想是什么？

6．中秋将至，周某准备用 200 元钱买 50 个月饼送给朋友，现已知广式月饼每个 8 元，苏式月饼每个 4 元，本地月饼每个 2 元，请给出可能的购买方案供周某参考。

课后自测-7

第8章

程序设计

计算机之所以能自动连续地进行工作,最根本的原因就在于"存储程序"和"程序控制"。要让计算机完成预定的工作,就需要将计算机处理问题的步骤用计算机能够识别的指令编写出来,这就是程序设计。

8.1 程序设计基础

程序设计是软件开发过程中的一个重要环节。在计算机技术发展的早期,由于机器资源比较昂贵,程序的时间和空间代价往往是设计关心的主要因素;随着计算机硬件技术的飞速发展和软件规模的日益庞大,程序的结构、可维护性、复用性、可扩展性等成为设计中关注的重要因素。

8.1.1 程序设计的基本概念

程序设计(programming)是给出解决特定问题程序的过程,是软件构造活动中的重要组成部分。由于程序是软件的本体,软件的质量主要通过程序的质量体现,所以,程序设计工作在计算机软件构造中占有重要地位。

1. 程序与程序设计

程序(program)是指一组预定的工作指令流,可以直接通过计算机执行。程序设计是程序的形成过程,它使得人类运用逻辑思维能力以及符号处理能力构造程序,使得借助计算机这样的设备,能够完成预定的计算。

程序是人类思维的产物,是人类思想火花的时间定格,呈献表态特征。程序尽管固化了人类的智慧,但却没有展示动态思维过程。而程序设计却是动态的。程序设计是一种创造性的劳动,反映了人类思维的规律和模式。伴随整个程序构造过程而形成的各种人类思维活动,对程序的最终形成起着核心作用。

2. 程序设计的起源

程序设计并不是计算机诞生后才有的。早在 1801 年,当时欧洲纺织业需要一批聪明而又灵活的纺织工人生产有复杂图案的织品。但不管这些工人如何灵巧,生产具有图案的织物既浪费时间,又费金钱。有一名叫约瑟夫・玛丽・雅卡尔(Joseph Marie Jacquard)的法国纺织工人仔细研究了织布机和纺织过程中的每个环节,并对机器应执行的每个步骤用打孔卡片实现。这种复杂图案编织的织布机甚至在 20 世纪 70 年代还可以在一些提花织布厂看到。约瑟夫・玛丽・雅卡尔虽然是一名织布工人,但却具备一名优秀的程序设计人员的素质,可以称得上是机器编程的第一人。计算机诞生以后,IBM公司将打孔卡片应用到电子计算机上。

人将复杂的步骤转化成机器能接受的特定指令,而机器可以按照指令执行任务。这就是程序设计的思想。

3. 程序设计的概念

程序设计(programming)是指设计、编制、调试程序的方法和过程。它是目标明确的智力活动。

按照结构性质,程序设计可分为结构化程序设计与非结构化程序设计。前者是指具有结构性的程序设计方法与过程,它具有由基本结构构成复杂结构的层次性,后者反之。按照用户的要求,程序设计可分为过程式程序设计与非过程式程序设计。前者是指使用过程式程序设计语言的程序设计,后者指使用非过程式程序设计语言的程序设计。按照程序设计的成分性质,程序设计可分为顺序程序设计、并发程序设计、并行程序设计、分布式程序设计。按照程序设计风格,程序设计可分为逻辑式程序设计、函数式程序设计、对象式程序设计。

程序设计是软件开发工作的重要部分,而软件开发是工程性的工作,工程性的工作往往遵循必要的规范。程序设计规范是进行程序设计的具体规定。程序设计规范往往会影响程序设计的功效以及软件的可靠性、易读性和易维护性。

8.1.2　程序设计过程

程序设计不仅仅是简单的编写代码,而是一个使用程序设计语言产生一系列的告诉计算机该做什么的指令的过程。程序设计是软件开发过程中的一个重要环节。

1. 程序设计的基本步骤

对复杂程度较高的问题,想直接编写程序是不现实的,必须从分析问题描述入手,经过对解题算法的分析、设计,直至程序的编写、调试和运行等一系列过程,最终得到能够解决问题的计算机应用程序。程序设计的基本步骤简述如下。

(1)分析问题。对于接受的任务,要认真分析,研究所给定的条件,分析最后应达到的目标,找出解决问题的规律,从而给出问题的抽象数学模型。数学模型是进一步确定解决所代表数学问题的算法的基础。

(2)设计算法。根据分析得到的数学模型设计解决问题的算法,并对算法用流程图或其他直观方式进行描述。这些描述方式比较简单、明确,能够比较明显地展示程序设计思想,是进行程序调试的重要参考。这一步也称为"逻辑编程"。数学模型和算法的结合将给出问题的解决方案。

(3)编写程序。使用某种程序设计语言,根据上述算法描述,将已设计好的算法表达出来。使得非形式化的算法转变为形式化的由程序设计语言表达的算法,这个过程称为程序编制(编码)。程序的编写过程需要反复调试,才能得到可以运行且结果"正确"的程序。

(4)程序测试。程序编写完成后必须经过科学的、严格的测试,才能最大限度地保证程序的正确性。同时,通过测试可以对程序的性能做出评估。

(5)编写文档。许多程序是提供给别人使用的,如同正式的产品应当提供产品说明书一样,正式提供给用户使用的程序,必须向用户提供程序说明书。内容应包括:程序名称、程序功能、运行环境、程序的装入和启动、需要输入的数据,以及使用注意事项等。

通过上述过程可以看到,程序设计过程是算法、数据结构和程序设计语言统一的过程。问题和算法的最初描述,无论是描述形式还是描述内容,离最终以计算机语言描述的算法(程序)还有相当大的差距。如何从问题描述入手构造解决问题的算法,如何快速、合理地设计出结构和风格良好的高效程序,均涉及多方面的理论和技术,因此形成了计算机科学的一个重要分支——程序设计方法学。设计过程成为算法、数据结构以及程序设计方法学 3 个方面相统一的过程,这 3 个方面又称为程序设计三要素。

2. 程序设计的规范化要求

编写程序必须按照规范化的方法进行,并且养成良好的程序设计风格,确保程序的可读性和可维护性。

(1)标识符。在程序中会使用大量的标识符。标识符的命名对程序的可读性有很大影响。标识符一般以英文字符、数字或下画线开头,名称应有实际的意义或者采用有含义的英文的缩写,即顾名思义。系统保留字和关键字一般不做标识符。标识符应使用统一的缩写规则和大小写规则。

例如,在 Java 语言中,常量名均采用大写方式,如 NAME;类名和接口名,首字母大写,其余字母小写,如 SimpleButton。

（2）表达式。表达式是程序设计语言的重要组成部分。表达式的书写应清晰，使用必要的括号，以避免误解。表达式的使用应尽量使用库函数，对于复杂的计算，可先化简，以利于理解。

（3）函数和过程。函数和过程是模块化设计的重要组成部分。每个模块都是由函数或过程组成的。应尽量提高模块的独立性，减少模块之间的联系。模块的规模设计不要过大，每个模块的语句不要过多，一般控制在一页左右，以便于阅读和理解。

（4）程序行的排列格式。程序行的排列格式对程序的可读性有很大影响。程序中有很多语句是嵌套的，书写时应使用统一的缩进格式，以便清楚地反映程序的层次结构。

（5）注释。注释虽然与程序的执行无关，但对程序的可读性和易理解性有直接影响。应当在程序的适当位置添加必要的注释，以说明程序、过程和语句等的功能及注意事项。

8.2　程序设计语言

程序设计语言是一种被标准化的交流工具，用来向计算机发送命令。由于当今所有的计算都需要程序设计语言才能完成，因此对从事计算机科学的人来说，掌握程序设计语言是非常重要的。

8.2.1　程序设计语言概述

程序设计语言（programming language）是用于书写计算机程序的语言。语言的基础是一组记号和一组规则，根据规则书写的记号串就是程序。人们如果想告诉计算机需要完成的工作，就使用程序设计语言编写程序，让计算机去执行。

程序设计语言的描述一般分为语法及语义。语法表示程序的结构或形式，即表示构成语言的各个记号之间的组合规律；语义则是对于程序的解释，即表示按照各种方法所表示的各个记号的特定含义。

1. 程序设计语言的结构

自然语言与程序设计语言基本体系结构对照见表 8-1。两者都属于语言的范畴，所以都具备语言的基本结构。但程序设计语言是一种人工的形式化语言，其使用环境局限于计算机。计算机环境比人类生存的社会环境要简单得多，因而计算机程序设计语言也比自然语言简单。

表 8-1　自然语言与程序设计语言基本体系结构对照

自 然 语 言	程序设计语言	自 然 语 言	程序设计语言
基本符号	基本符号	段落	函数
词汇	常量、变量、保留字、运算符	描写	类、包
短语	表达式	文章	程序
句子	语句		

在计算机程序设计语言中,数据类型是十分重要的概念,它类似片段语言中的词性。不同的调整词汇有不同的词性,如动词、形容词等。同一种词汇由于使用场合的不同,其含义也会有所改变,如主动与被动等。同样,在计算机程序设计语言中,不同的数据类型定义不同的词性,用于指明该类词汇所表达的数据的性质、数据的大小范围,以及在该类数据上可以施加的基本运算。

数据类型越多,表达越丰富,可以非常精确地实施各种方式的数据组织。当然,数据类型越多,学习起来就会越困难。

局限于计算机工作环境,计算机程序设计语言中的表达式一般有算术表达式、关系表达式和逻辑表达式 3 种。算术表达式主要用于各种计算,关系表达式主要用于表达各种基本条件,逻辑表达式主要用于表达复合条件,即组合多个基本条件,以表达复杂的条件。

计算机程序设计语言中的语句一般有注释语句、计算赋值语句、输入/输出语句和流程控制语句 4 种。注释语句用于对程序功能和设计意图进行说明,以便理解程序。计算赋值语句用于各种数据运算、逻辑运算等,并将运算的结果存放到指定位置。输入/输出语句用于将人们的数据输入计算机或将计算机内部的数据输出给人类,实现人与计算机的交流。流程控制语句不对数据进行任何处理,它可以将各种处理片段按需要进行各种组合。正是这种组合可以使人类设计出用于解决各种问题的程序,从而将人类解决问题的思想传达给计算机,利用计算机实现人类解决问题的思想。

函数是某种处理逻辑的抽象,也是解决问题的抽象。通过函数可以实现各种处理逻辑的重用,也就是将同一种处理方法和思想用于相似的多个不同的数据集。函数可以作为计算赋值语句的一个部分参与各种运算。

类是将某个数据集以及该数据集上的多种处理逻辑(函数)统一考虑的一种机制,它比函数的描写力度大,用于刻画问题域中的各种实体,其中数据集反映实体的静态属性,函数集反映实体的动态属性。包一般由多个类组合而成。

为了描述用于解决某个具体问题的程序,一方面涉及问题求解的算法,另一方面还涉及计算机程序设计语言的相关知识。针对程序设计语言,除了它的词汇、短语和语句外,每种语言还定义了其自身的篇章结构(程序结构)。正像人们写信一样,除了需要表达的内容和思路(算法)外,还需要注意用词的准确、语句的通顺,以及书写格式。只有按照语言定义的格式书写的程序,才能通过翻译程序的翻译,最终被计算机正确执行。

尽管不同语言有不同的定义,但总的来说,程序一般包含数据组织说明部分和算法处理逻辑描述部分,这与计算机的基本工作原理相吻合。因此,程序=数据结构+算法。

2. 程序设计语言的演化

20 世纪 40 年代至今,程序设计语言有了很大的发展。表 8-2 列出了一些重要的程序设计语言随时间演化的一个大致过程,从最初的面向机器的二进制机器语言到以助记符标识的符号语言(汇编语言),再到今天的类自然英语表示的高级语言,使得人们在设计程序时,由以机器为主到以解决问题为主,这极大地推动了计算机在各个领域的应用。

表 8-2　程序设计语言随时间的演化

年　代	程序设计语言	范　例	功　能
1940—1950	机器语言	二进制编码	命令式
1950—1960	汇编语言	Asm、Masm	命令式
	高级语言	Lisp	表处理式
		FORTRAN、Cobol 等	命令式
1960—1970	高级语言	Basic、C 等	命令式
1970—1980	高级语言	Pascal	命令式
		Prolog	函数式
		Smalltalk	面向对象
1980—1990	高级语言	Ada	命令式
		C++	面向对象
		Perl	命令式(服务器脚本语言)
1990 年至今	高级语言	Java、C♯、Python	面向对象
		PHP	命令式(服务器脚本语言)

3. 程序设计语言的流行趋势

TIOBE 编程语言社区排行榜是程序设计语言流行趋势的指标之一,反映某个编程语言的热门程度。排行榜排名基于互联网上有经验的程序员、课程和第三方厂商的数据,每月更新一次。排名使用著名的搜索引擎(如 Google、MSN、Yahoo!、Wikipedia、YouTube 以及 Baidu 等)进行计算。

表 8-3 为 TIOBE 编程语言社区发布的 2017 年 8 月排行榜,从表 8-3 中可以看出,Java、C、C++、C♯ 和 Python 保持在前 5 的位置。

表 8-3　TIOBE 编程语言社区发布的 2017 年 8 月排行榜

序号	程序设计语言	热门度/%	序号	程序设计语言	热门度/%
1	Java	12.961	11	Swift	1.825
2	C	6.477	12	Delphi/Object Pascal	1.825
3	C++	5.550	13	Visual Basic	1.809
4	C♯	4.159	14	Assembly Language	1.805
5	Python	3.692	15	R	1.766
6	Visual Basic . NET	2.569	16	Go	1.645
7	PHP	2.293	17	MATLAB	1.619
8	JavaScript	2.098	18	Objective-C	1.505
9	Perl	1.995	19	Scratch	1.481
10	Ruby	1.965	20	Dart	1.237

8.2.2　程序设计语言的类型

从发展历程看,程序设计语言的发展经历了机器语言、汇编语言、高级语言等类型。

1. 机器语言

机器语言(machine language)是第一代计算机语言。

电子计算机使用的是由"0"和"1"组成的二进制数。二进制是计算机语言的基础。计算机发明之初,人们只能用计算机的语言去命令计算机工作,也就是写出一串串由"0"和"1"组成的指令序列交由计算机执行,这种计算机能够认识的语言就是机器语言(图8-1)。

使用机器语言是十分痛苦的,特别是在程序有错需要修改时,更是如此。用机器语言编写的程序就是一个二进制文件。一条机器语言称为一条指令。由于每台计算机的指令系统各不相同,要想在一台计算机上执行在另一台计算机上编写的程序,必须另编程序,这就造成了重复工作。但机器语言是针对特定型号计算机的语言,运算效率是所有语言中最高的。

2. 汇编语言

为了减轻使用机器语言编程的痛苦,人们进行了一种有益的改进:用一些简洁的英文字母、符号串替代一个特定的指令的二进制串。例如,用 ADD 代表加法,用 MOV 代表数据传递等,这样一来,人们很容易读懂并理解程序在干什么,纠错及维护都变得方便了,这种程序设计语言称为汇编语言(assembly language),即第二代计算机语言(图 8-2)。但是,计算机是不认识这些符号的,这就需要一个专门的程序,负责将这些符号翻译成二进制数的机器语言,这种翻译程序称为汇编程序。

```
110110101100010001011100
011000010010110110100001
010101111101100101010110
010111011110110000000100
111001010110011101010100
110010101010010100010101010
001011100010110111101110
010110001101011100110110
101100011010100011111010
101010100100100101011101
000110010101100011010010
110001100110010010101010
100000011110010110111111
001011000010111111111001
011001011101010101010101010
001010111111001010010101
01110010
```

图 8-1　机器语言程序

```
MOV DX, OFFSET FILE
MOV AL, 0
MOV AH, 3DH
INT 21H
JC OPERR
MOV HANDLE, AX
MOV BX, HANDLE
MOV DX, OFFSET BUF
MOV CX, 512
MOV AH, 3FH
INT 21H
JC READERR
CMP AX, 0
JE CLOSE
MOV BX, AX
MOV BUF [BX], '$'
MOV DX, OFFSET BUF
MOV AH, 9
INT 21H
JMP READ
```

图 8-2　汇编语言程序

汇编语言同样十分依赖于机器硬件,移植性不好,但效率仍十分高,针对计算机特定硬件而编制的汇编语言程序,能准确发挥计算机硬件的功能和特长,程序精练而质量高,所以至今仍是一种常用而强有力的软件开发工具。

3. 高级语言

从最初与计算机交流的痛苦经历中,人们意识到,应该设计一种这样的语言:这种语言接近数学语言或人的自然语言,同时又不依赖计算机硬件,编出的程序能在所有计算机上通用。经过努力,1954 年,第一个完全脱离机器硬件的高级语言——FORTRAN问世。

高级语言是一种与机器的指令系统无关、表达形式更接近被描述的问题的程序设计语言。这里所谓的"高级"并不意味着"高深",而是表示它有别于与机器相关的机器语言和汇编语言,它独立于计算机系统,能够更容易被人掌握、更便于程序的编写。

高级语言的发展经历了从早期语言到结构化程序设计语言,从面向过程到非过程化程序语言的发展过程。1970 年,第一个结构化程序设计语言——Pascal 语言出现,标志着结构化程序设计时期的开始。20 世纪 80 年代初开始,在软件设计思想上又产生了一次革命,其成果就是面向对象的程序设计。其方法就是软件的集成化,如同硬件的集成电路一样,生产一些通用的、封装紧密的功能模块,称为软件集成块,它能相互组合完成具体的应用功能,同时又能重复使用。对使用者来说,只关心它的接口(输入量、输出量)及能实现的功能,至于如何实现,那是它内部的事,使用者完全不用关心。C++ 、Visual Basic、Delphi 就是面向对象程序设计语言的典型代表。

高级语言程序如图 8-3 所示。

高级语言的下一个发展目标是面向应用,也就是说,只需要告诉程序你要干什么,程序就能自动生成算法,自动进行处理,这就是非过程化的程序设计语言。

```
#include<stdio.h>

void f(int *j);
{
    *j=9;
};

void main()
{
    printf("myProgram\n");
    i=1;
    printf("i"=,i);
    f(&i);
    printf("i=",i);
}
```

图 8-3　高级语言程序

8.2.3　语言处理系统

使用高级程序设计语言编写的程序称为源程序,必须经过程序设计语言处理系统的翻译后才能执行。程序设计语言处理系统有两种类型,即解释程序和编译程序。

1. 解释程序

解释程序将高级程序设计语言书写的源程序作为输入,解释一句后就提交计算机执行一句,并不形成目标程序。就像外语翻译中的"口译"一样,说一句翻译一句,不产生全文的翻译文本。这种工作方式非常适合人通过终端设备与计算机会话,如在终端上打一条命令或语句,解释程序就立即将此语句解释成一条或几条指令并提交硬件立即执行且将执行结果反映到终端。

解释程序的突出优点是可简单地实现,且易于在解释执行过程中灵活、方便地插入修改和调试措施,但最大缺点是执行效率很低。例如,需要多次重复执行的语句,采用编译程序时只需要翻译一次;但在解释程序中却需要重复翻译、重复执行。因此,解释程序一般适用于交互式会话语言,以及调试状态下运行或运行时间与解释时间差不多的程序。

2. 编译程序

编译程序是把用高级程序设计语言书写的源程序翻译成等价的计算机汇编语言或机器语言书写的目标程序的翻译程序。编译出的目标程序通常还要经历运行阶段,以便在运行程序的支持下运行,加工初始数据,算出所需的计算结果。

编译程序的实现算法较复杂。这是因为它所翻译的语句与目标语言的指令不是一一对应关系,而是一多对应关系;同时,也因为它要处理递归调用、动态存储分配、多种数据类型,以及语句间的紧密依赖关系。但是,由于高级程序设计语言书写的程序具有易读、易移植和表达能力强等特点,所以编译程序广泛地用于翻译规模较大、复杂性较高,且需要高效运行的高级语言书写的源程序。

3. 语言环境

多数高级语言都有一些不能在编译时刻确定而要到运行时刻才能确定的特性。因此,与这些特征相关联的语言成分等价的目标代码在编译时不能全部生成,需要到运行时才能全部生成。这些语言成分只能采用解释方法处理。多数解释程序都是先对源程序进行处理,把它转换成某种中间形式,然后对中间形式的代码进行解释,而不是直接对源程序进行解释。这就是说,多数高级语言处理系统既非纯编译型,也非纯解释型,而是编译和解释混合型。

一个程序(特别是中、大规模的程序)难免有错误。发现并排除源程序中的错误是语言处理系统的任务之一。通常,源程序的语法错误和静态语义错误都是由编译程序或解释程序发现的。排错能力的大小是评价编译程序和解释程序优劣的重要标志之一。源程序中的动态语义错误通常要借助在语言中加入某些排错设施(如跟踪、截断)来发现和排除。处理排错设施的程序是排错程序。

8.2.4 高级语言的分类

随着高级语言的出现和发展,计算机开辟了广泛的应用空间,现在程序员只要选择合适的程序设计语言,就可以解决想要解决的问题。在众多的高级语言中,每种高级语言都有一个它所擅长的方面,适合解决什么方面的问题以及解决问题的方法。一般地,根据计算机语言解决问题的方法及解决问题的种类,将计算机高级语言分为如图 8-4 所示的 5 大类。

1. 过程化语言

过程化语言又称为命令式语言或强制性语言,它采用与计算机硬件执行程序相同的

图 8-4　高级语言分类

方法执行程序。过程化语言的程序实际上是一套指令,这些指令从头到尾按一定的顺序执行,除非有其他指令强行控制,如 FORTRAN、COBOL、Pascal、Basic、Ada、C 等。

　　过程化语言要求程序员通过寻找解决问题的算法进行程序设计,即将算法表示成命令的序列。每条指令都是一个为完成特定任务而对计算机系统发出的命令。

　　C 语言是一种面向过程的计算机程序设计语言,它是目前众多计算机语言中举世公认的优秀的结构化程序设计语言之一。它由美国贝尔研究所于 1972 年推出。1978 年后,C 语言已先后被移植到大、中、小及微型计算机上。

　　C 语言功能强大,是一种成功的系统描述语言,用 C 语言开发的 UNIX 操作系统就是一个成功的范例;同时,C 语言又是一种通用的程序设计语言,在国际上广泛流行。世界上很多著名的计算机公司都成功地开发了不同版本的 C 语言,很多优秀的应用程序也都使用 C 语言开发,它的应用范围广泛,不仅仅是在软件开发上,而且各类科研都需要用到 C 语言,具体应用如单片机以及嵌入式系统开发。

2. 函数式语言

　　函数式语言的语义基础是基于数学函数概念的值映射的 λ 算子可计算模型。这种语言非常适合进行人工智能等工作的计算。

　　用函数式语言设计程序实际上就是将预先定义好的"黑盒"联结在一起,如图 8-5 所示,每个"黑盒"都接收一定的输入并产生一定的输出,通过一系列输入到输出的映射,实现所要求的输入和输出的关系。"黑盒"又称为函数,这也是被称为函数式程序设计的原因。

图 8-5　函数语言的功能

　　函数式语言实现的功能主要是,定义一系列基本函数,可供其他任何需要者调用;允许通过组合若干个基本函数创建新的函数。

　　LISP 和 Scheme 是函数式语言的代表。LISP 语言是 20 世纪 60 年代早期由麻省理工学院设计开发的,它把列表作为处理对象,把所有的一切都看成是列表。该语言没有统一标准,有多种不同的版本。到 20 世纪 70 年代,麻省理工学院开发了 Scheme 并将其作为函数式语言的标准。Scheme 语言定义了一系列的基本函数。将函数和函数的输入列表写在括号内,其结果仍然是一个列表,该列表可作为另一个函数的输入列表。

例如,在 Scheme 语言中,函数 car 的作用是从列表中取出第一个元素,函数 cdr 的作用从列表中取出除第一个元素以外的所有元素。如有列表 List:

$$List = 4 \quad 9 \quad 12 \quad 42 \quad 35 \quad 47 \quad 26$$

则:

(car List)的结果为 4

(cdr List)的结果为 9 12 42 35 47 26

如果要从 List 表中取出第 4 个元素,则可以通过下面的函数组合获得想要的结果。

(car(cdr(cdr(cdr List))))

3. 逻辑式语言

逻辑式语言的语义基础是基于一组已知规则的形式逻辑系统。这种语言主要用在专家系统的实现中。逻辑式语言又称为声明式语言或说明性语言,它依据逻辑推理的原则回答查询,解决问题的基本算法就是反复地归纳总结和推理。构成语句的元素称为谓词,逻辑式语言的理论基础是数字领域中的形式逻辑理论,因为该语言主要是基于事实的推理,系统要收集大量的事实描述,程序一般是针对特定的领域,所以比较适合人工智能这样特定的知识领域。最著名的逻辑式语言是 Prolog。

Prolog 语言是 20 世纪 70 年代在法国开发出来的。Prolog 系统中的程序全部由事实和规则组成,程序员的工作就是开发事实和规则的集合,这个集合可以描述问题已知的信息。

例如,描述海龟比蜗牛快的 Prolog 语句为:

Faster(turtle,snai)

而描述兔子比海龟快的 Prolog 语句为:

Faster(rabbit,turtle)

如果用户进行下面的询问:

? -Faster(rabbit,snail)

则根据已有的事实进行推演,得出肯定的回答(Yes)。

基于逻辑式语言的特点,要求程序员必须掌握和学习相关主题领域的知识,同时还应该掌握如何在逻辑上严谨地定义准则,才能使程序可以进行推导,并产生新的事实。

4. 面向对象语言

用过程化语言编写程序时,对象与操作是完全分开的。面向对象语言设计程序是,对象和操作是绑定在一起使用的。程序员要先定义对象和对象允许的操作及对象的属性,然后通过对象调用这些操作解决问题。

例如,考虑开发一个图形用户界面的系统,屏幕上的图标被实现为对象,这个对象包含了描述它怎样反映发生的各种事件的过程的集合,这些事件包括图标(对象)被鼠标单击选中,或者被鼠标在屏幕上拖动等。因此,整个系统就是对象的集合,每个对象都能反映一些特殊的事件。

20 世纪 70 年代以来,面向对象的程序设计语言有了很大的发展,比较典型的面向对象语言有 Smalltalk、C++ 、Java、C♯、Python 等,它们各有一些特性。

(1) Smalltalk。Smalltalk 是 20 世纪 70 年代开发出来的,是一个纯面向对象的语言,并且是完全基于对象和消息概念的第一种计算机语言,它清晰地支持类、方法、消息和继承的概念。所有的 Smalltalk 代码都是由发送到对象的消息链组成的。大量的预先定义的类使得这个系统有强大的功能。

(2) C++ 。C++ 语言是 20 世纪 80 年代由贝尔实验室在 C 语言的基础上开发出来的,它使用类作为一种新的自定义数据类型,由于 C++ 语言既有数据抽象和面向对象能力,运行性能高,又能与 C 语言相兼容。目前,C++ 语言已成为面向对象程序设计的主流语言。

(3) Java。Java 语言是 20 世纪 90 年代由 SUN 公司在 C 和 C++ 的基础上开发的。Java 是一种简单的、面向对象的、分布式的、解释型的、健壮安全的、结构中立的、可移植的、性能优异的、多线程的静态语言。

Java 语言的优良特性使得 Java 应用具有无比的健壮性和可靠性,这也减少了应用系统的维护费用。Java 对对象技术的全面支持和 Java 平台内嵌的 API 能缩短应用系统的开发时间并降低成本。Java 的编译一次、到处可运行的特性使得它能够提供一个随处可用的开放结构和在多平台之间传递信息的低成本方式。特别是 Java 企业应用编程接口(Java Enterprise APIs)为企业计算及电子商务应用系统提供了有关技术和丰富的类库。因此,Java 语言迅速受到各种应用领域的重视,特别是在 Web 上的应用。

(4) C♯。C♯语言是 2000 年由微软公司开发的。从语言的角度出发,C♯与 C++ 就像是亲兄弟,但是用 C♯语言设计程序时,必须在微软公司开发的.net 框架上。在 C♯中,只允许单继承,没有全局变量,也没有全局函数。在 C♯中,所有过程和操作都必须封装在一个类中,C♯适合开发基于 Web 的应用程序。

(5) Python。Python 是一种面向对象、解释型计算机程序设计语言,由 Guido van Rossum 于 1989 年底发明,第一个公开发行版发行于 1991 年。Python 语法简洁而清晰,具有丰富和强大的类库。它能够把用其他语言制作的各种模块(尤其是 C/C++)很轻松地联结在一起。常见的一种应用情形是:使用 Python 快速生成程序的原型(有时甚至是程序的最终界面),然后对其中有特别要求的部分用更合适的语言改写。例如,3D 游戏中的图形渲染模块,性能要求特别高,就可以用 C/C++ 重写,而后封装为 Python 可以调用的扩展类库。

5. 专用语言

近十几年来,随着 Internet 的发展,出现了一些更适合网络环境下的程序设计语言,这些语言或者属于上述某一种类型的语言,或者属于上述多种类型混合的语言,适合特殊的任务,称为专用语言,如 HTML、Perl、PHP 和 SQL 等。

(1) HTML。HTML(Hyper Text Markup Language)是一种超文本标记语言,是由

格式标记和超链接组成的伪语言。HTML 文件由文件头文本和标记组成,一个 HTML 文件代表一个网页,存储在服务器端,可以通过浏览器访问或下载。浏览器会删除 HTML 文件中的标记,并将它们解释成格式指令或是链接到其他文件。

(2) Perl。Perl(Practical extraction and report language)是一种解释性语言,是 UNIX 系统中一个非常有用的工具。它有很强的字符串处理能力,能使程序方便地从字符串中提取所需的信息,轻松地面对复杂的字符串处理。

(3) PHP。PHP(Hypertext Preprocessor)是一种类似于 C 的语言,来源于 C、Perl 和 Java,但不具备 Java 中的面向对象特征。PHP 程序是在服务器上运行,它的运行结果是向客户端输出一个 HTML 文件。PHP 语言的价值在于它是一个应用程序服务器。

(4) SQL。SQL(Structured Query Language)是美国国家标准协会(ANSI)和国际标准化组织(ISO)用于关系数据库的结构化语言。SQL 是一种描述性语言,而不是过程化语言,程序员在程序中可直接用 SQL 描述对数据的操作,不需要编写对数据库操作的算法。

8.3　程序设计方法

随着计算机的快速发展,程序设计方法也随之不断进步。20 世纪 70 年代以前,程序设计方法主要采用流程图,结构化设计(Structure Programming,SP)也趋于成熟,整个 20 世纪 80 年代,SP 是主要的程序设计方法。随着信息系统的加速发展,应用程序日趋复杂化和大型化。20 世纪 80 年代后,面向对象的程序设计(Object Orient Programming,OOP)技术日趋成熟,并逐渐为计算机界所理解和接受。面向对象的程序设计方法和技术是目前软件研究和应用开发中最活跃的一个领域。

8.3.1　结构化程序设计

结构化程序设计的概念是在 20 世纪 60 年代末提出来的,其实质是控制编程中的复杂性,强调程序设计风格和程序结构的规范化,提倡清晰的结构。结构化程序设计曾被称为软件发展中的继子程序和高级语言后的第三个里程碑。

1. 结构化程序设计的思想

结构化程序设计方法的主要观点:采用自顶向下、逐步求精的程序设计方法;使用顺序、选择、循环 3 种基本控制结构构造程序;以模块化设计为中心,将待开发的软件系统划分为若干个相互独立的模块,使得完成每个模块的工作变得单纯而明确,为设计一些较大的软件打下良好的基础。

【例 8-1】　读入一组整数,要求统计其中的正整数和负整数的个数。

该任务的顶层模块可设计为 3 个:

M_1:读入数据。

M_2：统计正、负数个数。

M_3：输出结果。

其中，M_2可继续细化为以下模块。

M_{2-1}：正整数个数为 0；负整数个数为 0。

M_{2-2}：取第一个数。

M_{2-3}：重复执行以下步骤，直到数据统计完。

　M_{2-3-1}：若该数大于 0，则正整数个数加 1。

　M_{2-3-2}：若该数小于 0，则负整数个数加 1。

　M_{2-3-3}：取下一个数。

结构化程序设计又称为面向过程的程序设计。在面向过程程序设计中，问题被看作一系列需要完成的任务，函数(在此泛指例程、函数、过程)用于完成这些任务，解决问题的焦点集中于函数。其中，函数是面向过程的，即它关注如何根据规定的条件完成指定的任务。

2. 基本控制结构

结构化程序设计使用顺序、选择、循环 3 种基本控制结构构造程序。

(1) 顺序结构。顺序结构的程序设计是最简单的，只要按照解决问题的顺序写出相应的语句就行，它的执行顺序是自上而下，依次执行，如图 8-6 所示。

(2) 选择结构。选择结构用于判断给定的条件，根据判断的结果控制程序的流程。使用选择结构语句时，通常要用条件表达式描述条件。选择结构既可以实现单一条件的选择，若满足条件，则输出，若不满足，则不输出；也可以实现多种条件的选择，如根据百分制分数实现按等级输出 ABCDE，如图 8-7 所示。

图 8-6　顺序结构

图 8-7　选择结构

(3) 循环结构。循环结构为程序描述重复计算过程提供了控制手段。循环结构可以看成是一个条件判断语句和一个转向语句的组合。循环结构的 3 个要素为循环变量、循环体和循环终止条件，如图 8-8 所示。

图 8-8 循环结构

8.3.2 面向对象程序设计

结构化程序设计方法曾一度成为程序设计的主流方法,但到 20 世纪 80 年代末,这种方法开始逐渐暴露出缺陷。首先,结构化程序设计方法难以适应大型软件的设计。在大型多文件软件系统中,随着数据量的增大,由于数据与数据处理相对独立,程序变得越来越难以理解,文件之间的数据沟通也变得困难,还容易产生意想不到的"副作用"。其次,程序可重用性差。结构化程序设计方法不具备建立"软件部件"的工具,即使是面对老问题,数据类型的变化或处理方法的改变都必将导致重新设计。这种额外开销与可重用性相左,称为"重复投入"。这些由结构化程序设计的特点导致的缺陷,其本身无法克服。而越来越多的大型程序设计又要求必须克服它们,最终导致"面向对象"设计方法的产生。

1. 面向对象基本原理

面向对象方法学是面向对象程序开发技术的理论基础。基于该理论基础,人类不但创造出与人类思维方式和手段相对应的面向对象程序设计语言,而且使得程序开发过程与人类的认知过程同步,通过对人类认识客观世界及事物发展过程的抽象,建立了规范化的分析设计方法,由此带来软件模块化特色突出、可读性好、易维护性强等一系列优点。

根据人类对客观世界的认知规律、思维方式和方法,面向对象方法学对复杂的客观世界进行如下抽象和认识。

(1) 客观世界(事物)由许多各种各样的实体组成,这些实体称为对象。

(2) 每个对象都具有各自的内部状态和运动规律,在外界其他对象或环境的影响下,对象本身根据发生的具体事件做出不同的反应。

(3) 按照对象的属性和运动规律的相似件,可以将相近的对象划分为一类。

(4) 复杂的对象由相对简单的对象通过一定的方式组成。

(5) 不同对象的组合及其间的相互作用和联系构成了各种不同的系统,构成了人们面对的客观世界。

上述第(1)项说明构成客观事物的基本单元是对象;第(2)项说明对象是一个具有封

装性和信息隐藏的模块;第(3)项说明可以通过相似性原理将对象分类,从那些相似对象的属性和行为中抽象出共同部分加以描述;第(4)项说明客观事物的可分解性及可组合性,而第(5)项说明由对象组合成系统的原则。

将上述 5 个基本观点形式化就可以得到面向对象语言的主要语法框架。如果根据上述基本观点,结合人类认知规律制定出进行分析和设计的策略、步骤,就产生了面向对象的分析与设计方法。

2. 面向对象程序设计

结构化程序设计方法把数据和程序分开,每个子程序要用到的数据都需要到数据区域获取。一旦数据区域的数据结构发生细微的变化,都将修改每个子程序,甚至导致整个软件失败。面向对象程序设计方法以数据为中心,把数据和对数据的操作作为一个整体(对象)描述,把要处理一个功能的数据和程序结合为一个整体。如果其中一部分数据结构发生变化,只单独修改或重写这部分有关的对象即可。面向对象程序设计方法将对象作为程序的基本单元,将数据及操作封装其中,程序中包含各种独立而又互相调用的对象,可以像搭积木一样组成需要的软件项目,以提高软件的重用性、灵活性和扩展性。

面向对象程序设计(Object Oriented Programming,OOP)方法的本质是以建立模型体现出来的抽象思维过程和面向对象的方法。所谓面向对象就是基于对象概念,以对象为中心,以类和继承为构造机制,认识、理解、刻画客观世界和设计、构建相应的软件系统。面向对象的基本概念有对象、类、消息、封装、继承和多态等。

(1) 对象。对象是要研究的任何事物,它不仅能表示有形的实体,也能表示无形的(抽象的)规则、计划或事件。对象由数据(描述事物的属性)和作用于数据的操作(体现事物的行为)构成一独立整体。从程序设计者来看,对象是一个程序模块,从用户来看,对象为他们提供所希望的行为。作用于数据的操作通常称为方法。

(2) 类。类是对象的模板,即类是对一组有相同属性和相同操作的对象的定义,一个类所包含的方法和数据描述一组对象的共同属性和行为。类是在对象之上的抽象,对象则是类的具体化,是类的实例。

(3) 消息。消息是对象之间进行通信的一种规格说明,一般由 3 部分组成:接收消息的对象、消息名及实际变元。

(4) 封装。封装是一种信息隐蔽技术。封装使数据和加工该数据的方法封装为一个整体,以实现独立性很强的模块,使得用户只能见到对象的外特性(对象能接受哪些消息,具有哪些处理能力),而对象的内特性(保存内部状态的私有数据和实现加工能力的算法)对用户是隐蔽的。封装的目的在于把对象的设计者和对象的使用者分开,使用者不必知晓行为实现的细节,只用设计者提供的消息访问该对象。

(5) 继承。继承是子类自动共享父类数据和方法的机制,它由类的派生功能体现。一个类直接继承其他类的全部描述,同时可修改和扩充。类的对象是各自封闭的,如果没有继承性机制,则类中的数据、方法就会出现大量重复。继承不仅支持系统的可重用性,而且还促进系统的可扩充性。

(6) 多态。对象根据所接收的消息做出动作,同一消息为不同的对象接收时可产生完全不同的行动,这种现象称为多态性。利用多态性,用户可发送一个通用的信息,而将所有的实现细节都留给接收消息的对象自行决定,使得同一消息可调用不同的方法。

综上可知,在面向对象方法中,对象和传递消息分别表现事物及事物间相互联系的概念。类和继承是适应人们一般思维方式的描述范式。方法是允许作用于该类对象上的各种操作。这种对象、类、消息和方法的程序设计范式的基本点在于对象的封装性和类的继承性。通过封装能将对象的定义和对象的实现分开,通过继承能体现类与类之间的关系,以及由此带来的动态联编和实体的多态性,从而构成了面向对象的基本特征。

面向对象程序开发过程一般分为面向对象分析、面向对象设计和面向对象程序设计3 个阶段。通常人们谈论的面向对象程序设计往往是包含这 3 个过程的广义的程序设计。对于大型程序,前两步尤为重要,应该由专门人员使用规范的面向对象分析与设计工具进行,其输出一般是以各种图表示的静念模型和动态模型,由于它们与程序设计语言(尤其是面向对象程序设计语言)的语法之间有较好的对应关系,因此程序很容易将这些模型转换为面向对象程序。

8.4　思考与讨论

8.4.1　问题思考

1. 什么是程序？程序的作用是什么？
2. 什么是程序设计？程序设计的基本步骤有哪些？
3. 程序设计语言的发展遵从什么原则？
4. 高级程序设计语言包括哪几种类型？
5. 结构化程序设计的控制结构有哪几种？
6. 面向对象程序设计方法的基本特征有哪些？

8.4.2　课外讨论

1. 为什么编写程序必须按照规范化的方法进行？
2. 说明机器语言、汇编语言和高级语言的不同特点和使用场合。
3. 简要谈谈你所了解的一门程序设计语言和使用体会。
4. 简述程序设计语言的发展趋势。
5. 结构化程序设计与面向对象程序设计有什么不同？
6. 谈谈你对著名公式"程序＝数据结构＋算法"的理解。

课后自测-8

第9章

数据组织与管理

从 20 世纪 50 年代中期开始,计算机应用从科学研究部门扩展到企业管理及政府行政部门,计算机面对的是数量惊人的各种类型数据。为了有效地管理和利用这些数据,就产生了计算机的数据组织与管理技术。随着数据管理规模的扩大,管理技术从人工管理、文件系统管理进入数据库系统管理阶段。数据库系统已成为各种计算机信息系统不可或缺的基础和核心。

9.1 数据管理基础

数据管理即运用计算机对大量数据进行组织、管理及利用,是现代信息科学与技术的重要组成部分。数据管理技术研究如何组织和存储数据,如何高效地获取和处理数据。数据管理技术不仅应用于事务处理,并且进一步应用到情报检索、人工智能、专家系统、计算机辅助设计等领域。

9.1.1 数据管理技术的发展

数据管理技术通过研究数据的组织结构、存储、设计、管理以及应用的基本理论和实现方法,实现对数据的处理、分析和理解。现代数据管理技术的研究解决了计算机信息处理过程中大量数据有效地组织、存储、处理、共享等问题。

1. 数据组织与管理的发展

几十年来,数据管理随着计算机硬件和软件技术的发展不断发展,而数据库技术是数据管理发展到一定阶段的产物。到目前为止,数据管理技术的发展经历了 3 个阶段,即手工数据处理阶段、文件方式的数据处理阶段和数据库方式的数据处理阶段,如图 9-1 所示。

图 9-1　数据管理技术的发展阶段

在手工数据处理阶段,数据的组织和管理由程序员手工完成,数据完全依赖于程序,数据无共享,冗余度大,因此数据的管理效率很低。文件方式的数据处理阶段,数据独立于程序,将数据组织成文件形式存储在磁盘上,使数据具有一定的共享性,由于文件系统具有数据的增加、删除、修改等操作,使数据管理变得轻松。但文件方式的数据处理阶段仍存在一些问题,如数据面向具体的应用、由应用程序管理数据、数据冗余度大等。

到 20 世纪 60 年代后期,计算机被越来越多地应用于管理领域,而且规模也越来越大,因此数据量急剧增长。同时,人们对数据共享的要求也越来越强烈。在这种情况下,数据库管理技术应运而生,数据管理进入数据库方式的数据处理阶段。

数据库系统管理与传统的数据管理相比有许多明显的差别。采用某种数据模型表示数据结构,数据不再面向某个应用,而是面向整个应用系统,实现了数据共享,数据冗余明显减少。数据库对数据的存储是按照同一结构进行的,不同程序都可以直接操作这些数据(即对应用程序的调度独立性)。数据库系统对数据的完整性、唯一性和安全性提供一套有效的管理手段(即数据的充分共享性)。数据库系统还提供管理和控制数据的各种简单操作命令,以方便用户操作(即操作方便性)。

2. 数据库技术的发展

首先使用"DataBase"一词的是美国系统发展公司在为美国海军基地在 20 世纪 60 年代研制数据中引用。从 20 世纪 60 年代中期产生到现在,经历了 3 代演变,发展成为以数据建模和数据库管理系统核心技术为主、内容丰富的一门学科,带动了一个巨大的软件产业——DBMS 产品及其相关工具和解决方案。数据库技术取得了巨大的成功,从第一代层次与网络数据库系统和第二代关系数据库系统,发展到第三代以面向对象数据模型为主要特征的新一代数据库系统。

(1) 第一代数据库系统。此阶段是 20 世纪 70 年代研制的层次与网状数据库系统阶段。1961 年,查尔斯·巴赫曼(Charles Bachman)设计开发的 IDS(Integrated Data Store)系统开始投入运行,它是世界上第一个网状 DBMS,也是第一个数据库管理系统;1968 年,TOTAL 等网状数据库系统开始出现;1969 年,IBM 公司开发的层次式数据库系统的 IMS(Information Management System)发表,它可以为多个 COBOL 程序共享数据。

20 世纪 60 年代末到 20 世纪 70 年代初,美国数据系统语言协商会(Conference On

Data System Language,CODASYL)的数据库任务组(Data Base Task Group,DBTG)提出了 DBTG 报告。DBTG 报告使数据库系统开始走向规范化和标准化。DBTG 基于网状结构,是数据库网状模型的基础和代表。

(2) 第二代数据库系统。此阶段是关系数据库系统阶段。1970 年,IBM 公司研究员埃德加·弗兰克·科德(Edgar Frank Codd)发表了题为《大型共享数据库数据的关系模型》的论文,提出了数据库的关系模型,开创了关系方法和关系数据研究,为关系数据库的发展奠定了理论基础,他为此获得了 1981 年的图灵奖。

20 世纪 70 年代是关系数据库理论研究和原型系统开发的时代。关系数据库系统的研究取得了一系列成果。1981 年,IBM 公司 San Jose 实验室宣布具有 System R 全部特性的数据库产品 SQL/DS 问世。与此同时,加州大学伯克利分校研制成功关系数据库实验系统 INGRES,接着又实现了 INGRES 商务系统,使关系方法从实验室走向社会。

20 世纪 80 年代以来,几乎所有新开发的数据库系统都是关系型的。微型计算机平台的关系数据库管理系统也越来越多,功能越来越强,其应用已经遍及各个领域。

(3) 第三代数据库系统。随着信息技术的发展,人们对数据信息的实时需求越来越强烈,数据库技术及其应用面临诸多变化。首先是应用环境的变化,数据库系统的应用环境由单一的环境变为多变的、异构的集成环境和 Internet 环境;其次是数据类型的变化,数据库中的数据由结构化扩大至半结构化、非结构化,甚至是多媒体数据;第三是数据来源的变化,大量数据来源于实时和动态的传感器或监测设备,数据量变大;还有就是数据处理要求的变化,新的应用需要支持协同设计、工作流管理和决策支持。这些变化推动了数据库技术的发展。以关系数据库为代表的传统数据库已经很难胜任新领域的需求,因为新的应用要求数据库能处理复杂性较高的数据,如处理与时间有关的属性,甚至还要求数据库有动态性和主动性。为了满足现代应用的需求,必须将数据库技术与其他现代数据处理技术(如面向对象技术、时序和实时处理技术、人工智能技术、多媒体技术等)完善地集成,以形成"新一代数据库技术",也可称为"现代数据库技术",如时态数据库技术、实时数据库技术和多媒体数据库技术等。

第三代数据库系统中最主要的数据库类型是面向对象数据库系统(Object Oriented Database System,OODBS),它是数据库技术与面向对象程序设计方法相结合的产物,它既是一个数据库管理系统,又是一个面向对象系统。因而其既具有数据库管理系统特性,如持久性、辅助管理、数据共享(并发性)、数据可靠性(事务管理和恢复)、查询处理和模式修改等,又具有面向对象的特征,如类型/类、封装性/数据抽象、继承性、对象标识、复合对象和可扩充等特性。

9.1.2 数据模型

数据模型(data model)是对现实世界数据特征的抽象。也就是说,数据模型是用来描述数据、组织数据和对数据进行操作的。由于计算机不能直接处理现实世界中的具体事物,所以必须把具体事物转换成计算机能够处理的数据,也就是把现实世界中具体的人、物、活动、概念用数据模型来抽象、表示和处理。数据模型应能满足 3 个方面的要求:一是能比较真实地模拟现实世界;二是容易被人理解;三是便于在计算机上实现。

　　为了把现实世界中的具体事物抽象、组织为某一数据库管理系统支持的数据模型，人们常常首先将现实世界抽象为信息世界，然后将信息世界转换为机器世界。数据库建模的步骤为：概念模型→逻辑模型→物理模型。概念模型也称信息模型，它是按用户的观点对数据建模。逻辑模型是按计算机系统的观点对数据建模，是具体的数据库管理系统(Data Base Management System，DBMS)所支持的数据模型。物理模型描述数据在计算机内部的表示方式和存取方法，它不仅与具体的 DBMS 有关，而且还与操作系统和硬件有关，具体实现是数据库管理系统的任务，设计者只设计索引、聚簇等特殊结构。

1. 数据模型的要素

　　数据模型通常由数据结构、数据操作和数据约束 3 个要素组成。

　　(1) 数据结构。数据结构用于描述系统的静态特征，包括数据的类型、内容、性质及数据之间的联系等。它是数据模型的基础，也是刻画一个数据模型性质最重要的方面。在数据库系统中，人们通常按照其数据结构的类型命名数据模型。例如，层次模型和关系模型的数据结构就分别是层次结构和关系结构。

　　(2) 数据操作。数据操作用于描述系统的动态特征，包括数据的插入、修改、删除和查询等。数据模型必须定义这些操作的确切含义、操作符号、操作规则及实现操作的语言。

　　(3) 数据约束。数据的约束条件实际上是一组完整性规则的集合。完整性规则是指给定数据模型中的数据及其联系所具有的制约和存储规则，用以限定符合数据模型的数据库及其状态的变化，以保证数据的正确性、有效性和相容性。例如，限制一个表中的学号不能重复，或者年龄的取值不能为负，都属于完整性规则。

2. 概念模型

　　概念模型是从现实世界到信息世界的第一层抽象，是面向用户、面向现实世界的数据模型，主要用来描述世界的概念化结构，与具体的 DBMS 无关。采用概念模型，数据库设计人员可以在设计的初始阶段把主要精力用于了解和描述现实世界，而把具体的一些技术性问题推迟到以后阶段去考虑。

　　概念模型是数据库设计的有力工具，也是用户与数据库设计人员之间进行交流的语言，因此，概念模型一方面应该具有较强的语义表达能力，能够方便、直接地表达应用中的各种语义知识，另一方面，它还应该简单清晰，易于被用户理解。

　　概念模型的表示方法有很多，其中最常用的是陈品山博士(Peter Pin-Shan Chen)于1976 年提出的实体-联系方法(Entity-Relationship Approach，E-R 方法)。该方法用 E-R 图描述现实世界的概念模型。E-R 图提供了表示实体(客观存在并可相互区别的事物)、属性(描述实体或联系的特性)和联系的方法。图 9-2 描述了学生、课程和教师之间的E-R 关系。

3. 逻辑模型

　　概念模型必须转换成逻辑模型，才能在 DBMS 中实现。非关系模型的数据库系统在

图 9-2　学生、课程和教师之间的 E-R 关系

20 世纪 70 年代至 20 世纪 80 年代初非常流行,但目前已逐渐被关系模型的数据库系统取代。数据库领域中最常用的逻辑数据模型有层次模型、网状模型、关系模型和面向对象模型。

(1) 层次模型。层次数据库系统采用层次模型作为数据的组织方式。层次数据库系统的典型代表是 IBM 公司的 IMS(数据库管理系统),这是 1968 年 IBM 公司推出的第一个大型的商用数据库管理系统,曾得到广泛应用。

层次模型用树形结构表示各类实体以及实体之间的联系。现实世界中,很多客观存在的实体之间本来就呈现出一种层次关系,如行政机构、家族关系等。

在层次模型中,每个结点表示一个记录类型(实体)。层次结构的顶级结点被称作根结点。父结点和子结点之间的联系必须是一对一或一对多的联系。每个记录类型可以包含若干个字段,字段描述实体的属性。图 9-3 是一个教学层次模型,包括 5 个记录类型,分别是系、教研室、班级、教员和学生。记录类型系包括 3 个字段,分别表示系编号、系名和办公地点。

图 9-3　教学层次模型

层次模型中记录之间的联系用有向边表示,在 DBMS 中常常用指针实现。这种联系也就是记录之间的存取路径。因此,当数据之间关系简单并且数据访问可以预测时,层次数据库是很高效的。对于有复杂关系,或者记录之间的联系是多对多的,只能通过冗余结点解决,且插入和删除操作限制较多。

(2) 网状模型。网状模型可以表示现实世界中实体之间多对多的联系。网状数据库系统采用网状模型作为数据的组织方式。网状数据库系统的典型代表是 DBTG 系统(也称 CODASYL 系统)。

网状模型结点之间的联系不受层次的限制,允许两个结点之间有多种联系,可以更直接地描述复杂的现实世界。与层次模型一样,网状模型中的每个结点表示一个记录类型,每个记录类型可包含若干个字段。网状模型在具体实现上只支持一对多的联系,对于记录间的多对多联系,可以将其转换为一对多联系。网状模型的结构比较复杂,不利于用户掌握。

(3) 关系模型。关系模型是最重要的一种数据模型,是建立在严格的数学基础上的。关系模型中无论是实体,还是实体间的联系,均由单一的结构类型——关系表示。实际关系数据库中的关系也称表,一个关系数据库就是由若干个表组成的。表 9-1 所示的学生基本信息就是一个关系模型。

表 9-1　学生基本信息

学　号	姓　名	性别	专　业	年　级
0611101	张明	男	软件工程	2011
0612212	王梦月	女	软件工程	2012
0512204	李丽	女	计算机科学与技术	2012
0713219	关憧	男	网络工程	2013

表中的一行称为一个元组,表中的一列称为一个属性,元组中的一个属性值称为分量。学生基本信息的关系模型中包括 5 个属性,分别是学号、姓名、性别、专业和年级。"张明"是第一个元组在姓名列上的分量。通常,对关系的描述可表示为:关系名(属性1,属性 2,…,属性 n)。表 9-1 的关系模型可表示为:学生基本信息(学号,姓名,性别,专业,年级)。

关系模型要求关系必须是规范化的,即要求关系的每个分量必须都是一个不可再分的数据项。

(4) 面向对象模型。面向对象数据模型是面向对象程序设计方法与数据库技术相结合的产物。在面向对象数据模型中,基本结构是对象,而不是记录,一切事物、概念都可以看作对象。一个对象不仅包括描述它的数据,而且还包括对其进行操作的方法的定义。从 20 世纪 80 年代开始,面向对象数据库开始受到广泛关注。

9.2　数据库系统

数据库系统是为适应数据处理的需要而发展起来的,它的出现使得普通用户能够方便地将日常数据存入计算机并在需要的时候快速访问它们,从而使计算机的应用走出科研机构,进入各行各业。

9.2.1 数据库系统基础

数据库系统(Data Base System,DBS)是一个采用了数据库技术,有组织地、动态地存储大量相关数据,方便用户访问的计算机系统。

1. 数据库系统的构成

数据库系统的主要组成部分有计算机系统、数据库、数据库管理系统及数据库系统相关人员等。

(1) 计算机系统。计算机系统指用于数据库管理的计算机硬件系统与软件系统。其中,软件系统主要包括支持数据库管理系统运行的操作系统,具有与数据库接口的高级语言及其编译系统,以及其他一些数据库应用开发工具软件。

(2) 数据库。数据库是长期存储在计算机内、有组织的、可共享的、统一管理的数据集合。数据库中的数据按一定的数学模型组织、描述和存储,具有较小的冗余、较高的数据独立性和易扩展性,并可为各种用户共享。

(3) 数据库管理系统。数据库管理系统是对数据进行管理的软件,通常包括数据定义语言及其编译程序、数据操纵语言及其编译程序和数据管理例行程序,是数据库系统的核心。

(4) 数据库系统相关人员。数据库系统的相关人员主要有4类。第一类为系统分析员和数据库设计人员。系统分析员负责应用系统的需求分析和规范说明,他们和用户及数据库管理员一起确定系统的硬件配置,并参与数据库系统的概要设计。数据库设计人员负责数据库中数据的确定、数据库各级模式的设计。第二类为应用程序员,负责编写使用数据库的应用程序。这些应用程序可对数据进行检索、建立、删除或修改。第三类为最终用户,他们利用系统的接口或查询语言访问数据库。第四类是数据库管理员(Data Base Administrator,DBA),其职责包括:确定数据库中的信息内容和结构,决定数据库的存储结构和存取策略,定义数据库的安全性要求和完整性约束,监控数据库的使用和运行,负责数据库的性能改进、数据库的重组和重构等。

2. 数据库系统的特点

用数据库系统管理数据具有如下特点。

(1) 数据结构化。在描述数据时不仅要描述数据本身,还要描述数据之间的联系。数据结构化是数据库的主要特征之一,也是数据库系统与文件系统的本质区别。在同一数据库中,各个数据文件存在联系,且在整体上服从一定的结构形式。

(2) 数据共享性高、冗余度低、易扩充。共享性即数据库系统从整体角度看待和描述数据,数据不再面向某个应用,而是面向整个系统,因此数据可以被多个用户、多个应用共享使用。数据共享可以减少数据冗余,节约存储空间。

数据共享还能避免数据之间的不相容性和不一致性。例如,某人曾在两个部门工作,1986—1990年在甲部门,1990—1996年在乙部门,在写档案材料时,甲部门写成了

1986—1990 年,由于信息不共享,加之工作疏忽,乙部门写成了 1989—1996 年,即造成了不相容,两部门间重复了 1 年。又如,某职工为"李萍",由于信息不共享,员工记录输入的姓名为"李萍",但工资记录输入的姓名为"李平",即造成了不一致。

由于数据面向整个系统,不仅可以被多个应用共享使用,而且容易增加新的应用,因此系统弹性大、容易扩充。

(3) 数据独立性高。由于应用程序不是直接从数据库中取数,而是通过数据库管理系统间接取数,故保持了应用与数据的物理独立性和逻辑独立性。所谓物理独立性,是指当数据的存储结构(或物理结构)改变时,通过数据库管理系统的相应改变可以保持数据的逻辑结构不变,从而应用程序也不必改变。逻辑独立性是指当数据的总体逻辑结构改变时,通过数据库管理系统的相应改变可以保持数据的局部逻辑结构不变,应用程序是依据数据的局部逻辑结构编写的,所以应用程序也不必改变。

(4) 数据由数据库管理系统统一管理和控制。由于数据库的共享是并发的共享,即多个用户可以同时存取数据库中的数据,甚至可以同时存取数据库中的同一数据。为此,数据库管理系统必须提供数据控制功能,包括对数据的安全性保护、完整性检查、并发控制和数据库恢复等。数据的安全性保护指保护数据,防止不合法使用数据造成数据的泄密和破坏,使每个用户只能按规定对某些数据以某些方式进行访问和处理。数据的完整性检查指数据的正确性、有效性和相容性,即将数据控制在有效的范围内,或要求数据之间满足一定的关系。并发控制指控制多个用户同时存取、修改数据库中的数据,以保证数据库的完整性。例如,多个用户可以同时读,但同一时间只能允许一个用户写数据。数据库恢复是指将数据库从错误状态恢复到某一已知的正确状态的功能。计算机系统的硬件故障、软件故障、操作员的失误,以及故意的破坏均会影响数据库中数据的正确性,甚至造成数据库部分或全部数据丢失。

9.2.2　数据库系统的结构

数据库系统是数据密集型应用的核心,其体系结构受数据库运行所在的计算机系统的影响很大,尤其是受计算机体系结构中的联网、并行和分布的影响。从不同的角度或不同的层次看,数据库系统体系结构不同。

1. 数据库系统的体系结构

从最终用户角度看,数据库系统分为集中式数据库系统、客户机/服务器(Client/Server,C/S)体系结构、并行数据库系统和分布式数据库系统。

(1) 集中式数据库系统。分时系统环境下的集中式数据库系统结构诞生于 20 世纪 60 年代中期。在这种系统中,不仅数据是集中的,数据的管理也是集中的。数据库系统的所有功能都集中在数据库管理系统所在的计算机上,大多数关系数据库管理系统的产品是从这种系统结构开始发展的。

(2) 客户机/服务器体系结构。随着网络技术的发展,很多现代软件都采用客户机/服务器体系结构。在此结构中,一个处理机(客户机)的请求被送到另一个处理机(服务器)上执行。其主要特点是客户机与服务器之间的职责明确,客户机主要负责数据的表示服务,服务器主要负责数据库服务。

采用客户机/服务器体系结构后,数据库系统功能分为前端和后端。前端主要包括图形用户界面、表格生成和报表处理等工具;后端负责存取结构、查询计算和优化、并发控制以及故障恢复等。

(3) 并行数据库系统。并行数据库系统是新一代高性能的数据库系统,其目标是高性能和高可用性,通过多个处理结点并行执行数据库任务,提高整个数据库系统的性能和可用性。

并行数据库系统的高性能可以从两个方面理解:一个是速度提升;另一个是范围提升。速度提升是指通过并行处理,可以使用更少的时间完成同样多的数据库事务。范围提升是指通过并行处理,在相同的处理时间内可以完成更多的数据库事务。可用性指标关注的是并行数据库系统的健壮性,也就是当并行处理结点中的一个结点或多个结点部分失效或完全失效时,整个系统对外持续响应的能力。为了实现和保证高性能和高可用性,可扩充性也成为并行数据库系统的一个重要指标。可扩充性是指并行数据库系统通过增加处理结点或者硬件资源(如处理器、内存等),使其可以平滑地或线性地扩展其整体处理能力的特性。

(4) 分布式数据库系统。分布式数据库是指利用高速计算机网络将物理上分散的多个数据存储单元连接起来组成一个逻辑上统一的数据库。分布式数据库的基本思想是将原来集中式数据库中的数据分散存储到多个通过网络连接的数据存储结点上,以获取更大的存储容量和更大的并发访问量。近年来,随着数据量的高速增长,分布式数据库技术也得到了快速发展,传统的关系型数据库开始从集中式模型向分布式架构发展,基于关系型的分布式数据库在保留了传统数据库的数据模型和基本特征下,从集中式存储走向分布式存储,从集中式计算走向分布式计算。

2. 数据库系统的模式结构

从数据库管理系统的角度看,数据库系统体系结构一般采用"三级模式和两层映像"结构,即外模式、模式和内模式结构及外模式/模式映像和模式/内模式映像,如图9-4所示。外模式和模式之间的映射以及模式与内模式之间的映射由数据库管理系统实现。内模式与数据库物理存储之间的转换则由操作系统完成。

(1) 三级模式。三级模式结构是数据库系统内部的系统结构。三级模式包括模式、外模式和内模式。

模式(schema)也称逻辑模式或概念模式。它是数据库中全体数据的逻辑结构和特征的描述,是所有用户的公共数据视图。模式是以某一种数据模型为基础,综合考虑所有用户的需求,并将这些需求有机地集成为一个逻辑整体。一个数据库只有一个模式,它是数据库系统三级模式结构的中间层,既不涉及数据的物理存储细节和硬件环境,也与具体的应用程序及程序设计语言无关。

外模式(external schema)也称子模式或用户模式,它是数据库用户能够看见和使用的局部数据的逻辑结构和特征的描述,是数据库用户的数据视图,是与某一应用有关的数据的逻辑表示。外模式通常是模式的子集。一个数据库可以有多个外模式,但一个应

图 9-4　数据库系统的三级模式体系结构

用程序只能使用一个外模式。外模式是保证数据库安全性的一个有力措施,每个用户只能看见和访问所对应的外模式中的数据,数据库中的其余数据是不可见的。

内模式(internal schema)也称存储模式。它是数据库中数据物理结构和存储方式的描述。内模式中描述了数据的存取路径、物理组织及性能优化、响应时间、存储空间需求、数据是否加密或是否压缩存储等。

(2)两层映像。数据库系统采用三级模式对数据进行 3 个级别的抽象,使用户可以不必关心数据在机器中的具体表示方式和存储方式。为了实现三级模式的联系和转换,数据库系统在三级模式之间提供两层映像:外模式/模式映像和模式/内模式映像。正是这两层映像保证了数据库系统中的数据能够具有较高的逻辑独立性和物理独立性。

当模式改变时,通过调整外模式/模式的映像,可以保证外模式不发生改变,而应用程序是依据数据的外模式编写的,从而应用程序不必做修改,保证了数据与程序的逻辑独立性。

当数据库的内模式发生改变,即存储结构发生改变时,只要对模式/内模式映像作相应改变,就可以保持模式不发生改变,从而应用程序也不改变,保证了数据与程序的物理独立性。

数据与程序之间的独立性,使数据的定义和描述可以从应用程序中分离出去。数据库中数据的存取由数据库管理系统负责,因此简化了应用程序的编写,减少了应用程序的维护和修改。

9.2.3　网络数据库

数据和资源共享这两种技术结合在一起成为目前广泛应用的网络数据库(也称 Web 数据库),它以后台数据库为基础,加上一定的前台程序,通过浏览器完成数据存储、查询等操作。

1. 工作原理

网络数据库应用非常普遍,从最初的网站留言簿、自由论坛等,到今天的远程教育和复杂的电子商务,几乎都是采用网络数据库方式实现的。

网络数据库由数据库服务器(database server)、中间件(middle ware)、Web 服务器(web server)以及浏览器(browser) 4 部分组成。其工作过程可简单描述为:用户通过浏览器端的操作界面以交互的方式经由 Web 服务器访问数据库。用户向数据库提交的信息以及数据库返回给用户的信息都是以网页的形式显示。

2. 层次体系

随着 Internet 技术的发展,越来越多的数据库应用软件运行在 Internet 环境下,出现了浏览器/服务器(B/S)结构与多层结构。构造一个应用系统时,首先考虑的是系统的体系结构,采用哪种结构取决于系统的网络环境、应用需求等因素。

(1) 客户机/服务器结构。客户机/服务器结构是非常流行的数据库系统结构,主要有二层 C/S 结构和三层 C/S 结构。

二层 C/S 结构中,客户机提出请求,服务器对客户机的服务请求做出回答。它将应用分在了客户机、服务器两级,称其为两层客户机/服务器结构。二层 C/S 结构的基本工作方式是客户程序向数据库服务器发送 SQL 请求,服务器返回数据或结果。

由于两层结构的客户机/服务器系统本身固有的缺陷,使得它不能应用于一些大型、结构较复杂的系统中,故出现了三层结构的客户机/服务器系统,即将两层结构中服务器部分和客户端部分的应用单独划分出来,采用"客户机-应用服务器-数据库服务器"结构。典型的数据库应用可分为 3 部分,即表示部分、应用逻辑(商业逻辑)部分和数据访问部分,三层结构分别对应这 3 部分。

其中,应用服务器和数据库服务器可位于同一主机,也可位于不同主机。客户机是应用的用户接口部分,负责用户与应用程序的交互,运行在客户机端的软件也称为表示层软件。应用服务器存放业务逻辑层(也称为功能层)软件,是应用逻辑处理的核心,实现具体业务。它能响应客户机请求,完成业务处理或复杂计算。若有数据库访问任务时,应用服务器层可根据客户机的要求向数据库服务器发送 SQL 指令。应用逻辑变得复杂或增加新的应用时,可增加新的应用服务器。数据库服务器用来执行功能层送来的 SQL 指令,完成数据的存储、访问和完整性约束等。操作完成后再通过应用服务器向客户机返回操作结果。

(2) 浏览器/服务器结构。随着 Internet 技术和 Web 技术的广泛应用,客户机/服务器结构已无法满足人们的需要。因为在典型客户机/服务器结构中,通常需要为客户安装前端应用程序。于是,基于浏览器/服务器结构(Browser/Server,B/S)的系统应运而生。

采用浏览器/服务器结构后,在客户端只安装一个通用的浏览器即可,不再受具体操作系统和硬件的制约,实现了跨平台的应用。

基于浏览器/服务器结构的典型应用通常采用三层结构,即"浏览器-Web 服务器-数据库服务器"。浏览器/服务器结构的工作原理是：通过浏览器以超文本的形式向 Web 服务器提出访问数据库的请求，Web 服务器接受客户请求后，激活对应的 CGI 程序将 HTML 转化为 SQL 语法，将这个请求交给数据库，数据库服务器得到请求后，进行数据处理，然后将处理结果集返回给 CGI 程序。CGI 再将结果转化为 HTML，并由 Web 服务器转发给请求方的浏览器。

在浏览器/服务器结构中，客户端的标准配置是浏览器；业务功能处理由独立的应用服务器处理，Web 服务器成为应用处理的标准配置；数据处理仍然由数据库服务器处理。

9.3 数据库管理系统

数据库管理系统是一种操纵和管理数据库的系统软件，它对数据库进行统一的管理和控制，以保证数据库的安全性和完整性。用户通过数据库管理系统访问数据库中的数据，数据库管理员也通过数据库管理系统进行数据库的维护工作。

9.3.1 数据库管理系统基础

数据库管理系统是数据库系统的核心，对数据库的一切操作，如数据的装入、检索、更新、再组织等，都是在它的指挥、调度下进行的。数据库管理系统是用户与物理数据库之间的桥梁，根据用户的命令对数据库执行必要的操作。

1. 数据库管理系统的功能

数据库管理系统接收应用程序的数据请求和处理请求，对数据库中的数据进行操作，将操作结果返回给应用程序，如图 9-5 所示。

图 9-5 DBMS 工作模式

数据库管理系统的功能一般包括以下几个方面。

(1) 数据定义。数据库管理系统提供数据定义语言（Data Definition Language，DDL），供用户定义数据库的 3 级模式结构、两级映像以及完整性约束和保密限制等约束。DDL 主要用于建立、修改数据库的库结构。DDL 描述的库结构仅给出了数据库的框架，数据库的框架信息被存放在数据字典（Data Dictionary，DD）中。

(2) 数据操纵。数据库管理系统提供数据操纵语言（Data Manipulation Language，DML），供用户实现对数据的插入、删除、更新、查询等操作。

(3) 数据库运行管理。数据库的运行管理功能包括多用户环境下的并发控制、安全性检查和存取限制控制、完整性检查和执行、运行日志的组织管理、事务的管理和自动恢复，即保证事务的原子性。这些功能保证了数据库系统能正常运行。

(4) 数据组织、存储与管理。数据库管理系统要分类组织、存储和管理各种数据，包括数据字典、用户数据、存取路径等,须确定以何种文件结构和存取方式在存储级上组织这些数据,如何实现数据之间的联系。数据组织和存储的基本目标是提高存储空间利用率,选择合适的存取方法提高存取效率。

(5) 数据库保护。数据库中的数据是信息社会的战略资源,所以数据的保护至关重要。数据库管理系统对数据库的保护通过4个方面实现:数据库的恢复、数据库的并发控制、数据库的完整性控制、数据库的安全性控制。数据库管理系统的其他保护功能还有系统缓冲区的管理以及数据存储的某些自适应调节机制等。

(6) 数据库维护。数据库维护包括数据库的数据载入、转换、转储、数据库的重组合重构以及性能监控等功能。

(7) 通信。数据库管理系统具有与操作系统的联机处理、分时系统及远程作业输入的相关接口,负责处理数据的传送。对网络环境下的数据库系统,还应该包括数据库管理系统与网络中其他软件系统的通信功能以及数据库之间的互操作功能。

2. 数据库管理系统的组成

数据库管理系统通常由以下4部分组成。

(1) DDL 及其翻译处理程序。数据库管理系统一般都提供 DDL 供用户定义数据库的外模式、模式、内模式、各级模式间的映射、有关的约束条件等。用 DDL 定义的外模式、模式和内模式分别称为源外模式、源模式和源内模式,各种模式翻译程序负责将它们翻译成相应的内部表示,即生成目标外模式、目标模式和目标内模式。这些目标模式描述的是数据库的框架,而不是数据本身。这些描述存放在数据字典(也称系统目录)中,作为数据库管理系统存取和管理数据的基本依据。

例如,根据这些定义,数据库管理系统可以从物理记录导出全局逻辑记录,又从全局逻辑记录导出用户所要检索的记录。

(2) DML 及其编译(或解释)程序。数据库管理系统提供了 DML 实现对数据库的检索、插入、修改、删除等基本操作。DML 分为宿主型 DML 和自主型 DML 两类。宿主型 DML 本身不能独立使用,必须嵌入主语言中。自主型 DML 又称为自含型 DML,它们是交互式命令语言,语法简单,可以独立使用。

(3) 数据库运行控制程序。数据库管理系统提供了一些系统运行控制程序负责数据库运行过程中的控制与管理,包括系统初启程序、文件读写与维护程序、存取路径管理程序、缓冲区管理程序、安全性控制程序、完整性检查程序、并发控制程序、事务管理程序、运行日志管理程序等,它们在数据库运行过程中监视着对数据库的所有操作,控制管理数据库资源,处理多用户的并发操作等。

(4) 实用程序。数据库管理系统通常还提供一些实用程序,包括数据的初始装入程序、数据转储程序、数据库恢复程序、性能监测程序、数据库再组织程序、数据转换程序、通信程序等。数据库用户可以利用这些实用程序完成数据库的建立与维护,以及数据格式的转换与通信。

一个设计优良的数据库管理系统应该具有友好的用户界面、比较完备的功能、较高的运行效率、清晰的系统结构和开放性。

9.3.2　数据库管理系统的应用

在数据库管理系统应用中,如何选择数据库管理系统,并在应用中提高安全性是成功应用数据库系统的重要因素。

1. 数据库管理系统的选择

在数据库系统的应用中,数据库管理系统要根据实际需求和技术要求进行选择。一般考虑如下原则。

(1) 构造数据库的难易程度。需要分析数据库管理系统有没有范式的要求,数据库管理语句是否符合国际标准,有没有面向用户的、易用的开发工具,所支持的数据库容量等。

(2) 支持程序开发的难易程度。主要考虑有无计算机辅助软件工程工具,有无第四代语言的开发平台,有无面向对象的设计平台,有无对多媒体数据类型的支持。

(3) 数据库管理系统的性能分析。包括性能评估(响应时间、数据单位时间吞吐量)、性能监控(内外存使用情况、系统输入/输出速率、SQL 语句的执行、数据库元组控制)、性能管理(参数的设定与调整)。

(4) 扩展支持能力与安全性。包括对分布式应用的支持、并行处理能力、可移植性和可扩展性、数据完整性约束、并发控制功能、异常情况下对数据的容错处理、安全性控制与安全保密机制等。

(5) 支持多种文字处理能力。包括数据库描述语言的多种文字处理能力(表名、域名、数据)和数据库开发工具对多种文字的支持能力。

(6) 数据恢复能力。当突然停电、出现硬件故障、软件失效、出现病毒或严重错误操作时,恢复数据库的能力,使系统有能力将数据库恢复到损坏以前的状态。

2. 数据库管理系统的安全策略

数据库系统作为信息的聚集体,其数据安全相关问题成为人们高度关注的重点。每种数据库管理系统都会提供一些安全性控制方法供数据库管理员选用,包括用户标识与鉴别、授权机制、视图机制、安全审计和数据加密等。

(1) 用户标识与鉴别。用户标识与鉴别是数据库管理系统提供的最外层保护措施。用户每次登录数据库时,都要输入用户标识;数据库管理系统核对后,合法的用户获得进入系统最外层的权限。用户标识和鉴别的方法有很多,常用的有身份认证、口令认证、随机数运算认证等。

(2) 授权机制。登录的用户不一定具有数据库的使用权。数据库管理系统的存取控制(授权)机制是数据库安全的一个重要保证,它确保具有使用权限的用户访问数据库并进行权限范围内的操作,同时令未被授权的用户(非法用户)不能访问数据。存取控制机制主要包括两部分:定义用户权限、进行权限检查。

(3) 视图机制。进行存取权限的控制不仅可以通过授权机制实现,还可以通过定义用户的外模式提供一定的安全保护功能。关系数据库中,可以为不同的用户定义不同的视图,通过视图机制把要保密的数据对无权操作的用户隐藏起来,从而自动对数据提供一定程度的安全保护。对视图也可以进行授权。

(4) 安全审计。审计(Audit)功能就是把用户对数据库的所有操作记录下来放入审计日志。一旦数据被非法使用,数据库管理员可以利用审计跟踪的信息对数据库操作进行审计的合规性管理,对数据库遭受到的风险行为进行告警,对攻击行为进行阻断。

(5) 数据加密。对于高敏感数据,除了以上安全措施外,还应采用数据加密技术。数据加密是防止数据在存储和传输中失密的有效手段,使不知道解密算法的人无法获得数据的内容。

3. 几种常见的数据库管理系统

数据库管理系统产品众多,如 Oracle、DB2、Sybase、SQL Server、MySQL、Access 等,这些产品各以自己特有的功能,在数据库市场上占有一席之地。

(1) Oracle。Oracle 是一个最早商品化的关系型数据库管理系统,也是应用广泛、功能强大的数据库管理系统。Oracle 作为一个通用的数据库管理系统,不仅具有完整的数据管理功能,还是一个分布式数据库系统,支持各种分布式功能,特别是支持 Internet 应用。作为一个应用开发环境,Oracle 提供了一套界面友好、功能齐全的数据库开发工具。Oracle 使用 PL/SQL 执行各种操作,具有可开放性、可移植性、可伸缩性等功能。特别是在 Oracle 8i 中,支持面向对象的功能,如支持类、方法、属性等,使得 Oracle 产品成为一种对象/关系型数据库管理系统。

(2) DB2。DB2 支持从 PC 到 UNIX,从中小型机到大型主机,从 IBM 到非 IBM(如 HP 及 SUN UNIX 系统等)各种不同平台。DB2 既可以在主机上以主/从方式独立运行,也可以在客户机/服务器环境中运行。DB2 数据库核心又称作 DB2 公共服务器,它采用多进程多线索体系结构,可以运行于多种操作系统之上,并根据相应的平台环境调整和优化,以便达到较好的性能。

(3) Sybase。Sybase 是一种典型的 UNIX 或 Windows NT 平台上客户机/服务器环境下的大型数据库系统。Sybase 提供了一套应用程序编程接口和库,可以与非 Sybase 数据源及服务器集成,允许在多个数据库之间复制数据,适于创建多层应用。系统具有完备的触发器、存储过程、规则以及完整性定义,支持优化查询,具有较好的数据安全性。

(4) SQL Server。这是一种典型的关系型数据库管理系统,可以在许多操作系统上运行,它使用 Transact-SQL 完成数据操作。由于 SQL Server 是开放式的系统,其他系统可以与它进行交互操作。SQL Server 具有可靠性、可伸缩性、可用性、可管理性等特点,为用户提供完整的数据库解决方案。

(5) MySQL。MySQL 是一个开放的、多用户、多线程的关系型数据库管理系统,工作模式是基于客户机/服务器结构,支持几乎所有的操作系统。MySQL 是当前网络中使用最多的数据库之一,特别是在 Web 应用上,它占据了中小型应用的绝对优势。这一切都源于它的小巧易用、安全有效、开放式许可和多平台,更主要的是它与 PHP 的完美结合。

(6) Access。作为 Microsoft Office 组件之一的 Access 是在 Windows 环境下运行

的桌面型数据库管理系统。使用 Access 无须编写任何代码,通过直观的可视化操作就可以完成大部分数据管理任务。在 Access 数据库中,包括许多组成数据库的基本要素。这些要素包括存储信息的表、显示人机交互界面的窗体、有效检索数据的查询、信息输出载体的报表、提高应用效率的宏、功能强大的模块工具等。它不仅可以通过 ODBC 与其他数据库相连,实现数据交换和共享,还可以与 Word、Excel 等办公软件进行数据交换和共享,并且通过对象链接与嵌入技术在数据库中嵌入和链接声音、图像等多媒体数据。

9.4 思考与讨论

9.4.1 问题思考

1. 数据组织与管理的发展经历了哪些阶段?
2. 数据模型的要素是什么?
3. 什么是数据库系统?它有哪些主要组成部分?
4. 简述数据库系统的模式结构。
5. 数据库管理系统的功能有哪些?
6. 选择数据库管理系统需要考虑哪些原则?

9.4.2 课外讨论

1. 谈谈你对数据库技术发展的了解。
2. 试分析数据库的逻辑结构与物理结构的概念。
3. 试分析网络数据库的层次体系。
4. 查阅资料,通过实例简述数据库系统的应用。
5. 分析数据库管理系统应用的安全策略。
6. 说出你接触到的数据库管理系统的特点与应用。

课后自测-9

第10章

chapter 10

软件与软件工程

软件是计算机系统的重要组成部分。软件固有的特性使得软件在开发、使用、维护等方面都具有抽象性、复杂性。软件工程是从管理和技术两个方面研究如何更好地开发和维护计算机软件的学科,是计算机科学的重要分支和研究方向。软件工程涉及软件开发、维护、管理等多方面的原理、方法与工具。

10.1 软 件

随着计算机应用的日益普及和深入,软件的需求量急剧增长。软件工程是应用计算机科学、数学及管理科学等原理,借鉴传统工程的原则、方法创建软件,从而达到提高质量、降低成本的目的。

10.1.1 软件的概念

软件(software)是计算机系统的重要组成部分。一般来说,软件是信息的载体,并且提供了对信息的处理能力,如对信息的收集、归纳、计算、传播等。虽然计算机硬件设备提供了物理上的数据存储、传播以及计算能力,但是对于用户来讲,仍然需要软件反映用户特定的信息处理逻辑,从而由对信息的增值取得用户自身效益的增值。

1. 软件的定义

计算机软件是指与计算机系统操作有关的程序、规程、规则及任何与之有关的数据和文档资料。它通常由两部分组成：一是使计算机硬件能完成计算和控制功能的有关计算机指令或计算机可执行的程序及有关数据；二是计算机不可执行的，与软件开发、运行、维护、使用和培训有关的文档。

文档（document）记录与程序相关的技术数据和信息，主要内容包括计算机软件的要求、设计细节，解释软件的能力和限制条件，以及提供软件运行期中使用的操作命令。文档记录软件开发的活动和阶段成果，不仅可以用于专业人员和用户之间的通信和交流，而且还可以用于软件开发过程的管理和运行阶段的维护。

2. 软件的特征

软件是计算机软件工程师设计与建造的一种特殊的产品，具有以下特征。

（1）软件是无形产品。软件是逻辑的产品，而不是有形的产品，这与物质产品有很大的区别。软件是脑力劳动的结晶，它以程序和文档的形式出现，保存在计算机存储器或其他存储介质上，通过计算机的执行才能体现它的功能和作用。

（2）软件生产无明显制造过程。虽然在软件开发和硬件制造之间有一些相似之处，但两者本质上是不同的。软件是被开发或设计的，而不是传统意义上被制造的。软件开发完成后，通过复制就产生了大量软件产品。

（3）软件不会"磨损"。软件不会像设备一样"磨损"，但它存在退化问题。为了适应硬件、系统环境及需求的变化，必须多次修改（维护）软件。而软件的修改不可避免地引入新的错误，导致软件可靠性下降，当修改成本变得不可接受时，软件就会被抛弃。

（4）大多数软件是定制的。虽然软件产业正在朝着构件化组装方向发展，但大多数软件产品仍然是定制的，软件开发尚未完全摆脱手工开发方式。

（5）对计算机硬件的依赖性。软件的开发和运行常常受到计算机硬件与环境的限制，导致软件升级和移植的问题，所产生的维护成本通常比开发成本高许多。

（6）软件的复杂性。软件本身的复杂性可能来自它反映的实际问题，也可能来自程序的逻辑结构，还可能受软件项目管理过程中主客观因素的影响。相当多的软件工作都涉及社会因素。许多软件的开发和运行涉及机构、体制及管理方式等问题，甚至涉及人的观念和人们的心理。

软件的上述特征使得软件开发进展情况较难衡量，软件开发质量难以评价，从而使得软件产品生产管理、过程控制及质量保证都十分困难。

10.1.2　软件的保护与授权

计算机软件是人类知识、经验、智慧和创造性劳动的成果，具有知识密集和智力密集的特点，是一种非常典型的知识产权。

1. 软件的法律保护

根据《计算机软件保护条例》的规定,计算机软件著作权归属软件开发者。因此,确定计算机著作权归属的一般原则是"谁开发谁享有著作权"。软件开发者指实际组织进行开发工作,提供工作条件完成软件开发,并对软件承担责任的法人或者非法人单位,以及依靠自己具有的条件完成软件开发,并对软件承担责任的公民。

计算机软件作为一种知识产品,要获得法律保护,必须具备3项必要条件:一是原创性,即软件应该是开发者独立设计、独立编制的编码组合;二是可感知性,受保护的软件必须固定在某种有形物体上,通过客观手段表达出来并为人们所知悉;三是可再现性,即把软件转载在有形物体上的可能性。

2. 软件许可

不同的软件一般都有对应的软件许可,用户必须在同意所使用软件的许可证的情况下才能够合法地使用软件。特定软件的许可条款也不能够与法律相违背。

依据许可方式的不同,可将软件区分为以下几类。

(1)专属软件。专属软件授权通常不允许用户随意地复制、研究、修改或散布该软件。违反此类授权通常会有严重的法律责任。传统的商业软件公司会采用此类授权,例如微软公司的 Windows 和办公软件。专属软件的源码通常被公司视为私有财产而予以严密的保护。

(2)自由软件。自由软件授权正好与专属软件相反,赋予用户复制、研究、修改和散布该软件的权利,并提供源码供用户自由使用,仅给予少许其他限制。Linux、Firefox 和 OpenOffice 等可作为此类软件的代表。

(3)共享软件。通常可免费取得并使用共享软件的试用版本,但在功能或使用期间上受到限制。开发者会鼓励用户付费,以取得功能完整的商业版本。根据共享软件作者的授权,用户可以从各种渠道免费得到它的副本,也可以自由传播。

(4)免费软件。免费软件是免费提供给公众使用的软件,具有以下特征:受版权保护,不提供源码;可进行存档和发行复制,但此时的发行不得以赢利为目的;允许和鼓励修改软件;允许进行反向工程;允许和鼓励开发衍生软件,但这种衍生软件也必须是免费软件。

(5)公共软件。原作者已放弃权利,著作权过期,或作者已经不可考究的软件。其主要特征有:版权已被放弃,不受版权保护;可以进行任何目的的复制,均不受限制;允许进行修改;允许对该软件进行反向工程;允许在该软件基础上开发衍生软件,并可复制、销售。

10.2 软件工程

软件工程是为解决"软件危机"而提出的概念。今天,尽管"软件危机"并未彻底解决,但软件工程的发展仍可以说是硕果累累。

10.2.1　软件危机

20 世纪 60 年代,由于计算机硬件技术的进步,计算机的运行速度提高、容量增大、可靠性显著增强,生产成本明显下降,为计算机的广泛应用创造了条件。一些复杂的大型软件开发项目被提出来。但是,软件开发技术没有得到改善,软件开发中遇到的问题找不到真正可行的解决方法,使问题积累起来,形成了尖锐的矛盾,导致"软件危机"。

1. 软件危机的概念

软件危机(software crisis)是指在计算机软件开发、使用与维护过程中遇到的一系列严重问题。软件危机并不只是"不能正常运行的软件"才具有的,实际上,几乎所有软件都不同程度地存在这些问题。软件危机主要表现在:对软件开发成本和进度的估计不准确;软件产品不能完全满足用户的需求;没有确保软件质量的体系和措施,开发的软件可靠性差;软件的可维护性差;开发过程无完整、规范的文档资料;软件开发生产率提高的速度跟不上计算机应用的普及和发展趋势;软件成本在计算机总成本中所占比例逐年上升。

2. 产生软件危机的原因

软件危机使得人们对软件及软件开发进行更深一步的研究,从软件本身的特点、软件开发和维护方法找出产生软件危机的原因。产生软件危机的原因主要有以下几个方面。

(1) 需求难以明确且频繁变更。用户无法给出明确的需求,对软件需求的描述常常不精确,可能有遗漏、二义性、错误等。在开发过程中,需求可能要经常修改与变更,软件开发人员对用户需求的理解与用户本来的愿望有偏差。这些导致软件产品与软件需求不一致。

(2) 软件开发的管理困难。大型软件项目需要组织众多人员共同完成,多数管理人员缺乏大型软件的开发经验,而多数软件开发人员又缺乏大型软件项目的管理经验,致使各类人员的信息交流不及时、不准确,有时还会产生误解。

(3) 软件开发的独有特点造成开发困难。需求不明确加上后期修改可能没有进行全局性的考虑,产生的问题难以在开发过程的早期发现,需要等系统设计出来后才会发现。软件开发是劳动密集加智力密集型的劳动,开发过程需要大量高强度的脑力劳动,并且都是手工劳动,这些劳动非常细致、高度复杂、容易出错,使得软件的质量难以保证。

(4) 软件开发技术落后。随着软件规模的增大,对软件人员的要求越来越高,出现了软件复杂性与软件技术发展不适应的现象,软件开发缺乏有力的方法学的指导和有效的开发工具的支持。

(5) 文档的重要性往往被忽视。符合用户需求的高质量软件需要依赖大量准确规范的文档编辑工作,但软件开发往往对文档的重视不够,直接影响了软件的质量。

(6) 软件需求快速发展。面对日益增长的软件需求,人们显得力不从心。从某种意义上说,解决供求矛盾将是一个永恒的主题。

在软件的长期发展中,人们针对软件危机的表现和原因,经过不断的实践和总结,越来越清楚地认识到,按照工程化的原则和方法组织软件开发工作,是摆脱软件危机的一个主要出路。

10.2.2 软件工程的概念

软件工程是一类求解软件的工程,它应用计算机科学、数学(用于构造模型和算法)和管理科学(用于计划、资源、质量和成本等的管理)等原理,借鉴传统工程(用于制定规范、设计范型、评估成本、权衡结果)的原则和方法创建软件,以达到提高质量、降低成本的目的。

1. 软件工程的定义

软件工程(software engineering)是一个动态的概念,不同时期对其赋予不同的内涵。随着人们对软件系统的研制开发和生产的理解,软件工程包含的内容也一直处于发展变化之中。

1968年秋季,北大西洋公约组织(NATO)的科技委员会召集了近50名一流的编程人员、计算机科学家和工业界巨头,讨论和制定摆脱"软件危机"的对策。在会议上第一次提出了"软件工程"的概念。

NATO会议给出了软件工程的一个早期定义:"软件工程就是为了经济地获得可靠的且能在实际机器上有效地运行的软件,而建立和使用完善的工程原理。"这个定义不仅指出了软件工程的目标是经济地开发出高质量的软件,而且强调了软件工程是一门工程学科,它应该建立并使用完善的工程原理。

1993年,IEEE给出了一个更全面、更具体的定义:软件工程是将系统化的、规范的、可度量的方法应用于软件的开发、运行和维护的过程,即将工程化应用于软件中的方法的研究。

2001年,美国软件工程领域国际知名的咨询专家和作者普雷斯曼(Roger S. Pressman)对软件工程的定义是:软件工程是一个过程、一组方法和一系列工具。过程、方法和工具构成了软件工程的3个要素。软件工程方法是研究软件开发"如何做"的技术;软件工具为软件工程方法提供了自动或半自动的软件支撑环境;软件工程过程则是将软件工程方法与工具相结合,以合理、及时地进行软件开发。

《计算机科学技术百科全书》中软件工程的定义为:软件工程是应用计算机科学、数学及管理科学等原理开发软件的工程。软件工程借鉴传统工程的原则、方法,以提高质量,降低成本为目的。其中,计算机科学、数学用于构造模型和算法,工程科学用于制定规范、设计范型(paradigm)、评估成本及确定权衡,管理科学用于计划、资源、质量、成本等管理。

2. 软件工程的基本原理

自1968年提出"软件工程"这一术语以来,研究软件工程的专家学者们陆续提出100多条关于软件工程的准则或信条。美国著名的软件工程专家巴利·玻姆(Barry W.

Boehm)综合学者们的意见并总结了美国天合(TRW)公司多年开发软件的经验,于 1983 年提出了软件工程的 7 条基本原理。玻姆认为,这 7 条原理是确保软件产品质量和开发效率的原理的最小集合。它们是相互独立的,是缺一不可的最小集合;同时,它们又是相当完备的。

(1) 用分阶段的生命周期计划严格管理开发过程。在软件开发与维护的漫长的生命周期中,需要完成许多性质各异的工作。应该把软件生命周期划分成若干个阶段,并相应地制定出切实可行的计划,然后严格按照计划对软件的开发与维护工作进行管理。

(2) 坚持进行阶段评审。软件的质量保证工作不能等到编程结束之后再进行。错误的发现与改正越晚,付出的代价越高。因此,在每个阶段都要进行严格的评审,以便尽早发现在软件开发过程中所犯的错误。

(3) 实行严格的产品控制。在软件开发过程中不应随意改变需求,因为改变一项需求往往需要付出较高的代价。但是,在软件开发过程中改变需求又是难免的,只能依靠科学的产品控制技术顺应这种要求。当改变需求时,为了保持软件各个配置成分的一致性,必须实行严格的产品控制,一切有关修改软件的建议,都必须按照严格的规程进行评审,获得批准后才能实施修改。

(4) 采用现代程序设计技术。从提出软件工程的概念开始,人们一直把主要精力用于研究各种新的程序设计技术,并进一步研究各种先进的软件开发与维护技术。实践表明,采用先进的技术不仅可以提高软件开发和维护的效率,而且可以提高软件产品的质量。

(5) 应能清楚地审查结果。软件产品是看不见摸不着的逻辑产品。软件开发人员的工作进展情况可见性差,难以准确度量,从而使得软件产品的开发过程比一般产品的开发过程更难于评价和管理。应该根据软件开发项目的总目标及完成期限规定开发组织的责任和产品标准,从而使得到的结果能够被清楚地审查。

(6) 合理安排软件开发小组的人员。软件开发小组的组成人员的素质应该好,而人数不宜过多。开发小组人员的素质和数量是影响软件产品质量和开发效率的重要因素。随着开发小组人员数量的增加,因为交流情况和讨论问题而造成的通信开销也急剧增加。因此,组成少而精的开发小组是很重要的。

(7) 必须灵活不断地改进软件工程实践。仅有上述 6 条原理并不能保证软件开发与维护的过程能赶上时代前进的步伐,跟上技术的不断进步。因此,不仅要积极主动地学习新的软件技术,而且要不断总结经验。例如,收集进度和资源耗费数据、收集出错类型和问题报告数据等。这些数据不仅可用来评价新的软件技术的效果,而且可用来指明必须着重开发的软件工具和应该优先研究的技术。

3. 软件工程框架

我国计算机科学家杨芙清院士在《计算机科学技术百科全书》中指出,软件工程的框架可概括为目标、过程和原则。

软件工程的目标指生产具有正确性、可用性和开销合宜的产品。正确性指软件产品达到预期功能的程度。可用性指软件基本结构、实现及文档为用户可用的程度。开销合宜指软件开发、运行的整个开销满足用户要求的程度。上述目标的实现不论在理论上,还是在实践中均存在很多问题待解决,它们形成了对过程、过程模型及工程方法选取的约束。

软件工程过程指生产一个最终满足需求且达到工程目标的软件产品所需要的步骤。软件过程包括软件开发人员开发和维护软件及其相关产品所采取的一系列活动。软件产品的质量主要取决于产品开发和维护的软件过程的质量。软件过程是软件项目管理和控制的基础,为了达到软件过程改进的目的,一些软件企业已经在其软件生产过程中应用软件过程改进支撑工具辅助其完成软件过程的管理、控制与改进。一般而言,软件成熟度模型(Capability Maturity Model,CMM)关注管理,着重对组织能力的改进;个体软件过程(Personal Software Process,PSP)关注个人,着重对个体技能的改进和训练;团队软件过程(Team Software Process,TSP)关注小组和产品,着重对小组性能的改进。

软件工程原则包括围绕工程设计、工程支持和工程管理所提出的基本原则。一般认为,有以下4条基本原则。

(1)选取适宜的开发模型。在系统设计中,软件需求、硬件需求以及其他因素间是相互制约和影响的,经常需要权衡。因此,必须认识需求定义的易变性,采用适宜的开发模型,保证软件产品满足用户的要求。

(2)采用合适的设计方法。在软件设计中,通常要考虑软件的模块化、抽象与信息隐藏、局部化、一致性以及适应性等特征。合适的设计方法有助于这些特征的实现,以达到软件工程的目标。

(3)提供高质量的工程支撑。软件工具与环境对软件过程的支持非常重要,软件工程项目的质量与开销直接取决于软件工程提供的支撑质量和效用。

(4)重视软件工程的管理。对软件过程予以有效管理,将直接影响可用资源的有效利用,生产满足目标的软件产品及提高软件组织的生产能力等问题。

10.2.3 软件工程方法学

软件工程方法学包括3个要素:方法、工具和过程。软件工程方法为软件开发提供了"如何做"的技术;软件工具为软件工程方法提供了自动的或半自动的软件支撑环境;软件过程是为了获得高质量的软件所需要完成的一系列任务框架,它规定了完成各项任务的工作步骤。

1. 软件工程方法

软件工程方法包括了多方面的任务,如项目计划与估算、软件系统需求分析、系统总体结构的设计、算法和数据结构的设计、编码、测试以及维护等。软件工程方法常采用某种特殊的语言或图形的表达方法及一套质量保证标准。

软件工程方法是软件工程学科的核心内容,20世纪60年代末以来,出现了许多软件工程方法,其中最具影响力的是结构化方法、面向对象方法和形式化方法。

(1)结构化方法。结构化方法是一种传统的软件开发方法,它是由结构化分析、结构化设计和结构化程序设计3部分有机组合而成的。其基本思想是:把一个复杂问题的求解过程分阶段进行,而且这种分解是自顶向下、逐层分解,使得每个阶段处理的问题都控制在人们容易理解和处理的范围内。

　　结构化方法是以自顶向下、逐步求精为基点,以模块化、抽象、逐层分解求精、信息隐蔽化、局部化和保持模块独立为准则,以一系列经过实践的考验被认为是正确的原理和技术为支撑,以数据流图、数据字典、结构化语言、判定表、判定树等图形表达为主要手段,强调开发方法的结构合理性和系统的结构合理性的软件分析方法。

　　结构化方法也称为生命周期方法或结构化范型。将软件生命周期的全过程依次划分为若干个阶段,采用结构化技术完成每个阶段的任务。其特点是:强调自顶向下顺序地完成软件开发的各阶段任务。但结构化方法要么面向行为,要么面向数据,缺乏使两者有机结合的机制。

　　(2) 面向对象方法。面向对象方法是将数据和对数据的操作紧密地结合起来的方法。软件开发过程是多次反复迭代的演化过程。面向对象方法在概念和表示方法上的一致性保证了各项开发活动之间的平滑过渡。对于大型、复杂及交互性比较强的系统,使用面向对象方法更有优势。

　　目前,面向对象开发方法的研究日趋成熟,已有不少面向对象的产品出现。面向对象的开发方法主要有 Booch 方法、Coad 方法、OMT 方法以及 UML 等。

　　Booch 方法最先描述了面向对象的软件开发方法的基础问题,指出面向对象开发是一种不同于传统的功能分解的设计方法。面向对象的软件分解更接近人对客观事务的理解,而功能分解只通过问题空间的转换获得。

　　Coad 方法的主要优点是通过多年来大系统开发的经验与面向对象概念的有机结合,在对象、结构、属性和操作的认定方面提出了一套系统的原则。该方法完成了从需求角度进一步进行类和类层次结构的认定。尽管 Coad 方法没有引入类和类层次结构的术语,但事实上已经在分类结构、属性、操作、消息关联等概念中体现了类和类层次结构的特征。

　　OMT 方法的基础是对真实世界的对象建模,然后围绕这些对象使用分析模型进行独立于语言的设计,面向对象的建模和设计促进了对需求的理解,有利于开发更清晰、更容易维护的软件系统。该方法为大多数应用领域的软件开发提供了一种实际的、高效的保证,努力寻求一种问题求解的实际方法。

　　UML(Unified Modeling Language,统一建模语言)是软件工程领域最重要的成果之一。UML 是一种定义良好、易于表达、功能强大且普遍适用的建模语言。它融入了软件工程领域的新思想、新方法和新技术。它的作用域不限于支持面向对象的分析与设计,还支持从需求分析开始的软件开发全过程。

　　(3) 形式化方法。形式化方法以数学为基础,其目标是建立精确的、无二义性的语义,对系统开发的各个阶段进行有效的描述,使系统的结构具有先天的合理性、正确性和良好的维护性,能较好地满足用户需求。形式化方法关注模型获取、模型验证和程序求精,具有数学精确性的形式化方法通常用于开发注重安全性的高度整合的系统。

2. 软件工程工具

　　软件工程工具为软件工程方法提供了自动的或半自动的软件支撑环境,包括需求分析工具、设计工具、实现工具、测试工具、维护工具、配置工具等。软件工具能在软件开发各个阶段帮助开发者控制开发中的复杂性,提高工作质量和效率。随着软件工程思想的日益深入,计算机辅助软件开发工具和开发环境得到越来越广泛的应用。

在软件工程活动中,软件工程师和管理员按照软件工程的方法和原则,借助计算机及其软件工具的帮助,开发、维护、管理软件产品的过程,称为计算机辅助软件工程(Computer-Aided Software Engineering,CASE)。CASE 系统常常用作方法支持,其有效性只有通过"集成"才能达到。CASE 技术是软件技术发展的产物。它既起源于软件工具的发展,又起源于软件开发方法的发展,同时还受到实际应用发展的驱动。CASE环境的核心是软件工程信息库。CASE 工具及其环境的开发和使用是软件工业化的产物,已引起世界各国的普遍重视,成为软件工程的重要研究领域。

3. 软件工程过程

软件工程过程是指开发软件产品的一组活动及其结果,即人们用于开发和维护软件及其相关过程的一系列活动,包括软件工程活动和软件管理活动。软件工程的过程将软件工程的方法和工具综合起来,定义了方法使用的顺序、要求交付的文档资料、为保证质量和协调变更所需要的管理及软件开发各个阶段完成的信息。

许多软件企业的失败归根到底是管理的失败,表现在过程管理上的无序状态。人们对软件过程的认识经历了一个从将软件过程当作一个"黑盒子"过渡到对软件过程产生透彻认识的过程。将软件过程作为一个"黑盒子"来看待,软件产品(过程输出)则仅依赖于产品的需求(输入)。在这种模型中,产生软件产品的过程没有被描述出来。使用这种模型的一个问题是难以估计实现软件产品的时间和成本。此外,在软件开发项目的初期,软件产品的需求往往是非形式化的和不明确的,因而造成软件开发的输出在很多情况下不是用户所希望的产品。

为了降低软件开发的风险,人们需要打开软件过程的"黑盒子",从而对生产软件产品的软件过程有更清晰、细致的了解。因此,研究人员提出了软件生命周期的概念。软件生命周期定义了软件产品开发中所要经历的一系列不同的阶段,还为如何实现这些不同的开发阶段定义了相关的概念和指导。

20 世纪 80 年代,软件过程技术开始形成一门独立的学科。软件过程的概念建立在软件生命周期的基础上,并且提供了一系列更广泛和全面的概念来设计和组织与软件开发活动相关的各种要素。有效地识别、定义、管理和改进组织的软件过程,对软件组织实现经营目标、改进业绩至关重要。

10.3　软件生命周期

任何生物都有一个产生(形成)、成长、灭亡的生命周期。许多物质(包括软件)也不例外。软件也有一个孕育、诞生、成长、衰亡的过程,这个过程称为软件生命周期。

10.3.1　软件生命周期概述

软件产品从形成概念开始,经过开发、运行和维护,直到最终被废弃的全过程,称为软件生命周期(Software Life Cycle,SLC)。软件生命周期是从时间角度对软件开发和维护的复杂性进行分解,把软件生命周期依次划分为若干个阶段,每个阶段都有独立的任务,然后逐步完成每个阶段的任务。

软件生命周期阶段的划分方法与软件规模、种类、开发方式、开发环境以及开发时使用的方法有关,遵循的基本原则是使各阶段的任务彼此间尽可能相对独立,同一阶段各项任务的性质尽可能相同,从而降低每个阶段任务的复杂程度,简化不同阶段之间的联系,有利于软件开发工程的组织管理。

软件生命周期包括软件定义、软件开发、软件支持 3 个阶段。

1. 软件定义阶段

软件定义阶段的任务是确定软件开发工程必须完成的总目标,确定工程的可行性,导出实现工程目标应该采用的策略及系统必须完成的功能,估计完成该项工程需要的资源和成本,并且制定工程进度表。这个阶段的工作通常由系统分析员和用户共同完成。

软件定义阶段集中于解决“做什么”,通常包括 3 个步骤,即问题定义、可行性研究和需求分析。

(1) 问题定义。问题定义必须明了要解决的问题是什么,通过问题定义阶段的工作,系统分析员应该提出关于问题性质、工程目标和规模的书面报告。通过对系统的实际用户和使用部门负责人的访问调查,分析员扼要地写出对问题的理解,征求用户意见之后,统一对问题的理解,最后得出一份双方满意的文档。

(2) 可行性研究。可行性研究讨论问题涉及的范围,探索这个问题是否值得去解,是否有可行的解决办法。可行性研究的任务不是具体解决问题。可行性研究的结果是使用部门负责人做出是否继续进行这项工程的决定的重要依据。

问题定义提出的对工程目标和规模的报告通常比较含糊,可行性研究应该导出系统的高层逻辑模型,并且在此基础上更准确、更具体地确定工程规模和目标,更准确地估计系统的成本和效益,对建议的系统进行成本/效益分析。

(3) 需求分析。确定为了达到用户要求和系统的需求,系统必须做什么,系统必须具备哪些功能。需求分析确定的系统逻辑模型是以后设计和实现目标系统的基础。

用户了解面对的问题,知道必须做什么,但是通常不能完整准确地表达出要求,更不知道怎样利用计算机解决问题,软件开发人员知道怎样用软件满足人们的要求,但是对特定用户的具体要求并不完全清楚。需求分析必须与用户密切配合,充分交流信息,以得出经过用户确认的系统逻辑模型。

2. 软件开发阶段

软件开发阶段集中于“如何做”,通常包括 4 个步骤:概要设计、详细设计、软件实现和软件测试。软件开发是按照需求分析的要求,由抽象到具体,逐步生成软件的过程。

这个阶段的工作通常由系统设计员和程序员完成。

(1) 概要设计。概要设计的任务是如何解决问题。从开发规模和开发成本上考虑，有低成本、中等成本、高成本等几种可能的方案。低成本的解决方案，系统只能完成最必要的工作；中等成本的解决方案，系统可能还具有用户没有具体指定的某些功能和特点；高成本的解决方案，系统具有用户可能希望有的所有功能和特点。

系统分析员应该描述每种可能的解决方案，估算每种方案的成本和效益。在充分权衡各种方案的利弊的基础上，推荐一个较好的系统方案，并且制定实现所推荐的系统的详细计划。

(2) 详细设计。详细设计的任务就是给出问题求解的每个步骤，给出实现系统的具体描述。其任务是设计出程序的详细规格说明，而不是编写程序。这种规格说明的作用类似于其他工程领域中经常使用的工程蓝图，是程序员编写程序代码的依据。

(3) 软件实现。软件实现即编码，其任务是用程序设计语言写出正确的、容易理解的、容易维护的程序模块代码。程序员应该根据目标系统的性质和实际环境选取一种适当的高级程序设计语言，把详细设计的结果翻译成用选定的语言书写的程序，设计一些有代表性的数据和输入/输出模型，并且仔细测试(单元测试)编写出的每个模块代码。

(4) 软件测试。软件测试的任务是通过各种类型的测试及相应的调试，使软件达到预定的要求。最基本的测试是集成测试和验收测试。集成测试是根据设计的软件结构，把经过单元测试的模块装配、连接起来，在装配过程中测试。验收测试是依据系统的规范和功能要求，有用户参加的测试、验收。测试计划、详细测试方案以及实际测试结果等正式的文档资料应保存下来，作为软件配置的组成部分。

3. 软件支持阶段

软件支持阶段关注"变化"，其主要任务是使软件持久地满足用户的需要。具体地说，当软件在运行过程中发现错误时，应该加以改正；当环境改变时，应该修改软件，以适应新的环境；当用户有新要求时，应该及时改进软件，以满足用户的新需要。软件支持阶段通常包括软件运行和软件维护。

(1) 软件运行。软件运行是软件发挥社会和经济效益的重要阶段。在运行过程中，客户和维护人员必须认真收集被发现的软件错误，及时进行软件维护。

(2) 软件维护。主要维护活动有：诊断和改正在使用过程中发现的软件错误的改正性维护；修改软件以适应环境的变化的适应性维护；根据用户的要求改进或扩充软件使它更完善的完善性维护；修改软件为将来的维护更加方便的预防性维护。

每项维护活动都应该经过提出维护要求或报告问题、分析维护要求、提出维护方案、审批维护方案、确定维护计划、修改软件设计、修改程序、测试程序、复查验收等一系列步骤，实质上是经历了一次压缩和简化了的软件定义和开发的全过程。维护活动应该编写文档资料，加上必要的注释。

软件生命周期各阶段关键问题和结束标准见表10-1。当软件没有维护价值时即退役，软件生命周期也随之结束。

表 10-1　软件生命周期各阶段关键问题和结束标准

阶　段	步　骤	关 键 问 题	结束标准（任务）
软件定义阶段	问题定义	要解决的问题是什么	关于规模和目标的报告书
	可行性研究	做还是不做	系统的高层逻辑模型；数据流图；成本/效益分析
	需求分析	目标系统必须做什么	系统的逻辑模型；数据流图；数据字典,算法描述
软件开发阶段	概要设计	如何解决问题	系统流程图；成本/效益分析；层次图和结构图
	详细设计	如何具体地实施	HIPO 或 PDL
	软件实现	正确的程序模块	源程序清单；单元测试方案和结果
	软件测试	是否符合要求的软件	综合测试方案和结果；完整、一致的软件配置
软件支持阶段	软件运行	正确完成软件任务	运行记录
	软件维护	要持久地满足用户需求	完整、准确的维护记录

10.3.2　软件生命周期模型

为了指导软件的开发,用不同的方式将软件生命周期中全部过程、活动和任务组织起来,形成不同的软件开发模型,称为软件生命周期模型。常见的软件生命周期模型有瀑布模型、演化模型、增量模型、螺旋模型和喷泉模型等。

1. 瀑布模型

瀑布模型(waterfall model)是一种线性顺序模型,也称为"传统生命周期"。该模型给出了软件生命周期各阶段的固定顺序,上一阶段完成后才能进入下一阶段,整个过程就像流水下泄,故称为瀑布模型(图 10-1)。

图 10-1　瀑布模型

瀑布模型的特点主要表现在如下几个方面。

（1）阶段间具有顺序性和依赖性。必须等前一阶段的工作完成后,才能开始后一阶段的工作;前一阶段的输出文档就是后一阶段的输入文档,因此,只有前一阶段的输出文档正确,后一阶段的工作才能获得正确的结果。

(2) 推迟实现的观点。缺乏软件工程实践经验的软件开发人员接到软件开发任务以后常常急于求成,总想尽早开始编写程序。但是,如果前面阶段的工作没有做好,过早地进行程序实现,往往导致大量返工,有时甚至发生无法弥补的问题,带来灾难性后果。瀑布模型在编码之前设置了分析、设计等阶段,在分析与设计阶段主要考虑目标系统的逻辑模型,不涉及软件的物理实现。清楚地区分逻辑设计与物理设计,尽可能推迟程序的物理实现,是按照瀑布模型开发软件的一条重要的指导思想。

(3) 质量保证的观点。为了保证所开发软件的质量,在瀑布模型的每个阶段都应坚持注重文档与评审。每个阶段都必须完成规定的文档,没有交出合格的文档就是没有完成该阶段的任务。完整、准确的合格文档不仅是软件开发时期各类人员之间相互通信的媒介,也是运行时期对软件进行维护的重要依据;每个阶段结束前都要对所完成的文档进行评审,以便尽早发现问题,改正错误。

瀑布模型理解起来比较容易,但不便于在实际工作中应用。其原因是多方面的,主要原因是瀑布模型基于这样的假设,前一个环节的工作全部完成之后,才能开展后续阶段的工作。但在软件开发的初始阶段指明软件系统的全部需求是困难的,也是不现实的,并且,确定需求后,用户和软件项目负责人要等相当长的时间才能得到一份软件的最初版本。如果用户对这个软件提出比较大的修改意见,那么整个软件项目将会蒙受巨大的人力、财力和时间方面的损失。

瀑布模型适用的场合:有一个稳定的产品定义和很容易被理解的技术解决方案;对一个定义得很好的版本进行维护或将一个产品移植到一个新的平台上;容易理解但很复杂的项目;质量需求高于成本需求和进度需求的软件项目;开发队伍的技术力量比较弱或者缺乏经验。

2. 演化模型

演化模型(evolutionary model)又称原型模型,主要针对事先不能完整定义需求的软件项目开发。许多软件开发项目由于人们对软件需求的认识模糊,很难一次开发成功,返工再开发难以避免。因此,人们对要开发的软件给出基本需求,作第一次试验开发,其目标仅在于探索可行性和弄清需求,取得有效的反馈信息,以支持软件的最终设计和实现。通常把第一次实验性开发出的软件称为原型(prototype)。这种开发模型可以减小由于需求不明给开发工作带来的风险,有较好的效果。相对瀑布模型来说,演化模型更符合人类认识真理的过程和思维。

演化模型(图 10-2)从需求采集开始,然后是快速设计,集中于软件中对用户可见部分的表示,并最终导致原型的创建。这个过程是一个迭代。原型由用户评估并进一步精化待开发软件的需求,通过逐步调整,以满足用户要求。

图 10-2 演化模型

3. 增量模型

增量模型(incremental model)融合了瀑布模型的基本成分(重复应用)和原型实现的迭代特征,该模型采用随着日程时间的进展而交错的线性序列,每个线性序列产生软件的一个可发布的"增量"。当使用增量模型时,第 1 个增量往往是核心的产品,即第 1 个增量实现了基本的需求,但很多补充的特征还没有发布。客户对每个增量的使用和评估都作为下一个增量发布的新特征和功能,这个过程在每个增量发布后不断重复,直到产生了最终的完善产品。增量模型强调每个增量均发布一个可操作的产品。

增量模型与其他演化方法一样,本质上是迭代的,但与原型实现不一样的是其强调每个增量均发布一个可操作产品。早期的增量是最终产品的"可拆卸"版本,但提供了为用户服务的功能,并且为用户提供了评估的平台。增量模型的特点是引进了增量包的概念,无须等到所有需求都出来,只要某个需求的增量包出来即可进行开发。虽然某个增量包可能还需要进一步适应客户的需求并且更改,但只要这个增量包足够小,其影响对整个项目来说是可以承受的。

采用增量模型的优点是人员分配灵活,刚开始不用投入大量人力资源。如果核心产品很受欢迎,则可增加人力实现下一个增量。当配备的人员不能在设定的期限内完成产品时,它提供了一种先推出核心产品的途径。这样即可先发布部分功能给客户,对客户起到镇静剂的作用。此外,增量能够有计划地管理技术风险。增量模型的缺点是:如果增量包之间存在相交的情况且未得到很好的处理,则必须做全盘系统分析,这种模型将功能细化后分别开发的方法较适合需求经常改变的软件开发过程。

4. 螺旋模型

螺旋模型(spiral model)是瀑布模型与演化模型相结合,并增加两者所忽略的风险分析而产生的一种模型,该模型通常用来指导大型软件项目的开发。螺旋模型将开发划分为制订计划、风险分析、实施工程和客户评估 4 类活动。沿着螺旋线每转一圈,表示开发出一个更完善的新的软件版本,如图 10-3 所示。如果开发风险过大,开发机构和客户无法接受,项目有可能就此中止;多数情况下,会沿着螺旋线继续下去,自内向外逐步延伸,最终得到满意的软件产品。

螺旋模型的每个周期都包括制订计划(需求定义)、风险分析、实施工程以及客户评估 4 个阶段。螺旋模型从第一个周期的计划开始,一个周期、一个周期地不断迭代,直到整个软件系统开发完成。

5. 喷泉模型

喷泉模型(fountain model)是一种以用户需求为动力、以对象为驱动的模型,主要用于描述面向对象的软件开发过程。该模型认为软件开发过程自下而上周期的各阶段是相互重叠和多次反复的,就像水喷上去又落下来,类似一个喷泉。各个开发阶段没有特定的次序要求,并且可以交互进行,可以在某个开发阶段中随时补充其他任何开发阶段中的遗漏。

图 10-3　螺旋模型

喷泉模型不像瀑布模型那样,需要分析活动结束后才开始设计活动,设计活动结束后才开始编码活动。该模型的各个阶段没有明显的界线,开发人员可以同步进行开发。其优点是:可以提高软件项目的开发效率,节省开发时间,适应于面向对象的软件开发过程。由于在各个开发阶段是重叠的,所以在开发过程中需要大量的开发人员,不利于项目的管理。

10.3.3　微软公司的软件开发周期

微软公司将软件产品开发的整个生命周期划分为 5 个主要阶段,即规划阶段、设计阶段、开发阶段、稳定阶段和发布阶段。在微软公司的软件开发周期中,里程碑是对阶段性开发目标和预期结果的定义,是指导整个开发过程,评估工作效果和开发进度的重要标志。

1. 规划阶段

任何软件的开发工作都必须以市场为导向,即市场上存在的明确或潜藏的商机是软件产品立项的先决条件。在产品规划阶段,市场经理根据市场反馈和用户对产品的需求,提出关于产品的初步构想。此后,产品规划人员就这一产品构想进行市场调研,分析市场形势和自身的条件,根据公司战略创建产品市场机会文档和市场需求文档,并形成产品的远景目标。技术人员在此时可以为管理层提供技术层面的建议,供他们在决策时参考。

在产品的规划阶段要做 3 件事:拟定基于客户数据的目标描述、拟定基于目标描述的规格/特性说明和拟定基于规格说明和特性优先级制定的进度表。规划阶段中最重要的事情是让整个产品组的成员对目标形成共同的认识。

2. 设计阶段

当项目组已经确定产品 70% 以上的需求时,产品开发就可以进入设计阶段。在设计阶段,程序经理根据产品远景目标完成产品的功能特性的规格说明书的设计,并确定产品开发的主要进度表。最终产品的发布时间是根据产品规划和市场需求情况确定的,但具体的开发速度(如各开发阶段的时间安排等)由程序经理确定。在这个阶段中,产品规划人员和程序经理对项目组的工作起主要推动作用。这一阶段的主要里程碑,即这一阶段工作完成的标志,是产品远景目标的提出和规格说明书的完成。

3. 开发阶段

在产品开发阶段,开发人员负责根据产品功能特性规格说明书的要求,完成产品的开发工作。开发阶段的主要工作是完成产品中所有组件的开发工作(包括代码和文档),此外,还包括审核设计文档、安装并配置开发环境、代码检入、每日产品生成以及管理 Bug(漏洞)数据库等。

文档说明书在此阶段中非常重要,软件项目如果没有合格的文档,就会出现沟通上的困难和传承上的脱节。首先,它是测试人员的重要参考资料;其次,现在的公司人员流动量很大,某个核心程序员一旦离开项目组,留下的如果仅仅是一堆代码,下一个来接手的人要掌握此程序设计的思想、精要就非常困难,这样的事情对项目的影响通常是致命的。通常使用一个统一的数据库管理源码、文档等资源,并保存和跟踪资源的不同版本。每天开发结束后,开发人员都要把最新的源码和文档更新到数据库中,这个过程被称为检入过程。

一般情况下,为了降低开发风险和管理复杂度,开发人员往往将整个开发任务划分成几个递进的阶段,每阶段提交阶段性的工作成果。开发阶段结束的标志是所有代码的完成(code complete)。

4. 稳定阶段

稳定阶段也称为测试阶段,或 QA 阶段。测试人员对软件做各种各样的测试,其中,开发和测试工作始终是并存进行的:测试人员发现 Bug,开发人员解决 Bug,测试人员再检测这个 Bug 是不是解决了。如果你是一个程序经理,此时去看记录 Bug 的数据库,会发现一大堆 Bug 涌现,随着一个个 Bug 被解决,Bug 量逐渐递减。当 Bug 量控制到某一特定范围内,就可以发 Beta 版了,进行外部测试。这时,程序经理要跟踪监督用户的反馈,开发人员及时解决用户发现的 Bug。Beta 测试结束之后,再经过一段时间的测试,就会达到零错误版本(ZBR)里程碑。零错误版本里程碑的达到并不意味着没有 Bug 或遗漏的功能,而是标志着团队的成品达到事先规划的质量要求,可以向发布候选(RC)里程碑进军了。

作为发布候选产品,应包含出品前所必须具备的全部文档资料。发布候选可能会经历 RC0、RC1、RC2 等(最佳情况是 RC0 测试之后没有一点问题,那是最后要发布的产品),如果 RC0 以后又发现了 Bug,并且大家认为这个 Bug 必须解决,就又出来 RC1。Windows 2000 是经过 RC3 之后才进入产品发布阶段的。

5. 发布阶段

产品有了稳定的版本,就进入产品发布阶段。在项目的发布阶段,项目组发布产品或解决方案,稳定发布过程,并将项目移交到运营和支持人员手中,以获得最终用户对项目的认可。在项目发布完成后,项目组将召集项目评审会评价、总结整个项目过程。

10.4　思考与讨论

10.4.1　问题思考

1. 软件由哪几部分构成?
2. 什么是软件授权?为什么要有软件授权?
3. 软件危机产生的主要原因是什么?
4. 什么是软件工程?
5. 软件生命周期分为哪几个阶段?
6. 软件生命周期模型主要有哪几种?

10.4.2　课外讨论

1. 软件的主要特征有哪些?结合自己的实践谈谈看法。
2. 软件工程的核心思想是什么?
3. 为什么要提出软件生命周期的概念?
4. 试比较各种软件工程方法的特点。
5. 分析微软公司的软件过程模型。
6. 查询资料,了解软件工程的最新进展。

课后自测-10

第11章

信息与信息系统

信息同能源、材料并列为当今世界3大资源。信息资源牵动着经济增长、体制改革、社会变迁和发展,信息资源管理技术也从单一走向综合。用于管理与应用信息资源的信息系统成为当前及未来信息化推进的关键因素之一。

11.1 信息与信息管理

只要事物之间的相互联系和相互作用存在,就有信息产生。人类社会的一切活动都离不开信息,信息早就存在于客观世界,只不过人们首先认识了物质,然后认识了能量,最后才认识了信息。信息具有使用价值,能够满足人们的特殊需要,可用来为社会服务。

社会经济的发展正在从以物质与能源为经济结构的重心,向以信息为经济结构的重心转变,这一历史进程,即为信息化。

11.1.1 信息

在人类社会的早期,人们对信息的认识比较广义而且模糊,对信息的含义没有明确的定义。到了20世纪,特别是中期以后,科学技术的发展,特别是信息科学技术的发展,对人类社会产生了深刻的影响,迫使人们开始深入探讨信息的准确含义。

1. 信息的概念

人类生活离不开信息。早在远古时代,我们的祖先就懂得了用"结绳记事""烽火告急""信鸽传书"等方法存储、传递、利用和表达信息。

随着社会的进步和经济的发展,人们社会活动的深度与广度不断增加,信息的概念也在各个领域得到广泛的应用。通俗地讲,信息是人们关心的事物的情况。例如,某产品的市场需求和销售利润的变化对生产或经销此产品的企业来说,是很重要的信息。气象的变化、股市的涨落、竞争对手的行踪,对于与这些情况有关的个人或群体来说都是信息。

不难理解,同一事物的情况对于不同的个人或群体具有不同的意义。某个事物的情况只有对了解情况者的行为或思维活动产生影响时,才能称为信息。

信息的一般定义为:

事物之间相互联系、相互作用的状态的描述称为信息(information)。

由此定义可知,只有当事物之间相互联系、相互作用时,才有信息。一个事物由于另一事物的影响而使前者的某种属性起了变化,从信息的观点看,是因为前者得到了后者的某种信息。

本质上讲,信息存在于物质运动和事物运动的过程中,是一种非物质的资源。信息的作用就在于把物质、能源构成的混沌、杂乱的世界变成有序的世界,减少人的不确定性。信息奠基人香农认为"信息是用来消除随机不确定性的东西",这一定义被人们看作是经典性定义并加以引用。信息量的大小取决于信息内容消除人们认识的不确定程度。消除的不确定程度大,则信息量就大;消除的不确定程度小,则信息量就小。如果事先就确切地知道信息内容,信息量就等于零。

与信息相关的概念有数据、情报与知识。

数据(data)是信息的表达形式,信息是数据表达的内容。数据是对客观事物状态和运动方式记录下来的符号(如数字、字符、图形等),不同的符号可以有相同的含义。数据处理后仍是数据,处理数据是为了便于更好地解释数据,只有经过解释,数据才有意义,才能成为信息。

情报(intelligence)是信息的一个特殊的子集,是具有机密性质的一类特殊信息。情报要从很多信息中挖掘出来。

知识(knowledge)是具有抽象和普遍品格的一类特殊信息。信息是知识的原材料,知识是信息加工的产物。知识是反映各种事物的信息进入人们大脑,对神经细胞产生作用后留下的痕迹。

例如,气温计上的温度指示的是数据;今天最低气温为 0°,表达信息;水在 0°结冰,是知识;今年冬天平均气温非常低,燃料将短缺,是情报。

综上所述,对数据进行整理和预测后得到信息,信息中的一部分为情报;对信息进行提炼和挖掘后得到知识。

2. 信息的基本属性

信息具有以下基本属性。

(1) 信息存在的普遍性。信息是事物存在方式和运动状态的表现,因为宇宙间的万事万物都有其独特的存在方式和运动状态,所以必然存在着反映其存在方式和运动状态的信息。这种普遍存在着的信息具有绝对性和客观性。绝对性表现为客观的物质世界先于人类主体而存在,因此信息的存在不依主体而转移;客观性表现为,信息不是虚无缥缈的东西,它的存在可以被人感知、获取、存储、处理、传递和利用。

(2) 信息在时间与空间上的传递性。信息在时间上的传递是信息的存储。信息在空间中的传递是通信。当然,信息在空间上的传递也需要时间,但它在空间中传递的速度是一个有限值。尤其是在现代通信技术支持下,信息在空间上转移的时间越来越快,甚至可以忽略不计。信息在时间和空间中传递的性质十分重要,它不仅使人类社会能够进行有效的信息交流和沟通,而且能够进行知识和信息的积累与传播。

(3) 信息对物质载体的独立性。信息表征事物的存在和运动,通过人类创造的各种符号、代码和语言表达,通过竹、帛、纸、磁盘、光盘等物质记录和存储,通过光、声、电等能量载荷和传递。离开这些物质载体,信息便无法存在。但是,信息具体由哪种物质载体表达和记录,都不会改变信息的性质和含义,这说明信息对物质载体具有独立性。信息的物质载体的转换并不改变事物存在的方式和运动状态的表现形式。信息的这一性质使得人们有可能对信息进行各种加工处理和变换。

(4) 信息对认识主体的相对性。由于人们的观察能力、认识能力、理解能力和目的不同,他们从同一事物中获得的信息量也各不相同。即使他们的这些能力和目的完全相同,但他们在观察事物时选择的角度不同,侧面不一样,他们获得的有关同一事物的信息肯定也不同。信息的这一性质说明实际得到的信息量是因人而异的。

(5) 信息对利用者的共享性。由于信息可以脱离其发生源或独立于其物质载体,并且在利用中不被消耗,因而可以在同一时间或不同时间提供给众多的用户利用,这就是信息的共享性。信息能够共享是信息的一种天然属性,也是信息不同于物质和能量的重要特征。信息在时间和空间上实现最大限度的共享,可以提高信息利用效率,节约生产成本,但共享给现代信息管理中信息产权的保护和控制带来了很大难度。

(6) 信息产生和利用的时效性。从信息产生的角度看,信息表征的是特定时刻事物存在的方式和运动状态,由于所有的事物都在不断变化,过了这一时刻,事物的存在方式和运动状态必然会改变,表征这一"方式"和"状态"的信息也会随之改变,即所谓时过境迁。从信息利用的角度看,信息仅在特定的时刻才能发挥其效用。一条及时的信息可能价值连城,使濒临破产的企业扭亏为盈,成为行业巨头;一条过时的信息则可能分文不值,或使企业丧失难得的发展机遇,酿成灾难性后果。

3. 信息资源

在人类社会中,一切活动都离不开信息。人们为了实现某种目标,需要确定行动方案,也就是要进行决策。信息的效用在于对决策的影响。过去,由于生产规模小,科学技术水平低,人们社会活动的广度与深度都比较小,效率也不高,人工处理信息,凭经验做出决策,就能够适应人们社会生活的需要,信息问题的重要性与紧迫性没有充分显露出来。随着科学技术的突飞猛进和社会生产力的迅速发展,人们进行信息交流的深度与广度不断增加,信息量急剧增长,传统的信息处理与决策方法和手段已不能适应社会的需要,信息的重要性和信息处理问题的紧迫性空前提高。

面对日益复杂和不断发展、变化的社会环境,特别是企业间日趋激烈的竞争形势和用户对产品及服务在品种、质量、数量、交货期等方面越来越苛刻的要求,一个人、一个企业要在现代社会中求生存、谋发展,就必须及时、准确地了解当前的问题与机会,掌握社会需求状况与市场竞争形势,了解相关科学技术的最新成就与发展趋势。也就是说,必须具备足够的信息和强有力的信息收集与处理手段。因此,在现代社会中,人类赖以生存与发展的战略资源除了物质、能量外,还有信息称为信息资源。

现在信息资源的概念已得到广泛应用。信息资源通常包括信息(消息、知识、技术)及其载体;信息采集、传输、加工、存储的各类设施和软件;制造上述硬、软件的关键设施;有关信息采集、加工、传输、存储、利用的各种标准、规范、规章、制度、方法、技术等。信息资源的占有与利用水平是一个国家或企业的综合实力与竞争能力的重要标志。

11.1.2　信息管理

信息管理(Information Management,IM)是一个发展的概念,它一般存在狭义和广义两种基本理解。狭义的信息管理认为信息管理就是对信息本身的管理,即以信息科学理论为基础,以信息生命周期为主线,研究信息的"采集、整理、存储、加工(变换)、检索、传输和利用"的过程;广义的信息管理认为信息管理不单单是对信息的管理,还包括对涉及信息活动的各种要素,如信息、技术、人员、组织进行合理组织和有效控制。一般讲到的信息管理指广义的信息管理。

1. 信息管理的概念

信息管理是信息人员围绕信息资源的形成与开发利用,以信息技术为手段,对信息资源实施计划、组织、指挥、协调和控制的社会活动。在信息管理概念中,包括信息资源的管理和信息活动的管理。

信息资源是经过人类开发与组织的信息、信息技术、信息人员要素的有机集合。虽然人们常常把信息和信息资源看作等同的概念,但信息资源概念的外延大于信息的外延。信息资源既包括信息,又包括信息人员、信息技术及设施;而信息仅指信息内容及其载体。

信息活动是指人类社会围绕信息资源的形成、传递和利用而开展的管理活动与服务活动。从过程上看,可以分为两个阶段:一是信息资源的形成阶段,其活动特点以信息的"产生、记录、传播、采集、存储、加工、处理"为过程,目的在于形成可供利用的信息资源;二是信息资源的开发利用阶段,以对信息资源的"检索、传递、吸收、分析、选择、评价、利用"等活动为特征,目的是实现信息资源的价值,达到信息管理的目标。从层次和规模上看,信息活动又可以分为个人信息活动、组织信息活动和社会信息活动。

相对而言,信息资源管理主要针对信息管理的静态方面,关心的是信息资源开发和利用的程度;而信息活动管理主要针对信息管理的动态方面,关注的是信息资源开发利用的过程和效果。

2. 信息管理的过程

信息管理的过程包括信息收集、信息传输、信息加工和信息存储。信息收集就是对原始信息的获取。信息传输是信息在时间和空间上的转移，因为信息只有及时准确地送到需要者的手中，才能发挥作用。信息加工包括信息形式的变换和信息内容的处理。信息的形式变换是指在信息传输过程中，通过变换载体，使信息准确地传输给接收者。信息的内容处理是指对原始信息进行加工整理，深入揭示信息的内容。经过信息内容的处理，输入的信息才能变成所需要的信息，才能被适时有效地利用。信息送到使用者手中，有的并非使用完后就无用了，有的还需留做事后的参考和保留，这就是信息存储。通过信息存储可以从中揭示出规律性的事物，也可以重复使用。

11.1.3　信息化

20 世纪 90 年代以来，信息技术不断创新，信息产业持续发展，信息网络广泛普及，信息化成为全球经济社会发展的显著特征，并逐步演化为一场全方位的社会变革。

1. 信息化的概念

关于信息化的表述，在学术界作过较长时间的研讨。如有的人认为，信息化就是计算机、通信和网络技术的现代化；有的人认为，信息化就是从物质生产占主导地位的社会向信息产业占主导地位社会转变的发展过程；也有的人认为，信息化就是从工业社会向信息社会演进的过程，如此等等。

对"信息化"概念较为正式的界定，可参考《2006—2020 年国家信息化发展战略》，其具体叙述为：信息化是充分利用信息技术，开发利用信息资源，促进信息交流和知识共享，提高经济增长质量，推动经济社会发展转型的历史进程。

信息化是一个国家由物质生产向信息生产、由工业经济向信息经济、由工业社会向信息社会转变的动态的、渐进的过程。与城镇化、工业化类似，信息化也是一个社会经济结构不断变换的过程。这个过程表现为信息资源越来越成为整个经济活动的基本资源，信息产业越来越成为整个经济结构的基础产业，信息活动越来越成为经济增长不可或缺的一支重要力量。

信息化的过程是一个渐进的过程，可从 4 个方面理解其含义。首先，信息化是一个相对概念。它所对应的是社会整体及各个领域的信息获取、处理、传递、存储、利用的能力和水平；其次，信息化是一个动态的、发展中的概念。信息化是向信息社会前进的动态过程，它所描述的是可触摸的有形物质产品起主导作用向难以触摸的信息产品起主导作用转变的过程；第三，信息化是一个渐进的动态过程。它是从工业经济向信息经济、从工业社会向信息社会逐渐演进的动态过程，每个新的进展都是前一阶段的结果，同时又是下一发展阶段的新起点；最后，信息化是技术革命和产业革命的产物，是一种新兴的最具有活力和高渗透性的科学技术。

2. 信息化的层次

信息化代表了一种信息技术被高度应用,信息资源被高度共享,从而使得人的智能潜力以及社会物质资源潜力被充分发挥,个人行为、组织决策和社会运行趋于合理化的理想状态。信息化可分为产品信息化、企业信息化、产业信息化、国民经济信息化、社会生活信息化等多种层次。

(1) 产品信息化。产品信息化是信息化的基础,有两个层面的含义:一是产品所含各类信息比重日益增大、物质比重日益降低,产品日益由物质产品的特征向信息产品的特征迈进;二是越来越多的产品中嵌入了智能化元器件,使产品具有越来越强的信息处理功能。

(2) 企业信息化。企业信息化指企业在产品的设计、开发、生产、管理、经营等多个环节中广泛利用信息技术,并大力培养信息人才,完善信息服务,加速建设企业信息系统。

(3) 产业信息化。产业信息化指农业、工业、服务业等传统产业广泛利用信息技术,大力开发和利用信息资源,建立各种类型的数据库和网络,实现产业内各种资源、要素的优化与重组,从而实现产业的升级。

(4) 国民经济信息化。国民经济信息化指在经济大系统内实现统一的信息大流动,使金融、贸易、投资、计划、通关、营销等组成一个信息大系统,使生产、流通、分配、消费等经济的 4 个环节进一步联成一个整体。国民经济信息化是世界各国急需实现的近期目标。

(5) 社会生活信息化。社会生活信息化指包括经济、科技、教育、军事、政务、日常生活等在内的整个社会体系采用先进的信息技术,建立各种信息网络,大力开发有关人们日常生活的信息内容,丰富人们的精神生活,拓展人们的活动时空。社会生活极大程度信息化就标志着进入了信息社会。

3. 信息化产生的影响

信息技术发展和应用所推动的信息化,给人类经济和社会生活带来了深刻的影响。信息化与经济全球化推动着全球产业分工深化和经济结构调整,改变着世界市场和世界经济竞争格局。从全球范围看,信息化产生的影响主要表现在如下 3 个方面。

(1) 信息化促进产业结构的调整、转换和升级。电子信息产品制造业、软件业、信息服务业、通信业、金融保险业等一批新兴产业迅速崛起,传统产业如煤炭、钢铁、石油、化工、农业在国民经济中的比重日渐下降。信息产业在国民经济中的主导地位越来越突出。国内外已有专家把信息产业从传统的产业分类体系中分离出来,称其为农业、工业、服务业之后的"第四产业"。

(2) 信息化成为推动经济增长的重要手段。信息经济的一个显著特征就是技术含量高、渗透性强、增值快,可以很大程度上优化对各种生产要素的管理及配置,从而使各种资源的配置达到最优状态,降低生产成本,提高劳动生产率,扩大社会的总产量,推动经济增长。在信息化过程中,通过加大对信息资源的投入,可以在一定程度上替代各种物质资源和能源的投入,减少物质资源和能源的消耗,改变传统的经济增长模式。

（3）信息化引起生活方式和社会结构的变化。随着信息技术的不断进步，智能化的综合网络遍布社会各个角落，信息技术正在改变人类的学习方式、工作方式和娱乐方式。数字化的生产工具与消费终端广泛应用，人类已经生活在一个被各种信息终端所包围的社会中。信息逐渐成为现代人类生活不可或缺的重要元素之一。一些传统的就业岗位被淘汰，劳动力人口主要向信息部门集中，新的就业形态和就业结构正在形成。一大批新的就业形态和就业方式被催生，如弹性工时制、家庭办公、网上求职、灵活就业等。商业交易方式、政府管理模式、社会管理结构也在发生变化。

信息化浪潮的持续深入使人类社会日渐超越"工业社会"，而呈现"信息社会"的基本特征。主要表现在：信息技术促进生产的自动化，生产效率显著提升，科学技术作为第一生产力得到充分体现；信息产业形成并成为支柱产业；信息和知识成为重要社会财富；管理在提高企业效率中起到了决定性作用；服务业经济形成并占据重要的经济份额。

信息化在迅猛发展的同时，也给人类带来负面、消极的影响，主要体现在信息化对全球和社会发展的影响极不平衡，信息化给人类社会带来的利益并没有在不同的国家、地区和社会阶层得到共享。数字化差距或数字鸿沟加大了发达国家和发展中国家的差距，也加大了一个国家经济发达地区与经济不发达地区间的差距。信息技术的广泛应用使劳动者对具体劳动的依赖程度逐渐减弱，对劳动者素质（特别是专业素质）的要求逐渐提高，从而不可避免地带来一定程度上的结构性失业。数字化生活方式的形成使人类对信息手段和信息设施及终端的依赖性越来越强，在基础设施不完善、应急机制不健全的情况下，一旦发生紧急状况，将对生产、生活造成极大影响。此外，信息安全与网络犯罪、信息爆炸与信息质量、个人隐私权与文化多样性的保护等，成为信息化带给人类社会的新的挑战。

11.2　信息系统基础

无论是从事专业研究、经济活动，还是处理社会日常事务，都涉及信息发现、信息组织和信息利用等信息管理活动，并与各种信息系统发生联系。信息系统与每个人息息相关，已成为各专业领域人才必备的基本知识。

11.2.1　信息系统概述

信息系统是各领域、行业实施现代化管理的基础，其主要任务是最大限度地利用计算机及网络技术加强企业的信息管理，通过对企业拥有的人力、物力、财力、设备、技术等资源的调查和了解，建立正确的数据，加工处理并编制成各种信息资料及时提供给管理人员，以便进行正确的决策，不断提高企业的管理水平和经济效益。

1. 信息系统的概念

信息系统（Information Systems，IS）是一个人造系统，由信息源、信息处理器、信息存储器、信息管理者及信息用户等部分组成。其中，信息源是信息的产生地；信息处理器负责信息的传输、加工;信息存储器负责信息的存储;信息管理者负责系统的设计、实现、运行和维护;信息用户是信息系统的使用者。信息系统的目的是及时、正确地收集、加工、存储、传递和提供信息,实现组织中各项活动的管理、调节和控制。信息系统的概念结构如图 11-1 所示。

图 11-1　信息系统的概念结构

将信息系统的基本结构和工作原理加上各种科学管理方法或创新成果,就构成多种多样的信息系统,应用于社会的各种组织或个人,以改进工作效果,提高工作和生活质量,如电子纳税系统、家用理财系统、市场分析与预报系统、旅游方案咨询系统、计算机全自动科学配菜系统等。

企业进行的各项生产经营及其管理活动必然伴随有反映其状态与方式的信息,这些信息在企业中流转,形成信息流。一个企业存在各种各样的信息流,不同的信息流控制不同的企业活动。多种信息流组织在一起,用于管理和控制企业的各种活动,就形成了信息流的网络,再加上信息处理工具、方法与手段即构成了企业信息系统。

2. 信息系统的功能

信息系统具有 5 个基本功能,即输入、存储、处理、输出和控制。

(1) 输入。信息系统的输入功能取决于系统所要达到的目的及系统的能力和信息环境的许可。

(2) 存储。存储功能指的是信息系统存储各种信息资料和数据的能力。数据进入信息系统后,经过加工处理形成对管理有用的信息。由于绝大多数信息具有多次、长期利用的价值,因此,必须将这些信息进行存储保管,以便随时调用。信息的存储包括物理存储和逻辑组织两个方面。物理存储是指将信息存储在适当的介质上;逻辑组织是指按信息的内在联系组织和使用数据,把大量的信息组织成合理的结构。

(3) 处理。通过各种途径和方法采集的信息,必须按照不同的要求,经综合加工处理,才能成为有用的信息。信息处理一般需经真伪鉴别、排错校验、分类整理与加工分析 4 个环节。信息处理包括排序、分类、归并、查询、统计、结算、预测、模拟,以及进行各种数学运算。信息处理系统以计算机为基础完成信息加工工作。

(4) 输出。信息系统的各种功能都是为了保证最终实现最佳的输出功能。

(5) 控制。对构成系统的各种信息处理设备进行控制和管理,对整个信息加工、处理、传输、输出等环节通过各种程序进行控制。

3. 信息系统的特性

信息系统的特征主要表现在整体性、层次性、开放性等方面。

(1) 整体性。信息系统是一个有机整体系统,从整体出发,具体地分析其内部各组成部分之间的相互关系,从而可以解释和掌握它的整体性及规律。以系统的观点,构成信息系统的要素有硬件、软件、数据文件和数据库、相关人员以及制度规范、管理思想与理论等。这些要素相互作用构成了信息系统,硬件、系统软件和应用软件为系统的实施提供了物理设施,影响系统的响应速度、传输范围等特性;数据资源和数据库是应用软件的基础,其结构的好坏决定了应用软件的生命周期;管理制度规范影响系统的结构,制约着系统功能的发挥。正是这些要素互相作用、互相制约,才使得信息系统有条不紊地运行。

(2) 层次性。层次性是指组成系统的各要素存在种种差异,从而使系统组织在地位与作用、结构与功能上表现出等级秩序性。系统的层次区分是相对的,一个系统往往是更大系统的组成要素,它本身也还有更深层次的子系统。相对区分的层次之间又是相互联系的,相邻上下层之间、多个层次之间都会有相互联系、相互作用,甚至多个层次之间也会有协同作用。

信息系统是多层次结构,按照管理活动的不同,自底向上可分为生产作业层、经营管理层和战略决策层。生产作业层的管理活动属于基层管理,主要包括作业控制和业务处理;经营管理层的管理活动属于中层管理,保证在管理控制活动中正确地制订各项计划并进行有效管理;战略决策层的管理活动涉及总体目标和长远发展规划,为组织制订战略计划提供参考。

(3) 开放性。开放性是指系统具有不断与外界环境进行物质、能量、信息交换的性质和功能,系统向环境开放是系统得以向上发展的前提,也是系统得以稳定存在的条件。系统不能孤立地存在于环境中,必须与环境交换物质、能量与信息,才能生成、存在与发展,这就要求系统的结构是开放性结构。系统既要内部开放,又要对外开放。系统内部开放,即各子系统相互作用,才能形成系统的结构。系统对外开放,即与其他系统相互作用形成更大的系统,使自己成为更大系统的子系统。

4. 信息系统的分类

信息系统是一个内涵广泛的概念,它可以进行如下分类。

(1) 数据处理系统。数据处理系统(Data Processing System,DPS)的任务是处理组织的业务、控制生产过程和支持办公事务,并更新有关的数据库。数据处理系统通常由业务处理系统、过程控制系统和办公自动化系统 3 部分组成。业务处理系统的目标是迅速、及时、正确地处理大量信息,以提高管理工作的效率和水平;过程控制系统主要指用计算机控制正在进行的生产过程;办公自动化系统以先进技术和自动化办公设备(如文字处理设备、电子邮件、轻印刷系统等)支持部分办公业务活动。

(2) 管理信息系统。管理信息系统(Management Information System,MIS)是对一个组织机构进行全面管理的以计算机系统为基础的集成化的人机系统,具有分析、计划、预测、控制和决策功能。它把数据处理功能与管理模型的优化计算、仿真等功能结合起来,能准确、及时地向各级管理人员提供决策用的信息。其主要特点是:对实际系统人、财、物等优化仿真模拟,一般都是对实际系统综合业务的实时处理,解决的问题大多是结构化和半结构化的。

(3) 决策支持系统。决策支持系统(Decision Support System,DSS)是计算机科学、人工智能、行为科学和系统科学相结合的产物,是以支持半结构化和非结构化决策过程为特征的一类计算机辅助决策系统,用于高级管理人员进行战略规划和宏观决策。它为决策者提供分析问题、构造模型、模拟决策过程以及评价决策效果的决策支持环境,帮助决策者利用数据和模型在决策过程中通过人机交互设计和选择方案。

(4) 数据挖掘系统。随着数据库技术的迅速发展以及数据库管理系统的广泛应用,人们积累的数据越来越多。这些激增的数据背后隐藏着许多重要的、有用的信息,人们希望能从这些海量的数据中找出具有规律性的信息帮助我们进行更有效的活动。目前的数据库系统虽然可以进行高效的查询、统计等功能,但无法发现数据中存在的这些关系和规则,因而无法根据现有的数据预测未来的发展趋势。因此,数据挖掘(Data Mining,DM)技术应运而生。数据挖掘系统是指从大型数据库或数据仓库中提取隐含的、未知的、非平凡的及有潜在应用价值的信息或模式的高级数据处理过程。

(5) 办公自动化系统。办公自动化(Office Automation,OA)系统是以先进的技术设备为基础,由办公人员和技术设备共同构成的人机信息处理系统。其用户主要是办公室从事日常办公事务的工作人员,其目的是充分利用设备资源和信息资源,提高办公效率和质量。

11.2.2　信息系统的应用类型

根据应用功能和服务对象,信息系统可分为国家经济信息系统、企业管理信息系统、事务型信息系统、办公型信息系统和专业型信息系统等应用类型。

1. 国家经济信息系统

国家经济信息系统是一个包含各综合统计部门在内的国家级信息系统。这个系统纵向联系各省、市、县,直至各重点企业的经济信息系统,横向联系外贸、能源、交通等各行业信息系统,形成一个纵横交错、覆盖全国的综合经济信息系统。

国家经济信息系统的主要功能有:收集、处理、存储和分析与国民经济有关的各类经济信息,及时、准确地掌握国民经济的运行状况,为国家经济部门、各级决策部门及企业提供经济信息;为统计工作现代化服务,完成社会经济统计和重大国情国力调查的数据处理任务,进行各种统计分析和经济预测;为中央和地方各级政府部门制定社会、经济发展计划提供辅助决策手段;为中央和地方各级的经济管理部门进行生产调度、控制经济运行提供信息依据和先进手段;为各级政府部门的办公事务处理提供现代化的技术。

2. 企业管理信息系统

企业管理信息系统面向各类企业,如工厂、制造业、商业企业、建筑企业等。这类系统主要进行管理信息的加工处理,一般应具备对企业生产监控、预测和决策支持的功能。企业复杂的管理活动给管理信息系统提供了典型的应用环境和广阔的应用舞台。大型企业的管理信息系统都很大,人、财、物、产、供、销以及质量、技术应有尽有,同时技术要求也很复杂,因而常被作为典型的管理信息系统进行研究,从而有力地促进了管理信息系统的发展。

3. 事务型信息系统

事务型信息系统主要处理企业基础性和重复性的业务,主要是实现业务自动化,用基于计算机技术的信息采集、储存、传递等手段替换传统的信息处理方式。事务型信息系统的主要目的是整理企业里杂乱无章的数据和流程,减少手工操作的错误率,提高处理速度,同时增加信息储存和传递的数量。事务型信息系统的最大特点是:以更高的准确度、更快的速度代替人的部分或全部工作。

管理信息系统与事务型信息系统的区别在于:管理信息系统更强调管理方法的作用,强调利用信息分析组织的经营运转情况,利用模型对组织的经营活动各个细节进行分析、预测和控制,以科学的方法优化对各种资源的分配,并合理地组织经营活动。

4. 办公型信息系统

办公型信息系统支持行政机关办公管理自动化,对提高领导机关的办公质量和效率,改进服务水平具有重要意义。其主要特点是:办公自动化和无纸化,与其他各类管理信息系统有很大不同。在行政机关办公服务管理系统中,主要应用局域网、打印、传真、印刷、缩微等办公自动化技术,提高办公事务效率。行政机关办公型信息系统要与下级各部门行政机关信息系统互联,也要与上级行政首脑决策服务系统整合,为行政首脑提供决策支持信息。

5. 专业型信息系统

专业型信息系统是指从事特定行业或领域的信息系统,如人口管理信息系统、材料管理信息系统、科技人才管理信息系统、房地产管理信息系统等。这类信息系统的专业性很强,信息也相对专业,主要功能是收集、存储、加工、预测等。

另一类专业型信息系统,如地理信息系统、铁路运输管理信息系统、电力建设管理信息系统、银行信息系统、民航信息系统、邮电信息系统等,其特点是:具有很强的综合性,包含了上述各种管理信息系统的特点,有时也称为综合型信息系统。

11.3　信息系统的应用

信息系统发展到现在,以其高速、低成本为前提,追求系统处理问题的效率和效益,广泛应用于社会各个领域,应用系统多种多样,应用范围不断扩大,已经成为信息社会中必不可少的工具。

11.3.1　决策支持系统

决策支持系统是辅助决策者通过数据、模型和知识,以人机交互方式进行半结构化或非结构化决策的计算机应用系统。它为决策者提供分析问题、建立模型、模拟决策过程和方案的环境,调用各种信息资源和分析工具,帮助决策者提高决策水平和质量。

1. 决策的概念

决策是人们为了达到某种目的而进行的有意识的、有选择的行为,在一定条件的制约下,为了实现一定的目标,从可能的选择方案中做出决定,以求达到较为满意的结果。科学地进行决策是人们从事各项工作得以顺利进行的基本保证。

决策按其性质可分为结构化决策、非结构化决策及半结构化决策3类。结构化决策是指对某一决策过程的环境及规则能用确定的模型或语言描述,以适当的算法产生决策方案,并能从多种方案中选择最优解的决策。非结构化决策是指决策过程复杂,不可能用确定的模型和语言描述其决策过程,更无所谓最优解的决策。半结构化决策则介于二者之间,这类决策可以建立适当的算法产生决策方案,使决策方案中得到较优的解。非结构化和半结构化决策一般用于一个企业及组织的中、高管理层,其决策者一方面需要根据经验进行分析判断,另一方面也需要借助计算机为决策提供各种辅助信息,及时做出正确有效的决策。

每个决策过程都必须经过若干步骤实现。决策的过程包括提出问题、收集资料、确定目标、拟订方案、分析评价、方案确定和实施的全过程。整个决策过程与决策者的主观能动性、经验、知识、智慧和判断力是分不开的,人以外的任何机器、任何系统都无法取代这一决策过程。

2. 决策支持系统

决策支持系统(Decision Support System,DDS)是为决策者提供有价值的信息及创造性思维与学习的环境,能够帮助决策者解决半结构化和非结构化问题的交互式计算机信息系统。决策支持系统是管理人员大脑的延伸,其作用是辅助人们执行决策过程,帮助决策者提高决策的科学性、准确性,减少决策中的失误,提高决策的有效性。

决策支持系统的基本模式是人机交互系统、数据库系统和模型库系统3个子系统的有机结合(图 11-2)。人机交互系统是决策支持系统与用户的接口,其突出的特点是灵活方便。决策支持系统中的数据既包括企业内部的数据,也包括与企业有关的来自外部的数据,在决策过程中,特别是对高层决策者来说,外部数据极为重要。但是,数据是面向过去的,因为它反映了已经发生过的事实,利用决策支持系统中的模型,就可以把面向过

图 11-2 决策支持系统的基本模式

去的数据转变成面向现在或者面向将来的有意义的信息,模型体现了决策者解决问题的方法。

3. 决策支持系统的发展

自从 20 世纪 70 年代决策支持系统概念被提出以来,决策支持系统已经得到很大的发展。

1980 年提出了决策支持系统 3 部件结构(对话部件、数据部件、模型部件),明确了决策支持系统的基本组成,极大地推动了决策支持系统的发展。

20 世纪 80 年代末至 20 世纪 90 年代初,决策支持系统开始与专家系统(Expert System,ES)相结合,形成智能决策支持系统(Intelligent Decision Support System,IDSS)。智能决策支持系统充分发挥了专家系统以知识推理形式解决定性分析问题的特点,又发挥了决策支持系统以模型计算为核心的解决定量分析问题的特点,充分做到了定性分析和定量分析的有机结合,使得解决问题的能力和范围得到了一个大的发展。智能决策支持系统是决策支持系统发展的一个新阶段。

20 世纪 90 年代中期出现了数据仓库(DW)、联机分析处理(On-Line Analysis Processing,OLAP)和数据挖掘(DM)新技术,DW+OLAP+DM 逐渐形成新决策支持系统的概念。新决策支持系统的特点是:从数据中获取辅助决策信息和知识,完全不同于传统决策支持系统用模型和知识辅助决策。把数据仓库、联机分析处理、数据挖掘、模型库、数据库、知识库结合起来形成的决策支持系统称为综合决策支持系统(Synthetic Decision Support System,SDSS)。综合决策支持系统用于实现更有效的辅助决策。

随着 Internet 的普及,网络环境的决策支持系统以新的结构形式出现。决策支持系统的决策资源(如数据资源、模型资源、知识资源)将作为共享资源,以服务器的形式在网络上提供并发共享服务,为决策支持系统的应用提供了便利条件。

决策支持系统已逐步应用于大、中、小型企业中的预算分析、预算与计划、生产与销售、研究与开发等部门,并开始应用于军事决策、工程决策、区域开发等方面。

11.3.2　企业信息系统

现代企业的组织结构与信息系统存在着相互依赖和相互促进的关系,信息系统的发展和应用对企业的管理结构产生了重要的影响,使企业成为信息系统应用的最重要的领域之一。

1. 企业资源计划

企业资源计划(Enterprise Resource Planning,ERP)也称为企业资源规划,由美国著名管理咨询公司 Gartner Group Inc. 于 1990 年提出,并迅速为全世界商业企业所接受。企业资源计划系统,是指建立在信息技术基础上,以系统化的管理思想为企业决策层及员工提供决策运行手段的管理平台。

ERP 是整合了企业管理理念、业务流程、基础数据、人力物力、计算机硬件和软件的企业资源管理系统。ERP 是先进的企业管理模式,是提高企业经济效益的解决方案。其主要宗旨是：对企业所拥有的人、财、物、信息、时间和空间等综合资源进行综合平衡和优化管理，协调企业各管理部门，围绕市场导向开展业务活动，提高企业的核心竞争力，从而取得最好的经济效益。

ERP强调对企业管理的事前控制能力，把设计、制造、销售、运输、仓储和人力资源、工作环境、决策支持等方面的作业看作是一个动态的、可事前控制的有机整体。ERP系统将上述各个环节整合在一起，它的核心是管理企业现有资源，合理调配和准确利用现有资源，为企业提供一套能够对产品质量、市场变化、客户满意度等关键问题进行实时分析、判断的决策支持系统。

ERP集中反映出现代企业管理的理论与方法，同时也强调因地制宜的原则。但是，现今的ERP软件还不完善，远没有达到客户的需求，甚至也没有实现软件供应商们自己做出的承诺。用户需要的是更周密的供应链计划、更灵活地实施，希望ERP不仅能适合今天的业务流程，而且能够迅速改革，适应将来的新模式。

在企业中，ERP主要包括3个方面的内容：生产控制(计划、制造)、物流管理(分销、采购、库存管理)和财务管理(会计核算、财务管理)。这3大系统本身就是集成体，它们互相之间有相应的接口，能够很好地整合在一起对企业进行管理。随着企业对知识管理及人力资源管理的重视和加强，越来越多的ERP厂商将人力资源管理、知识管理等纳入了ERP系统。

2. 客户关系管理

客户关系管理(Customer Relationship Management，CRM)是一个不断加强与客户交流，不断了解客户需求，并不断对产品及服务进行改进和提高，以满足客户的需求的连续的过程。其内涵是企业利用信息技术和网络技术实现对客户的整合营销，是以客户为核心的企业营销的技术实现和管理实现。客户关系管理注重的是与客户的交流，企业的经营是以客户为中心，而不是传统的以产品或以市场为中心。为方便与客户沟通，客户关系管理可以为客户提供多种交流的渠道。

CRM的核心思想是：客户是企业的一项重要资产，客户关怀的是CRM的中心，客户关怀的目的是与所选客户建立长期和有效的业务关系，在与客户的每个"接触点"上都更加接近客户、了解客户，最大限度地增加利润和利润占有率。

客户关系管理系统的功能可归纳为：市场营销中的客户关系管理、销售过程中的客户关系管理、客户服务过程中的客户关系管理。在市场营销过程中，可有效帮助市场人员分析现有的目标客户群体，帮助市场人员进行精确的市场投放。销售是客户关系管理系统中的主要组成部分，可有效缩短工作时间，帮助管理人员提高整个公司的成单率、缩短销售周期，从而实现最大效益的业务增长；客户服务主要用于快速及时地获得问题客户的信息及客户历史问题记录等，有针对性且高效地为客户解决问题，提高客户满意度，提升企业形象。

3. 供应链管理

所谓供应链(supply chain)，就是由供应商、制造商、仓库、配送中心和渠道商等构成的物流网络。同一企业可能构成这个网络的不同组成结点,但更多的情况下是由不同的企业构成这个网络中的不同结点。在某个供应链中,同一企业可能既在制造商、仓库结点,又在配送中心结点等占有位置。在分工越细、专业要求越高的供应链中,不同结点基本是由不同企业组成的。

供应链管理的目标是在满足客户需要的前提下,对整个供应链(从供货商、制造商、分销商到消费者)的各个环节进行综合管理,例如,从采购、物料管理、生产、配送、营销到消费者的整个供应链的货物流、信息流和资金流,把物流与库存成本降到最小。

供应链管理的基本要求体现在信息资源共享、扩大客户需求以及实现多赢。供应链管理采用现代科技方法,以最优流通渠道使信息迅速、准确地传递,在供应链的各企业间实现资源共享;消费者大多要求提供产品和服务的前置时间越短越好,为此供应链管理通过生产企业内部、外部及流通企业的整体协作,大大缩短产品的流通周期,加快物流配送的速度,从而在最短的时间内满足客户个性化的需求;供应链管理把供应链的供应商、分销商、零售商等联系在一起,并对之优化,使各个相关企业形成了一个融会贯通的网络整体。在这个网络中,各企业仍保持着个体特性,但它们为整体利益的最大化共同合作,实现共赢。

11.3.3 电子商务系统

电子商务系统是在 Internet 和其他网络的基础上,以实现企业电子商务活动为目标,满足企业生产、销售、服务等生产和管理的需要,支持企业的对外业务协作,从运作、管理和决策等层次全面提高企业信息化水平,为企业提供商业智能的信息系统。

1. 电子商务的概念

电子商务(Electronic Commerce,EC)是指通过网络以电子数据流通的方式在全世界范围内进行并完成的各种商务活动、交易活动、金融活动和相关的综合服务活动。实际上,电子商务主要是一种借助于计算机网络技术,通过电子交易手段完成金融、物资、服务和信息等价值交换,快速而有效地从事各种商务活动的最新方法。电子商务的应用有利于满足企业、供应商和消费者提高产品质量和服务质量、加快服务速度、降低费用等方面的需求,帮助企业和个人通过网络查询和检索信息支持决策。

电子商务的目标可以概括为:加强企业与供应商之间的联系;加快资金周转速度,降低企业的综合成本;减少产品流通时间;加快对消费者需求的响应速度;提高服务质量,实现信息系统的一体化;建立企业站点,树立企业形象,提高企业知名度,增强市场竞争力。

2. 电子商务的特殊性

电子商务就其本质而言,仍然是"商务",其核心仍然是商品的交换,与传统商务活动的差别主要体现在商务活动的形式和手段上。电子商务的特殊性体现在如下几个方面。

(1)采用最先进信息技术的买卖方式。电子商务交易各方将自己的各类供求意愿按照一定的格式输入电子商务网络,电子商务网络便会根据用户的要求寻找相关信息并为用户提供多种买卖选择。一旦用户确认,电子商务就会协助完成合同的签订、分类、传递和款项收付等全套业务。这就为卖方以较高的价格卖出产品,买方以较低的价格购入商品和原材料提供了一个非常好的途径。

(2)虚拟的市场交换场所。电子商务能够跨越时空,实时地为用户提供各类商品和服务的供应量、需求量、发展状况及买卖双方的详细情况,从而使买卖双方能够更方便地研究市场,更准确地了解市场和把握市场。

(3)注重"现代信息技术"和"商务"。一方面,"电子商务"概念包括的"现代信息技术"应涵盖各种使用电子技术为基础的通信方式;另一方面,对"商务"一词应作广义解释,使其包括契约型或非契约型的一切商务性质的关系所引起的各种事项。如果把"现代信息技术"看作是一个子集,把"商务"看作是另一个子集,电子商务覆盖的范围应当是这两个子集形成的交集,即"电子商务"标题下可能广泛涉及的因特网、内部网和电子数据交换在贸易方面的各种用途(图11-3)。

图11-3   电子商务是两个集合的交集

(4)电子商务不等于商务电子化。真正的电子商务绝不仅是企业前台的商务电子化,它包括后台在内的整个运作体系的全面信息化,以及企业整体经营流程的优化和重组。也就是说,建立在企业全面信息化基础上,通过电子手段对企业的生产、销售、库存、服务以及人力资源等环节实行全方位控制的电子商务才是真正意义上的电子商务。

3. 电子商务系统

电子商务系统是保证以电子商务为基础的网上交易实现的体系。

市场交易是由参与交易双方在平等、自由、互利的基础上进行的基于价值的交换。网上交易同样遵循上述原则。作为交易中的两个有机组成部分,一是交易双方信息沟通,二是双方进行等价交换。在网上交易,其信息沟通是通过数字化的信息沟通渠道实现的,一个首要条件是交易双方必须拥有相应的信息技术工具,才有可能利用基于信息技术的沟通渠道进行沟通。同时,要保证能通过 Internet 进行交易,必须要求企业、组织和消费者连接到 Internet,否则无法利用 Internet 进行交易。在网上进行交易,交易双方在空间上是分离的,为保证交易双方进行等价交换,必须提供相应货物配送手段和支付结算手段。货物配送仍然依赖传统物流渠道,对于支付结算,既可以利用传统手段,也可以利用先进的网上支付手段。此外,为保证企业、组织和消费者能够利用数字化沟通渠道,保证交易顺利进行,需要由专门提供这方面服务的中间商(即电子商务服务商)参与。

企业通过实施电子商务实现企业经营目标,需要电子商务系统能提供网上交易和管理等全过程的服务。因此,电子商务系统具有广告宣传、咨询洽谈、网上订购、网上支付、电子账户、服务传递、意见征询、业务管理等各项功能。

11.4　思考与讨论

11.4.1　问题思考

1. 什么是信息？其基本属性是什么？
2. 什么是信息资源管理？什么是信息活动管理？
3. 信息系统有哪些功能？
4. 什么是决策支持系统？
5. 常见的企业信息系统有哪些？
6. 电子商务的特殊性体现在哪些方面？

11.4.2　课外讨论

1. 为什么说"在人类社会中,一切活动都离不开信息"？
2. 举例说明数据、信息和知识的区别。
3. 简要说明信息管理的过程。
4. 分析网络环境下信息系统的体系结构。
5. 开展调研,分析信息系统成败的主要因素。
6. 根据你的观察,列举 5 种信息系统的应用,并说明他们给人们的生活带来哪些变化。

课后自测-11

第 12 章

信 息 安 全

信息是社会发展和人类生存的重要资源。随着信息的获取、使用和控制的斗争愈演愈烈，信息安全成为维护国家安全、社会稳定、安全生产、稳定生活的一个焦点，世界各国都给予其极大的关注。在网络信息技术高速发展的今天，信息安全已变得至关重要。如何保护信息，使其不被非法获取、盗用、篡改和破坏，已成为大家十分关注和亟待解决的问题。

12.1　信息安全基础

在信息时代，信息安全可理解为保障信息的机密性、完整性、可用性、真实性、可控性，防御和对抗在信息领域威胁国家政治、经济、文化等安全，而采取有效策略的过程。信息安全不仅关系信息自身的安全，更对国家安全具有重大的战略价值。

12.1.1　信息安全概述

信息安全包括的范围很大。大到国家军事、政治等机密安全，小到如防范商业企业机密泄露、防范青少年对不良信息的浏览、个人信息的泄露等。网络环境下的信息安全体系是保证信息安全的关键,包括计算机安全操作系统、各种安全协议、安全机制(如数字签名、信息认证、数据加密等),直至安全系统,其中任何一个安全漏洞都可以威胁全局安全。

1. 信息安全面临的挑战

信息安全不是一个纯粹的技术问题。信息安全与政治安全、经济安全、文化安全具有同等重要的战略性地位,是任何国家、政府、部门、行业都必须十分重视的问题,是一个不容忽视的国家安全战略。

当前信息安全正面临着严峻的挑战,主要表现在如下几个方面。

(1)信息攻击形式复杂化。目前,信息攻击形式日益复杂化,病毒技术、黑客攻击和信息恐怖主义的结合直接威胁着国家的信息安全。信息攻击形式可分为主动攻击和被动攻击。主动攻击主要包括对信息的修改、删除、伪造、添加、重放、冒充和病毒入侵等;被动攻击主要包括对信息的侦听、截获、窃取、破译和业务流量分析、电磁信息提取等。而信息恐怖主义的兴起,更使国家信息安全面临着有政治目的、有组织的威胁。目前,大多数以网络战为导向的信息恐怖主义的攻击策略是瓦解性与破坏性相结合。破坏性攻击指利用恶意病毒、蠕虫等,造成现实或虚拟系统事实上的破坏;瓦解性攻击指利用电子邮件炸弹,使用垃圾、涂抹网络等黑客技术"闷死"网络系统,造成现实系统或虚拟系统失效。信息恐怖主义利用信息技术实施的攻击往往是匿名攻击,有效制止这类信息攻击与惩罚信息罪犯的难度空前增大。

(2)新信息技术应用引发信息安全风险。不断涌现的新信息技术的应用会引发新的信息安全风险。一般而言,当某种新的信息技术投入应用时,人们往往对其潜在的安全风险知之甚少,防范风险的知识与技术有限,加之其所导致的信息技术环境的改变等,将增加信息安全风险。如属于社会软件范畴的对等网络技术在最初投入应用时,就因使用了一种被称为智能隧道的技术,规避了防火墙、网络入侵检测等信息安全管理机制。

(3)信息安全管理。网络信息系统管理的好坏直接影响信息安全。主要体现在:信息安全法律法规和规章制度直接影响对信息网络领域违法犯罪活动的打击;信息安全管理手段直接影响信息的安全性,等等。

(4)信息安全人才的培养。信息安全人才主要包括信息安全的技术人才和管理人才。信息安全在某种意义上取决于信息安全人才的状况。

2. 保障信息安全的策略

信息安全的威胁来自各个方面,需要随时随地防范。现代意义上的信息安全是一个综合性问题,既涉及政治、军事、经济、科技、文化和体育等多方面的信息安全,又有技术、管理、方法、法律、制度、应用和人员等不同层面的安全。

(1)技术层面的策略。信息安全首先是一个技术问题。信息安全相关技术种类繁多,不同技术功能各异,适应不同的场合。由于信息网络系统的特殊性,信息安全风险的防范必须遵循"综合防范"原则。综合运用防火墙技术、审计技术、访问控制等网络控制技术,有助于提升信息安全风险防范的总体效能。

在信息安全的维护中,攻与防已很难区分,宜遵循"攻防兼备"原则,在重视防御性技术研发运用的同时,重视对抗性技术,即支撑保障信息安全的技术的集成运用。

(2)管理层面的策略。维护信息安全不仅取决于技术的有效性,同时取决于管理的有效性。信息安全管理包括信息安全领导、信息安全战略管理、信息安全组织结构、信息安全危机与应急管理、信息安全风险管理、信息安全政策与法规、信息安全评估、信息安全标准、行为信息安全管理等。

(3)资源层面的策略。信息安全的技术与管理策略的有效性在某种意义上依赖于相关资源的支撑。加强信息安全资源建设,为确保信息安全提供基础性设备和技术资源。

(4)理念层面的策略。技术、管理和资源层面策略的有效实施依赖于人的行为。因而,在重视技术、管理和资源层面策略的同时,应重视信息安全教育,强化公众的信息安全意识。计算机工作者应强化信息安全意识,成为践行信息安全理念的表率。

3. 信息安全的目标

无论在计算机上存储、处理和应用,还是在通信网络上传输,信息都可能被非授权访问而导致泄密,被篡改破坏而导致不完整,被冒充替换而导致否认,也有可能被阻塞拦截而导致无法存取。这些破坏可能是有意的,如黑客攻击、病毒感染;也可能是无意的,如误操作、程序错误等。

信息安全的目标是保护信息的机密性、完整性、可用性、可控性和不可抵赖性。机密性是指保证信息不被非授权访问,即使非授权用户得到信息,也无法知晓信息的内容,因而不能使用;完整性是指维护信息的一致性,即在信息生成、传输、存储和使用过程中不应发生人为或非人为的非授权篡改;可用性是指授权用户在需要时能不受其他因素的影响,方便地使用所需信息。这一目标是对信息系统的总体可靠性要求;可控性是指信息在整个生命周期内都可由合法拥有者加以安全的控制;不可抵赖性是指保障用户无法在事后否认曾经对信息进行的生成、签发、接收等行为。

事实上,安全是一种意识、一个过程,而不是某种技术就能实现的。进入 21 世纪后,信息安全的理念发生了巨大的变化,目前倡导一种综合的安全解决方法:针对信息的生存周期,以"信息保障"模型作为信息安全的目标,即信息的保护技术、信息使用中的检测技术、信息受影响或受攻击时的响应技术和受损后的恢复技术为系统模型的主要组成元素。在设计信息系统的安全方案时,综合使用多种技术和方法,以取得系统整体的安全性。

12.1.2　信息安全问题分析

信息安全问题是一个系统问题,而不是单一的信息本身的问题,因此要从信息系统的角度分析组成系统的软硬件及信息处理过程可能面临的风险。据统计,除没有明确攻击目标的扫描类攻击外,有据可查的网络安全事件主要由以下几种事件引起:网站篡改、垃圾邮件、蠕虫、网页恶意代码、木马、网络仿冒、拒绝服务攻击、主机入侵等。

综合起来说,信息安全的风险主要有物理安全风险、系统风险、网络与应用风险和管理风险等方面。

1. 物理安全风险

计算机本身和外部设备乃至网络和通信线路面临各种风险,如各种自然灾害、人为破坏、操作失误、设备故障、电磁干扰、被盗和各种不同类型的不安全因素所致的物质财产损失、数据资料损失等。

2. 系统风险

从安全的角度看,冯·诺依曼模型是造成安全问题的根源,因为二进制编码对识别恶意代码造成很大困难,其信号脉冲又容易被探测、截获;面向程序的思路使数据和代码混淆,使病毒、特洛伊木马等很容易入侵;底层(硬件)固定化、普适性的模型和多用户、网络化应用的发展,迫使人们靠加大软件适应这种情况,导致软件复杂性呈指数增加。

(1) 硬件组件风险。信息系统硬件组件的安全隐患多来源于设计,由于生产工艺或制造商的原因,计算机硬件系统本身有故障(如电路短路、断线)、接触不良引起系统的不稳定、电压波动的干扰等。由于这种问题是固有的,一般除在管理上强化人工弥补措施外,采用软件程序的方法见效不大。因此,在自制硬件和选购硬件时应尽可能减少或消除这类安全隐患。

(2) 软件组件风险。软件的"后门"是软件公司的程序设计人员为了自便而在开发时预留设置的,一方面为软件调试、进一步开发或远程维护提供了方便,但同时也为非法入侵提供了通道。这些"后门"一般不被外人所知,但"后门"洞开,其造成的后果将不堪设想。

此外,软件组件的安全隐患来源于设计和软件工程中的问题。软件设计中的疏忽可能留下安全漏洞;软件设计中不必要的功能冗余以及软件过长、过大,不可避免地存在安全脆弱性;软件设计不按信息系统安全等级要求进行模块化设计,导致软件的安全等级不能达到所声称的安全级别;软件工程实现中造成的软件系统内部逻辑混乱,导致垃圾软件,这种软件从安全角度看是绝对不可用的。

据统计,每写一千行语句总会有 6～30 行差错,而一个软件常常有百万行甚至千万行语句,这就意味着一个软件可能有几万个差错,即使百分之几有害,也有几千个漏洞。

软件组件可分为操作平台软件、应用平台软件和应用业务软件。这 3 类软件以层次结构构成软件组件体系。操作平台软件处于基础层,它维系着系统组件运行的平台,因此操作平台软件的任何风险都可能直接危及或被转移到或延伸到应用平台软件。对信息系统安全所需的操作平台软件的安全等级要求,不得低于系统安全等级要求,特别是信息系统的安全服务组件的操作系统安全等级必须至少高于系统安全一个等级。

(3) 网络和通信协议。在当今的网络通信协议中,局域网和专用网络的通信协议具有相对封闭性,因为它不能直接与异构网络连接和通信。这样的"封闭"网络本身基于两个原因比开放式的因特网的安全特性好:一是网络体系的相对封闭性,降低了从外部网络或站点直接攻入系统的可能性,但信息的电磁泄露性和基于协议分析的搭线截获问题仍然存在;二是专用网络自身具有较完善、成熟的身份鉴别,访问控制和权限分割等安全机制。

安全问题最多的还是基于 TCP/IP 协议簇的因特网及其通信协议。TCP/IP 协议簇原本只考虑互通互连和资源共享的问题，并未考虑也无法兼容解决来自网络中和网际间的大量安全问题。TCP/IP 最初设计的应用环境是美国国防系统的内部网络，这一网络环境是互相信任的，当其推广到全社会的应用环境后，就产生了信任问题。概括起来，因特网网络体系存在的致命的安全隐患有：缺乏对用户身份的鉴别、缺乏对路由协议的鉴别认证、TCP/UDP 的缺陷等。

3. 网络与应用风险

从网络中获取有用的数据和信息是网络威胁与攻击的根本目标。对数据通信系统的威胁包括：对通信或网络资源的破坏，对信息的滥用、讹用或篡改，信息或网络资源的被窃、删除或丢失，信息的泄露，服务的中断和禁止等。几种特定类型的攻击为：冒充、重放、篡改、拒绝服务、内部攻击、外部攻击、陷阱门、特洛伊木马等。威胁和攻击的来源主要有：

（1）内部操作不当。系统内部工作人员操作不当，特别是系统管理员和安全管理员出现管理配置的操作失误，可能造成重大安全事故。

（2）内部管理不严。系统内部缺乏健全的管理制度或制度执行不力，会给内部工作人员违规和犯罪留下缝隙。其中，以系统管理员和安全管理员的恶意违规和犯罪造成的危害最大。内部人员私自安装拨号上网设备，绕过了系统安全管理控制点。内部人员利用隧道技术与外部人员实施内外勾结的犯罪也是防火墙和监控系统难以防范的。此外，内部工作人员的恶意违规可以造成网络和站点拥塞、无序运行，甚至导致网络瘫痪。

（3）来自外部的威胁和犯罪。从外部对系统进行威胁和攻击的实体主要有黑客、信息间谍及计算机犯罪。

黑客(hacker)的行为就是涉及阻挠计算机系统正常运行或利用、借助和通过计算机系统进行犯罪的行为。黑客正是通过系统各组件(硬件、操作系统、通信协议和应用程序等)所存在的缺陷和漏洞，才能潜入他人的系统中。黑客对系统的最大威胁不只是直接的攻击或成功的攻击，更重要的是通过攻击，获得系统的技术经验和技术方法，特别是绕过或逃脱系统管理的网上跟踪和反跟踪的方式和方法。

信息间谍是情报间谍的派生物，是信息战的工具。信息间谍通过系统组件和在环境中安装信息监听设备(具有采集信息和发送信息能力的软、硬件设备)，监听或窃取各方面的情报信息。

计算机犯罪人员利用系统的脆弱性和漏洞，通过网络进入系统或篡改系统数据，如篡改金融账目、商务合同，或将他人信息转移到自己的系统内。例如，将别人的资金转入自己账户，或者伪造、假冒政令和指令并设法逃避信息系统的安全监控，使他人蒙受经济损失、非法获取财产、损坏他人信誉，甚至造成社会混乱等犯罪行为。

4. 管理风险

美国信息安全专家布鲁斯·施奈尔(Bruce Schneier)说过，"安全是一个过程(process)，而不是一个产品(product)"。单纯依靠安全设备是不够的，它是一个汇集了硬件、软件、网络、人以及它们之间的相互关系和接口的系统。网络与信息系统的实施主体是人,安全设备与安全策略最终要依靠人才能应用与贯彻。多数单位存在安全设备设置不合理、使用管理不当、没有专门的信息安全人员、系统密码管理混乱等现象,防火墙、入侵检测、VPN(虚拟专用网络)等设备起不了应有的作用。

12.2　密 码 技 术

密码技术是信息安全技术中的核心技术。密码技术涉及信息论、计算机科学和密码学等多方面知识,它的主要任务是研究计算机系统和通信网络内信息的保护方法,以实现系统内信息的安全、保密、真实和完整。

12.2.1　密码学基础

自古以来,密码主要应用于军事、政治、外交等机要部门,因而密码学的研究工作本身也是秘密进行的。然而,随着计算机科学、通信技术、微电子技术的发展,计算机网络的应用进入了人们的日常生活和工作中,从而产生了保护隐私、敏感,甚至秘密信息的需求,而且这样的需求在不断扩大,于是密码学的应用和研究逐渐公开化,并呈现出空前的繁荣。

1. 密码学的基本概念

研究密码编制的科学称为密码编制学(cryptography),研究密码破译的科学称为密码分析学(cryptanalysis),它们共同组成了密码学(cryptology)。

密码技术的基本思想是伪装信息,即对信息做一定的数学变换,使不知道密钥的用户不能解读其真实的含义。变换前的原始数据称为明文(plaintext),变换后的数据称为密文(ciphertext),变换的过程叫作加密(encryption),而通过逆变换得到原始数据的过程称为解密(decryption),解密需要的条件或者信息称为密钥(Key)。通常,密钥就是一系列字符串。

一个密码系统主要由以下部分构成:

明文空间 M:所有明文的集合。

密文空间 C:全体密文的集合。

密钥空间 K:全体密钥的集合,其中每个密钥 k 均由加密密钥 K_e 和解密密钥 K_d 组成,即 $K=(K_e,K_d)$,在某些情况下,$K_e=K_d$。

加密算法 E:一组以 K_e 为参数的由 M 到 C 的变换,即 $C=E(K_e,M)$,可简写为 $C=E_{K_e}(M)$。

解密算法 D:一组以 K_d 为参数的由 C 到 M 的变换,可表示为 $M=D(K_d,C)$,可简写为 $M=D_{K_d}(C)$。

密码系统模型如图 12-1 所示。

从图 12-1 可以了解密码系统工作的大体流程以及可能存在的被攻击的情形。信息

图 12-1　密码系统模型

的发送者通过一个加密算法将消息明文 m 加密为密文 c,然后通过不安全的信道传送给接收者,接收者接到密文 c 后用已知的密钥 K_d 进行解密得到明文 m。而在信息的传输过程中,可能会有主动攻击者冒充发送者传送 c_0 给接收者,干扰或者破坏通信;也可能会有被动攻击者盗取密文 c,那么密码分析者的工作就是在不知道 K_d 的情况下通过 c 恢复出 m。以上两种攻击行为在现实生活中非常常见。

2. 密码编制学

密码编制学是对消息进行编码以隐藏明文消息的一门学问。替代和置换是古典密码中常用的变换形式。

(1) 替代密码。首先需要构造一两个或者多个密文字母表,然后用密文字母表中的字母或字母组替代明文字母或字母组,各个字母或字母组的相对位置不变,但其本身改变了。下面看一下罗马皇帝 Julius Caesar 在公元前 50 年左右使用的"恺撒密码",这其实就是一种典型的替代密码。他将字母按字母表中的顺序循环排列,将明文中的每个字母用其后面的第 3 个字母代替,以得到对应的密文。

以英文为例,恺撒密码使用的明文字母表和密文字母表分别如下。

明文字母表：a b c d e f g h i j k l m n o p q r s t u v w x y z

密文字母表：d e f g h i j k l m n o p q r s t u v w x y z a b c

那么,对于明文 attack postoffice,经恺撒密码变换后得到的密文为：

dwwdfn srvwriilfh

可以说,恺撒密码是替代密码的最简单的例子。在替代密码中,密文中的字母顺序与明文中的字母顺序一致,只不过各密文字母是由相应的明文字母按某种映射变换得到的。

按照映射规则的不同,替代密码可分为 3 种：单表替代密码、多表替代密码和多字母替代密码。

(2) 置换密码。将明文中的字母重新排列,字母表示不变,但其位置改变了,这样编成的密码就称为置换密码。换句话说,明文与密文使用的字母相同,但是它们的排列顺序不同。最简单的置换密码就是把明文中的字母顺序颠倒。

可以将明文按矩阵的方式逐行写出,然后按列读出,并将它们排成一排作为密文,列的阶就是该算法的密钥。在实际应用中,人们常常用某一单词作为密钥,按照单词中各字母在字母表中的出现顺序排序,用这个数字序列作为列的阶。

若以 coat 作为密钥,则它们的出现顺序为 2、3、1、4,对明文 attack postoffice 加密的过程如图 12-2 所示。

按照阶数由小到大逐列读出各字母,所得密文为:

t p o c a c s f t k t i a o f e

密钥	c	o	a	t
阶	2	3	1	4
	a	t	t	a
	c	k	p	o
	s	t	o	f
	f	i	c	e

图 12-2　对明文 attack postoffice 加密的过程

对于这种列变换类型的置换密码,密码分析很容易进行:将密文逐行排列在矩阵中,并依次改变行的位置,然后按列读出,就可得到有意义的明文。为了提高它的安全性,可以按同样的方法执行多次置换。例如,对上述密文再执行一次置换,就可得到原明文的二次置换密文:

o s t f t a t a p c k o c f i e

3. 密码分析学

密码分析学就是研究密码破译的科学。如果能够根据密文系统确定出明文或密钥,或者能够根据明文密文对系统确定出密钥,则称这个密码系统是可破译的。常用的密码分析方法主要有以下 3 种。

(1)穷举攻击。对截获的密文,密码分析者试遍所有的密钥,以期得到有意义的明文;或者使用同一个密钥,对所有可能的明文加密,直到得到的密文与截获的密文一致。穷举攻击也称强力攻击或完全试凑攻击。

(2)统计分析攻击。密码分析者通过分析明文与密文的统计规律,得到它们之间的对应关系。

(3)数学分析攻击。密码分析者根据加密算法的数学依据,利用数学方法(如线性分析、差分分析及其他一些数学知识)破译密码。

对于一个密码系统,如果无论密码分析者截获多少密文和用什么技术方法进行攻击都不能被攻破,则称为绝对不可破译。著名的"一次一密"密码就可以称为绝对不可破译的密码。但由于密钥管理的困难,"一次一密"密码是不实用的。理论上,如果能够拥有足够多的资源,那么任何实际使用的密码都是可以破译的。

12.2.2　密码技术

信息加密的目的是保护网内的数据、文件、口令和控制信息,保护网上传输的数据。在保障信息安全各种功能特性的诸多技术中,密码技术是信息安全的核心和关键技术,通过数据加密技术,可以在一定程度上提高数据传输的安全性,保证传输数据的完整性。

1. 密码体制

常用的两种主要的密码体制为对称密码体制和非对称密码体制。

(1)对称密码体制。对信息进行明文/密文变换时,加密与解密使用相同密钥的密码体制,称为对称密码体制。在该体制中,记 E_k 为加密函数,密钥为 k;D_k 为解密函数,密钥为 k;m 表示明文消息,c 表示密文消息。对称密码体制的特点可以表示如下。

$$D_k(E_k(m)) = m \quad (对任意明文信息 m)$$
$$E_k(D_k(c)) = c \quad (对任意密文信息 c)$$

利用对称密码体制,可以为传输或存储的信息进行机密性保护。为了对传输信息提供机密性服务,通信双方必须在数据通信之前协商一个双方共知的密钥(即共享密钥)。如何安全地在通信双方得到共享密钥(即密钥只被通信双方知道,第三方无从知晓密钥的值)属于密钥协商的问题。假定通信双方已安全地得到了一对共享密钥 k,此时通信一方(称发送方)为了将明文信息 m 秘密地通过公网传送给另一方(称接收方),可使用某种对称加密算法 E_k 对 m 进行加密,得到密文 c。

$$c = E_k(m)$$

发送方通过网络将 c 发送给接收方,在公网上可能存在各种攻击,当第三方截获到信息 c 时,由于他不知道 k 值,因此 c 对他是不可理解的,这就达到了秘密传送的目的。在接收方,接收者利用共享密钥 k 对 c 进行解密,复原明文信息 m,即

$$m = D_k(c) = D_k(E_k(m))$$

图 12-3 可以表示出利用对称密码体制为数据提供加密保护的流程。

图 12-3 对称密钥保密体制模型

对于存储中的信息,信息的所有者利用对称加密算法 E 及密钥 k 将明文信息变化为密文 c 进行存储。由于密钥 k 是信息所有者私有的,因此第三方不能从密文中恢复明文信息 m,从而达到对信息的机密性保护目的。

(2) 非对称密码体制。对信息进行明文/密文变换时,使用不同密钥的密码体制称为非对称密码体制。在非对称密码体制中,每个用户都具有一对密钥,一个用于加密,另一个用于解密。其中,加密密钥可以在网络服务器、报刊等场合公开,解密密钥则属于用户的私有秘密,只有用户一人知道。这要求所有非对称密码体制具有如下特点:由公开的加密密钥推导出私有解密密钥在实际上不可行。所谓实际上不可行,即理论上是可以推导的,但实际上几乎不可能满足推导的要求:如计算机的处理速度、存储空间的大小等限制,或者说,推导者为推导解密密钥所花费的代价是无法承受的或得不偿失的。

假设明文仍记为 m,加密密钥为 k_1,解密密钥为 k_2,E 和 D 仍表示相应的加密/解密算法,则非对称密码体制有如下特点。

$$D_{k_2}(E_{k_1}(m)) = m \quad (对任意明文 m)$$
$$E_{k_1}(D_{k_2}(c)) = c \quad (对任意密文 c)$$

利用非对称密码体制,可对传输或存储中的信息进行机密性保护。

在通信中,发送方 A 为了将明文 m 秘密地发送给接收方 B,需要从公开刊物或网络服务器等处查寻 B 的公开加密密钥 k_1(k_1 也可以通过其他途径得到,如由 B 直接通过网络告知 A)。在得到 k_1 后,A 利用加密算法将 m 变换为密文 c 并发送给 B。

$$c = E_{k_1}(m)$$

在 c 的传输过程中,第三方不知道 B 的密钥 k_2,因此,不能从 c 中恢复明文信息 m,因此达到机密性保护。接收到 c 后,B 利用解密算法 D 及密钥 k_2 进行解密。

$$m = D_{k_2}(E_{k_1}(m)) = D_{k_2}(c)$$

非对称密码体制对传输信息的保护如图 12-4 所示。

图 12-4　非对称密码体制对传输信息的保护

对于存储信息 m 的机密性保护,非对称密码体制有类似的工作原理:信息的拥有者使用自己的公钥 k_1 对明文 m 加密生成密文 c 并存储起来,其他人不知道存储者的解密密钥 k_2,因此无法从 c 中恢复出明文信息 m。只有拥有 k_2 的用户,才能对 c 进行恢复。

非对称密码体制也称公钥密码体制。与对称密码体制相比,采用非对称密码体制的保密体系的密钥管理较方便,而且保密性比较强,但实现速度比较慢,不适于通信负荷较重的应用。

2. 数字签名

对文件签名表示签名者将对文件内容负责。签名的真实性来源于手迹的难于模仿性。在信息时代,通过网络的商务活动频繁。A 通过网络发送一条消息,告诉银行从 A 的账户上给 B 支付 500 元。银行如何知道这条消息是由 A 发送的? 进而,如果事后 A 否认曾发送过这条消息,银行如何向公证机关证明 A 确实发送过这条消息? 人们通过为消息附上电子数字签名,使签名者对消息的内容负责,而不可以在事后抵赖。

数字签名是基于公钥密码体制的。为了对消息 m 进行数字签名,用户 A 必须具有密钥对 $<k_1, k_2>$。其中,k_1 为公开的加密密钥,k_2 为私有的解密密钥。A 通过如下运算对消息 m 进行签名。

$$\text{Sig} = D_{k_2}(m)$$

A 将 $D_{k_2}(m)$ 作为消息 m 的签名与 m 组合。在上面支付的例子中,银行通过查找 A 的公钥 k_1,对签名进行如下计算。

$$E_{k_1}(\text{sig}) = E_{k_1}(D_{k_2}(m)) = m$$

由此可知消息确实来源于 A。第三方无从知晓 k_2,因此无法计算出 Sig。不难看出,事后 A 无法否认曾发送此消息的行为:因为除了 A 之外,任何人都不能从 m 计算出 Sig。图 12-5 所示为数字签名的工作流程。

图 12-5　数字签名的工作流程

数字签名与手书签名的区别在于,手书签名是模拟的,且因人而异,而数字签名是 0 和 1 的数字串,因消息而异。

3. 身份认证

计算机网络世界中的一切信息(包括用户的身份信息)都是用一组特定的数据表示的,计算机只能识别用户的数字身份,所有对用户的授权也是针对用户数字身份的授权。如何保证以数字身份进行操作的操作者就是这个数字身份的合法拥有者,也就是说,保证操作者的物理身份与数字身份对应,身份认证就可以解决这个问题。作为防护网络资源的第一道关口,身份认证有举足轻重的作用。

在真实世界,对用户进行身份认证,有 3 种方法:根据你所知道的信息证明你的身份(what you know,你知道什么);根据你所拥有的东西证明你的身份(what you have,你有什么);直接根据独一无二的身体特征证明你的身份(who you are,你是谁),如指纹、面貌等。在网络世界,为了达到更高的身份认证安全性,某些场景会综合使用 2 种方法,即所谓的双因素认证。

12.3　网　络　安　全

网络安全是指通过采用各种技术和管理措施,使网络系统正常运行,从而确保网络的可用性、完整性和保密性。网络安全的具体含义会随着"角度"的变化而变化。例如,从用户的角度来说,他们希望涉及个人隐私或商业利益的信息在网络上传输时受到机密性、完整性和真实性的保护;而从企业的角度来说,最重要的是内部信息的安全加密以及保护。

建立一个有效的网络系统防护体系,已经成为刻不容缓的问题。随着网络应用的深入与普及,网络安全技术得到普遍重视,常见的有防火墙、入侵检测、访问控制、系统容灾和虚拟专用网等。

12.3.1　防火墙

防火墙(fire wall)是一种最重要的网络防护设备。在网络中,所谓"防火墙",是指一种将内部网和公众访问网(如 Internet)分开的方法,它实际上是一种隔离技术。防火墙是在两个网络通信时执行的一种访问控制尺度,它能允许你"同意"的人和数据进入你的网络,同时将你"不同意"的人和数据拒之门外,最大限度地阻止网络中的入侵者访问你的网络。换句话说,如果不通过防火墙,公司内部的人就无法访问 Internet,Internet 上的人也无法和公司内部的人进行通信。从专业角度讲,防火墙是位于两个(或多个)网络间,实施网络之间访问控制的一个组件集合。

1. 防火墙的作用

防火墙(图 12-6)的作用主要有如下几个方面。

图 12-6　防火墙示意图

(1) 防火墙是网络安全的屏障。一个防火墙(作为阻塞点、控制点)能极大地提高一个内部网络的安全性,并通过过滤不安全的服务而降低风险。由于只有经过精心选择的应用协议才能通过防火墙,所以网络环境变得更安全。

(2) 防火墙可以强化网络安全策略。通过以防火墙为中心的安全方案配置,能将所有的安全软件(如口令、加密、身份认证、审计等)都配置在防火墙上。与将网络安全问题分散到各个主机上相比,防火墙的集中安全管理更经济。例如,在网络访问时,一次一密口令系统和其他的身份认证系统完全可以不必分散在各个主机上,而集中在防火墙身上。

(3) 对网络存取和访问进行监控。如果所有的访问都经过防火墙,那么,防火墙就能记录这些访问并做出日志记录,同时也能提供网络使用情况的统计数据。当发生可疑动作时,防火墙能进行适当的报警,并提供网络是否受到探测和攻击的详细信息。另外,通过收集网络的使用和误用情况,可以了解防火墙是否能够抵挡攻击者的探测和攻击,也可以了解防火墙的控制是否充足。

(4) 防止内部信息的外泄。通过利用防火墙对内部网络的划分,可实现内部网重点网段的隔离,从而限制了局部重点或敏感网络安全问题对全局网络造成的影响。再者,隐私是内部网络非常关心的问题,一个内部网络中不引人注意的细节可能包含了有关安全的线索而引起外部攻击者的兴趣,甚至因此而暴露了内部网络的某些安全漏洞。使用防火墙就可以隐蔽那些透漏内部细节的服务,如 Finger、DNS 等。

2. 防火墙的基本类型

防火墙有多种形式,有的以软件形式运行在普通计算机系统上,有的以硬件形式单独实现,也有的以固件形式设计在路由器中。从实现原理上分,防火墙的技术包括 4 大类:网络级防火墙、应用级网关、电路级网关和规则检查防火墙。

(1) 网络级防火墙。网络级防火墙也称包过滤型防火墙,在网络层对数据包进行分析、选择和过滤。系统内设置的访问控制表（又叫规则表），规定允许哪些类型的数据包可以流入或流出内部网络。通过检查每个IP数据包的源地址、目的地址、所用端口号、协议状态等因素或它们的组合确定是否允许该数据包通过。其次，通过定义基于TCP或UDP数据包的端口号，防火墙能够判断是否允许建立特定的连接，如Telnet、FTP连接。其优点是：速度快、逻辑简单、成本低、易于安装和使用、网络性能和透明度好，缺点是：配置困难、容易出现漏洞，而且为特定服务开放的端口存在潜在的危险。

（2）应用级网关。应用级网关能够检查进出的数据包，通过网关复制传递数据，防止在受信任服务器和客户机与不受信任的主机间直接建立联系。应用级网关工作在应用层，针对特定的网络应用服务协议使用指定的数据过滤逻辑，并在过滤的同时对数据包进行必要的分析、登记和统计，形成报告。应用级网关有较好的访问控制，是目前最安全的防火墙技术，但实现困难，而且有的应用级网关缺乏"透明度"。在实际使用中，用户在受信任的网络上通过防火墙访问Internet时，经常会发现存在延迟，并且必须多次登录（login），才能访问Internet或Intranet。

（3）电路级网关。电路级网关又称为线路级网关，工作在会话层。电路级网关用来监控受信任的客户或服务器与不受信任的主机间的TCP握手信息，以决定该会话（session）是否合法。

（4）规则检查防火墙。规则检查防火墙集成了包过滤防火墙、应用级网关和电路级网关的特点。但不同于应用级网关的是，它并不打破客户机/服务器模式分析应用层的数据，它允许受信任的客户机和不受信任的主机建立直接连接。规则检查防火墙依靠某种算法识别进出的应用层数据，这些算法通过已知合法数据包的模式比较进出数据包，这样，从理论上就能比应用级代理在过滤数据包上更有效。

3. 防火墙的使用

防火墙具有很好的保护作用。入侵者必须首先穿越防火墙的安全防线，才能接触目标计算机。可以将防火墙配置成许多不同的保护级别。高级别的保护可能会禁止一些服务，如视频流等。

在具体应用防火墙技术时，还要考虑两个方面：一是防火墙是不能防病毒的，尽管有不少的防火墙产品声称其具有这个功能；二是防火墙技术的另外一个弱点在于数据在防火墙之间的更新是一个难题，如果延迟太大，将无法支持实时服务请求，并且，防火墙采用滤波技术，滤波通常使网络的性能降低50%以上，如果为了改善网络性能而购置高速路由器，就会大大增加经济预算。

总之，防火墙是企业网安全问题的流行方案，即把公共数据和服务置于防火墙外，使其对防火墙内部资源的访问受到限制。作为一种网络安全技术，防火墙具有简单实用的特点，并且透明度高，可以在不修改原有网络应用系统的情况下达到一定的安全要求。

12.3.2 入侵检测

人们发现只被动地从防御的角度构造安全系统是不够的。入侵检测就是一种主动安全保护技术。它像雷达警戒一样，作为防火墙之后的第2道安全闸门，在不影响网络性能的前提下,对网络进行监控,从计算机网络的若干关键点收集信息,通过分析这些信息,看看网络中是否有违反安全策略的行为和遭到攻击的迹象,从而扩展系统管理员的安全管理能力,提高信息安全基础结构的完整性。

1. 入侵检测系统

入侵检测系统(Intrusion Detection System,IDS)是对计算机和网络系统资源上的恶意使用行为进行识别和响应的处理,它的主要工作内容包括:监视并分析用户和系统的行为,审计系统配置和漏洞,评估敏感系统和数据的完整性,识别攻击行为、对异常行为进行统计,自动收集与系统相关的补丁,审计、识别、跟踪违反安全法规的行为,使用诱骗服务器记录黑客行为。

一般来说,入侵检测系统可分为主机型和网络型。主机型入侵检测系统往往以系统日志、应用程序日志等作为数据源,当然,也可以通过其他手段(如监督系统调用)从所在的主机收集信息进行分析。主机型入侵检测系统保护的一般是所在的系统。网络型入侵检测系统的数据源则是网络上的数据包。往往将一台机子的网卡设于混杂模式(promisc mode),监听所有本网段内的数据包并进行判断。网络型入侵检测系统一般担负着保护整个网段的任务。

2. 入侵检测的类型

对各种事件进行分析,从中发现违反安全策略的行为是入侵检测系统的核心功能。入侵检测包括技术和时间两种类型。

(1) 基于技术的分类。从技术上,入侵检测分为两类:一类基于标志;另一类基于异常情况。

对于基于标志的检测来说,首先要定义违背安全策略的事件的特征,如网络数据包的某些头信息。检测主要判别这类特征是否在所收集到的数据中出现。此方法非常类似杀毒软件。

基于异常的检测是先定义一组系统"正常"情况的数值,如 CPU 利用率、内存利用率、文件校验等,然后将系统运行时的数值与所定义的"正常"情况比较,得出是否有被攻击的迹象。这种检测方式的核心在于如何定义所谓的"正常"情况。

两种检测的方法所得出的结论有非常大的差异。基于标志检测的核心是维护一个知识库。对于已知的攻击,它可以详细、准确地报告出攻击类型,但是对未知攻击却效果有限,而且知识库必须不断更新。基于异常的检测则无法准确判别出攻击的手法,但它可以(至少在理论上可以)判别更广泛,甚至未被发觉的攻击。

(2) 基于时间的分类。从时间上,入侵检测可分为实时入侵检测和事后入侵检测两类。

实时入侵检测在网络连接过程中进行,系统根据用户的历史行为模型、存储在计算机中的专家知识以及神经网络模型对用户当前的操作进行判断,一旦发现入侵迹象,立即断开入侵者与主机的连接,并收集证据和实施数据恢复。这个检测过程是不断循环进行的。

事后入侵检测由网络管理人员进行,他们具有网络安全的专业知识,根据计算机系统对用户操作所做的历史审计记录判断用户是否具有入侵行为,如果有,就断开连接,并记录入侵证据和进行数据恢复。事后入侵检测是管理员定期或不定期进行的,不具有实时性,因此防御入侵的能力不如实时入侵检测系统。

3. 入侵检测过程

入侵检测过程分为信息收集、信息分析和结果处理3个步骤。

(1)信息收集。入侵检测的第一步是信息收集。收集的内容包括系统、网络、数据及用户活动的状态和行为。由放置在不同网段的传感器或不同主机的代理收集信息,包括系统和网络日志文件、网络流量、非正常的目录和文件改变、非正常的程序执行。

(2)信息分析。收集到的有关系统、网络、数据及用户活动的状态和行为等信息被送到检测引擎,检测引擎驻留在传感器中,一般通过3种技术手段进行分析:模式匹配、统计分析和完整性分析。当检测到某种误用模式时,就产生一个告警并发送给控制台。

(3)结果处理。控制台按照告警产生预先定义的响应采取相应措施,可以是重新配置路由器或防火墙、终止进程、切断连接、改变文件属性,也可以只是简单的告警。

4. 入侵检测技术的发展

入侵检测技术的发展趋势主要有以下几个方面。

(1)改进分析技术。采用当前的分析技术和模型,会产生大量的误报和漏报,难以确定真正的入侵行为。改进趋向是采用协议分析和行为分析等新的分析技术。协议分析是通过对数据包进行结构化协议分析来识别入侵企图和行为,这种技术比模式匹配检测效率高,并能对一些未知的攻击特征进行识别,具有一定的免疫功能。行为分析技术不仅简单分析单次攻击事件,还可以根据前后发生的事件确认是否确有攻击发生、攻击行为是否生效,是入侵检测技术发展的趋势。

(2)提高对大流量网络的处理能力。随着网络流量的不断增大,对获得的数据进行实时分析的难度加大,这导致对所在入侵检测系统的要求越来越高。入侵检测产品能否高效地处理网络中的数据是衡量入侵检测产品的重要依据。

(3)向高度可集成性发展。集成网络监控和网络管理的相关功能。入侵检测可以检测网络中的数据包,当发现某台设备出现问题时,可立即对该设备进行相应的管理。未来的入侵检测系统将会结合其他网络管理软件,形成入侵检测、网络管理、网络监控三位一体的工具。

12.3.3 访问控制

访问控制指防止对任何资源进行未授权的访问,从而使计算机系统在合法的范围内使用。访问控制是系统保密性、完整性、可用性和合法使用性的重要基础,是网络安全防范和资源保护的关键策略之一。

1. 访问控制的概念

访问控制（access control）是指系统对用户身份及其所属的预先定义的策略组限制其使用数据资源能力的手段，通常用于系统管理员控制用户对服务器、目录、文件等网络资源的访问。

访问控制包括主体、客体和控制策略 3 个要素。主体（subject）是指提出访问资源具体请求，是某一操作动作的发起者；客体（object）是指被访问资源的实体；控制策略（attribution）是主体对客体的相关访问规则集合，体现了一种授权行为，也是客体对主体某些操作行为的默认。

访问控制的主要功能包括保证合法用户访问受保护的网络资源，防止非法的主体进入受保护的网络资源，或防止合法用户对受保护的网络资源进行非授权的访问。访问控制首先需要对用户身份的合法性进行验证，同时，利用控制策略进行选用和管理工作。当用户身份和访问权限验证之后，还需要对越权操作进行监控。

访问控制的内容包括认证、控制策略实现和安全审计。认证包括主体对客体的识别及客体对主体的检验确认。控制策略通过合理地设定控制规则集合，确保用户对信息资源在授权范围内的合法使用。既要确保授权用户的合理使用，又要防止非法用户侵权进入系统，使重要信息资源泄露。同时，对合法用户，也不能越权行使权限以外的功能及访问范围。系统可以自动根据用户的访问权限，对计算机网络环境下的有关活动或行为进行系统的、独立的检查验证，并做出相应的评价与审计。

2. 访问控制策略

访问控制策略主要有自主访问控制（Discretionary Access Control，DAC）、强制访问控制（Mandatory Access Control，MAC）和基于角色的访问控制（Role-Based Access Control，RBAC）。

（1）自主访问控制。自主访问控制是在确认主体身份及所属组的基础上，根据访问者的身份和授权决定访问模式，是对访问进行限定的一种控制策略。所谓自主，是指具有授予某种访问权力的主体（用户）能够自己决定是否将访问控制权限的某个子集授予其他的主体或从其他的主体收回他所授予的访问权限。在自主访问控制中，信息总是可以从一个实体流向另一个实体，即使对于高度机密的信息，也是如此，因此，如果对自主访问不加以控制，就会产生严重的安全隐患。

（2）强制访问控制。强制访问控制依据主体和客体的安全级别决定主体是否有对客体的访问权。在强制访问控制中，每个用户及文件都被赋予一定的安全级别，只有系统管理员，才可确定用户和组的访问权限，用户不能改变自身或任何客体的安全级别。系统通过比较用户和访问文件的安全级别，决定用户是否可以访问该文件。强制访问控制可通过使用敏感标签对所有用户和资源强制执行安全策略，一般采用 3 种方法，即限制访问控制、过程控制和系统限制。强制访问控制常用于多级安全军事系统，对专用或简单系统较有效，但对通用或大型系统并不太有效。

（3）基于角色的访问控制。角色（role）指完成一项任务必须访问的资源及相应操作权限的集合。角色作为一个用户与权限的代理层,表示为权限和用户的关系,所有的授权应该给予角色,而不是直接给用户或用户组。

基于角色的访问控制通过对角色的访问控制,使权限与角色相关联,用户通过成为适当角色的成员而得到其角色的权限。为了完成某项工作,用户可依其责任和资格分派相应的角色,角色可依新需求和系统合并赋予新权限,而权限也可根据需要从某角色中收回。基于角色的访问控制减小了授权管理的复杂性,减少了管理开销,提高了企业安全策略的灵活性。

12.3.4　容灾系统

一个完整的网络安全体系,只有"防范"和"检测"措施是不够的,还必须具有灾难容忍和系统恢复能力。因为任何一种网络安全设施都不可能做到万无一失,一旦发生漏防漏检事件,其后果将是灾难性的。此外,天灾人祸、不可抗力等导致的事故也会对信息系统造成毁灭性的破坏。这就要求即使发生系统灾难,也能快速地恢复系统和数据,才能完整地保护网络信息系统的安全。

1. 容灾系统的类别

按对系统的保护程度来分,可以将容灾系统分为数据容灾和应用容灾。数据容灾是抗御灾难的保障,应用容灾则是容灾系统建设的目标。

(1) 数据容灾。所谓数据容灾,是指建立一个异地的数据系统,该系统是本地关键应用数据的一个可用复制。在本地数据及整个应用系统出现灾难时,系统至少在异地保存有一份可用的关键业务的数据。该数据可以是本地数据的完全实时复制,也可以比本地数据略微落后,但一定是可用的。采用的主要技术是数据备份和数据复制技术。

(2) 应用容灾。应用容灾是在数据容灾的基础上,在异地建立一套完整的与本地生产系统相当的备份应用系统(可以互为备份)。建立这样一个系统是相对比较复杂的,不仅需要一份可用的数据复制,还要有网络、主机、应用、IP等资源,以及各资源之间的良好协调。主要的技术包括负载均衡、集群技术。数据容灾是应用容灾的技术,应用容灾是数据容灾的目标。

在选择容灾系统的构造时,还要建立多层次的广域网络故障切换机制。本地的高可用系统指在多个服务器运行一个或多种应用的情况下,应确保任意服务器出现任何故障时,其运行的应用不能中断,应用程序和系统应能迅速切换到其他服务器上运行,即本地系统集群和热备份。在远程的容灾系统中,要实现完整的应用容灾,既要包含本地系统的安全机制、远程的数据复制机制,还应具有广域网范围的远程故障切换能力和故障诊断能力。也就是说,一旦故障发生,系统要有强大的故障诊断和切换策略制订机制,确保快速的反应和迅速的业务接管。实际上,广域网范围的高可用能力与本地系统的高可用能力应形成一个整体,实现多级的故障切换和恢复机制,确保系统在各个范围可靠、安全。

2. 容灾备份系统

在建立容灾备份系统时,会涉及多种技术,主要有远程镜像技术、快照技术和互连技术。

(1) 远程镜像技术。远程镜像技术在主数据中心和备援中心之间的数据备份时用到。镜像是在两个或多个存储系统上产生同一个数据的镜像视图的信息存储过程。远程镜像是容灾备份的核心技术,可分为同步远程镜像和异步远程镜像。

同步远程镜像是指通过远程镜像软件,将本地数据以完全同步的方式复制到异地,每一本地的 I/O 事务均需等待远程复制的完成确认信息,方予以释放。同步镜像使远程副本总能与本地机要求复制的内容相匹配。当主站点出现故障时,用户的应用程序切换到备份的替代站点后,被镜像的远程副本可以保证业务继续执行而没有数据的丢失。但它存在往返传播造成延时较长的缺点,只限于在相对较近的距离上应用。

异步远程镜像保证在更新远程存储视图前完成向本地存储系统的基本 I/O 操作,而由本地存储系统提供给请求镜像主机的 I/O 操作完成确认信息。远程的数据复制是以后台同步的方式进行的,这使本地系统性能受到的影响很小,传输距离长,对网络带宽要求少。但是,许多远程的从属存储子系统的写没有得到确认,当某种因素造成数据传输失败,可能会出现数据一致性问题。为了解决这个问题,目前大多采用延迟复制的技术(本地数据复制均在后台日志区进行),即在确保本地数据完好无损后进行远程数据更新。

(2) 快照技术。快照是通过软件对要备份的磁盘子系统的数据快速扫描,建立一个要备份数据的快照逻辑单元号(Logical Unit Number,LUN)和快照 Cache。在快速扫描时,把备份过程中即将要修改的数据块同时快速复制到快照 Cache 中。在正常业务进行的同时,利用快照逻辑单元号实现对原数据的一个完全的备份。它可使用户在正常业务不受影响的情况下(主要指容灾备份系统),实时提取当前在线业务数据,可大大增加系统业务的连续性,为实现系统真正的 7 天×24 小时运转提供保证。

(3) 互连技术。互连利用基于 IP 的 SAN(千兆位速率的网络)的互连协议,将主数据中心 SAN 中的信息通过现有的 TCP/IP 网络,远程复制到备援中心 SAN 中。当备援中心存储的数据量过大时,可利用快照技术将其备份到磁带库或光盘库中。这种基于 IP 的 SAN 的远程容灾备份可以跨越 LAN、MAN 和 WAN,成本低、可扩展性好,具有广阔的发展前景。

12.3.5　虚拟专用网

虚拟专用网(Virtual Private Network,VPN)也称虚拟网,指的是在公用网络上建立专用网络的技术。其之所以称为虚拟网,主要是因为整个 VPN 网络的任意两个结点之间的连接并没有传统专网所需的端到端的物理链路,而是架构在公用网络服务商所提供的网络平台,如 Internet、ATM(异步传输模式)、Frame Relay(帧中继)等之上的逻辑网络,用户数据在逻辑链路中传输。

1. 虚拟网的概念

在传统的企业网络配置中,要进行异地局域网之间的互联,传统的方法是租用DDN(数字数据网)专线或帧中继。这样的通信方案必然导致高昂的网络通信/维护费用。对于移动用户(移动办公人员)与远端个人用户而言,一般通过拨号线路(Internet)进入企业的局域网,而这样必然带来安全上的隐患。

虚拟专用网指的是依靠ISP(Internet服务提供商)和其他NSP(网络服务提供商),在公用网络中建立专用的数据通信网络的技术。在虚拟专用网中,任意两个结点之间的连接并没有传统专网所需的端到端的物理链路,而是利用某种公众网的资源动态组成的。所谓虚拟,是指用户不再需要拥有实际的长途数据线路,而是使用Internet公众数据网络的长途数据线路。所谓专用网络,是指用户可以为自己制定一个最符合自己需求的网络。

由于VPN是在Internet上临时建立的安全专用虚拟网络,所以用户就节省了租用专线的费用,在运行的资金支出上,除了购买VPN设备,企业付出的仅仅是向企业所在地的ISP支付一定的上网费用,节省了长途电话费。这就是VPN价格低廉的原因。

目前,VPN主要采用4项技术保证安全,这4项技术分别是隧道技术、加解密技术、密钥管理技术、使用者与设备身份认证技术。

2. 虚拟网的作用

由于VPN的出现,用户可以从以下几方面获益。

(1) 实现网络安全。具有高度的安全性,对于现在的网络极其重要。VPN以多种方式增强了网络的智能和安全性。首先,它在隧道的起点,在现有的企业认证服务器上提供对分布用户的认证。另外,VPN支持安全和加密协议,如SecureIP(IPsec)和Microsoft点对点加密(MPPE)。

(2) 简化网络设计。网络管理者可以使用VPN替代租用线路实现分支机构的连接。这样就可以将对远程链路进行安装、配置和管理的任务减少到最小,可以极大地简化企业广域网的设计,同时简化了与远程用户认证、授权和记账相关的设备和处理。

(3) 降低成本。VPN能够让移动员工、远程员工、商务合作伙伴和其他人利用本地可用的高速宽带网(如ADSL、有线电视或者WiFi网络)连接到企业网络。只支付Internet使用费用,就可以显著降低通信成本。此外,VPN还使企业不必投入大量的人力和物力去安装和维护远程访问设备,大大节省了设备费用。另外,由于VPN独立于初始协议,这就使得远端的接入用户可以继续使用传统设备。

(4) 容易扩展。如果企业想扩大VPN的容量和覆盖范围,只需与新的IPS签约,或者与原有的ISP重签合约,提高VPN能力,真正达到要连就连、要断就断。

(5) 完全控制主动权。借助VPN,企业可以利用ISP的设施和服务,同时又完全掌握着自己网络的控制权,如用户的查验、访问权、网络地址、安全性和网络变化管理等重要工作。

(6) 支持新兴应用。VPN可以支持各种高级的应用,如IP语音、IP传真,还有各种协议,如 RSIP、IPv6、MPLS、SNMPv3 等。

12.4　计算机病毒与计算机犯罪

随着计算机应用的普及,日益严重的计算机病毒和计算机犯罪速度猛增,对计算机系统与应用的安全构成了严重的威胁。研究计算机病毒防治,防范计算机犯罪,对维护计算机的安全有着重要的意义。

12.4.1　计算机病毒

计算机病毒是一组人为设计的程序,这些程序隐藏在计算机系统中,通过自我复制传播,满足一定条件即被激活,从而给计算机系统造成一定损害,甚至严重破坏。计算机病毒不单单是计算机技术问题,而且是一个严重的社会问题。

1. 计算机病毒的概念

计算机病毒(computer virus)在《中华人民共和国计算机信息系统安全保护条例》中被明确定义,是指"编制者在计算机程序中插入的破坏计算机功能或者破坏数据,影响计算机使用并且能够自我复制的一组计算机指令或者程序代码"。与医学上的"病毒"不同,计算机病毒不是天然存在的,是某些人利用计算机软件和硬件固有的脆弱性编制的一组指令集或程序代码。它能通过某种途径潜伏在计算机的存储介质(或程序)里,当达到某种条件时被激活,通过修改其他程序的方法将自己的精确副本或者可能演化的形式放入其他程序中,从而感染其他程序,对计算机资源进行破坏,对被感染用户有很大的危害性。

2. 计算机病毒的特性

计算机病毒具有传染性、潜伏性、寄生性、破坏性和隐蔽性。

(1) 传染性。计算机病毒具有主动的传染性,这也是病毒区别于其他正常应用程序的一个本质特征。计算机病毒可以通过多种渠道(如 U 盘、E-mail、网络等)从被感染的计算机传播到其他的计算机系统中。一个程序是否具有主动的传播性是判断其是否为病毒的重要条件。

(2) 潜伏性。一个精心设计的计算机病毒程序在入侵计算机系统之后不会马上发作,它可以潜伏在计算机中长达几周或者几个月,甚至几年而不发作,同时会对其他计算机系统传播此病毒程序,而不被人发现,只有在适当的时机或在特定的环境下才发作。例如,"黑色星期五"就是只有在每月的 13 号并且是星期五时才发作。随着反病毒技术的发展,潜伏在系统中的计算机病毒可能被发现,但是病毒的破坏能力和盗取用户资料的能力却在不断加强。

(3) 寄生性。病毒程序可以依附在其他正常程序上,以寄生的方式存在。计算机病毒依靠这种寄生能力,使其在传播的过程中更具有合法性,从而逃避杀毒软件及系统管理员的追杀。

(4) 破坏性。任何计算机病毒只要进入计算机系统,都会对计算机系统及合法的应用程序产生不同程度的破坏,如非法删除计算机内的重要文件、盗取用户个人资料等。

(5) 隐蔽性。计算机病毒为了达到自己邪恶的目的,必须想尽一切办法隐藏自己。它通常注入其他正常程序或磁盘引导扇区中;把自身的文件属性设置成系统隐藏等,以上是病毒程序的非法可存储性。通常,计算机系统在没有相应的病毒防护措施的情况下,当病毒程序取得系统控制权后,它可以在很短的时间里感染或者注入大量合法程序中,并且系统文件受到感染后仍然能够正常运行,用户不会感受到有任何异常情况发生。隐蔽性越好的病毒,其传播的范围也就越广泛,对用户系统造成的破坏也越大,给用户带来的损失也就越大。

除上述情况外,计算机病毒还具有其他特性,如破坏的不可预见性、病毒爆发的可触发性、病毒变异的衍生性、病毒的针对性等。计算机病毒的这些特性给计算机病毒的预防、检测与清除带来了很大的难度和更高的挑战。

3. 计算机病毒的类型

计算机病毒可以根据下列属性进行分类。

(1) 按病毒存在的媒体分类。根据病毒存在的媒体,病毒可以划分为网络病毒、文件病毒、引导型病毒。网络病毒通过计算机网络传播感染网络中的可执行文件。文件病毒感染计算机中的文件(如 COM、EXE、DOC 等)。引导型病毒感染启动扇区(Boot)和硬盘的系统引导扇区(MBR)。还有上述 3 种类型的混合型,如多型病毒(文件和引导型)感染文件和引导区两种目标。

(2) 按病毒传染的方法分类。根据病毒传染的方法,可将病毒分为驻留型病毒和非驻留型病毒。驻留型病毒感染计算机后,把自身的内存驻留部分存放在内存(RAM)中,这一部分程序挂接系统调用并合并到操作系统中,处于激活状态,一直到关机或重新启动;非驻留型病毒在得到机会激活时并不感染计算机内存,一些病毒在内存中留有小部分,但是并不通过这一部分进行传播,这类病毒也被划分为非驻留型病毒。

(3) 按病毒破坏的能力分类。按破坏的能力,病毒分为无害型、无危险型、危险型、非常危险型。无害型病毒除了传染时减少磁盘的可用空间外,对系统没有其他影响;无危险型病毒仅仅是减少内存、显示图像、发出声音及同类音响;危险型病毒在计算机系统操作中造成严重的错误;非常危险型病毒删除程序、破坏数据、清除系统内存区和操作系统中重要的信息。这些病毒对系统造成的危害并不是本身的算法中存在危险的调用,而是当它们传染时会引起无法预料的和灾难性的破坏。

(4) 按病毒的算法分类。按病毒的实现算法,可将病毒分为伴随型病毒、"蠕虫"病毒、寄生型病毒、变型病毒等类型。

伴随型病毒并不改变文件本身,它们根据算法产生 EXE 文件的伴随体,具有同样的名字和不同的扩展名(COM)。病毒把自身写入 COM 文件并不改变 EXE 文件,当操作系统加载文件时,伴随体优先被执行到,再由伴随体加载执行原来的 EXE 文件。

"蠕虫"病毒利用网络进行复制和传播,传染途径是通过网络和电子邮件传染。"蠕虫"病毒是自包含的程序(或一套程序),它能将自身功能的副本或自身的某些部分传播到其他计算机系统中。

寄生型病毒具有"寄生"于可执行文件进行传播的能力,且只有在被感染的可执行文件执行之后,病毒才会发作,感染后的文件会以不同于原先的方式运行,从而产生不可预料的后果,如删除硬盘文件或破坏用户数据等。还有一种寄生型的时间炸弹和逻辑炸弹,这类病毒在一个特定的时间发作。

变型病毒(又称幽灵病毒)一般由一段混有无关指令的解码算法和被变化过的病毒体组成,采用一个复杂的算法,使自己每传播一份都具有不同的内容和长度。

4. 计算机病毒的防治

由计算机病毒的特性可知,计算机病毒具有很强的隐蔽性和极大的破坏性,因此,在日常工作中检测与预防计算机病毒就成为系统安全运行的关键。

用户一般可以根据下列情况判断系统是否感染病毒。

计算机的启动速度较慢且无故自动重启,工作中机器出现无故死机现象,桌面上的图标发生了变化,桌面上出现了奇怪的提示信息、特殊的字符,在运行某一正常的应用软件时系统经常报告内存不足,文件中的数据被篡改或丢失,音箱无故发生奇怪的声音,系统不能识别存在的硬盘,邮箱总是发出一些奇怪的信息或在邮箱中发现大量不明来历的邮件,打印机的速度变慢或者打印出一系列奇怪的字符,等等。

计算机一旦感染病毒,就可能给用户带来无法恢复的损失。因此,使用计算机时,要采取一定的措施预防病毒,从而最大限度地降低损失。

不使用来历不明的程序或软件;使用移动存储设备前应先杀毒,在确保移动存储设备安全的情况下再使用;安装防火墙,防止网络上的病毒入侵;安装最新的杀毒软件,并定期升级,实时监控;养成良好的计算机使用习惯,定期优化、整理磁盘,养成定期全面杀毒的习惯;对重要的数据信息要经常备份,以便在计算机遭到破坏后能及时得到恢复;使用系统盘时,应对软盘进行写保护操作。

计算机病毒及其防御措施都是在不停地发展和更新的,因此我们应做到认识病毒,了解病毒,及早发现病毒并采取相应的措施,从而确保计算机系统能够安全工作。

12.4.2　计算机犯罪

随着计算机技术的迅猛发展和计算机应用的普及,人们发现计算机犯罪现象也在急剧增加,它不仅扰乱了社会的经济秩序,而且对国家安全、社会文化、公民权利等构成严重威胁。如何有效地防治计算机犯罪,已成为整个社会面临的一个重大的理论和实践问题。

1. 计算机犯罪的概念

作为当代社会出现的一种新的犯罪形式,"计算机犯罪"的定义尚在深入研究中,国际上对其尚未有一个公认的定义。同时,信息科技的发展进步和推广应用又不断扩展着计算机犯罪的内涵和外延。单就计算机犯罪这一名称而言,就有学者认为应该叫"滥用计算机"(Computer Abuse)、"计算机辅助犯罪"(Computer-Aided Crime)或者"与计算机相关的犯罪"(Computer-Related Crime)。

公安部计算机管理监察司给出的定义是：所谓计算机犯罪，就是在信息活动领域中，利用计算机信息系统或计算机信息知识作为手段，或者针对计算机信息系统，对国家、团体或个人造成危害，依据法律规定，应当追究刑事责任的行为。

从20世纪60年代开始，世界各国相继对计算机安全与犯罪的立法重视起来。通过计算机安全与犯罪立法，一方面可以使计算机安全措施法律化、规范化、制度化，从而遏制计算机犯罪的条件；另一方面可以为打击计算机犯罪提供有力的法律依据，并对犯罪分子起到一定的威慑作用。

2. 计算机犯罪的类型

计算机犯罪包括如下3大类型。

(1) 以计算机为犯罪对象的犯罪。如行为人针对个人计算机或网络发动攻击，这些攻击包括"非法访问存储在目标计算机或网络上的信息，或非法破坏这些信息；窃取他人的电子身份等"。

(2) 以计算机作为攻击主体的犯罪。如当计算机是犯罪现场、财产损失的源头、原因或特定形式时，常见的有黑客、特洛伊木马、蠕虫、传播病毒和逻辑炸弹等。

(3) 以计算机作为犯罪工具的传统犯罪。如使用计算机系统盗窃他人的信用卡信息，或者通过连接互联网的计算机存储、传播淫秽物品，传播儿童色情等。

3. 计算机犯罪的防范对策

防范与严厉打击计算机网络犯罪行为，涉及国家利益和公民财产安全，日益成为社会保障的重要方面。计算机犯罪的防范可考虑如下对策。

(1) 完善计算机立法。完善计算机立法是预防计算机犯罪的有效措施之一。其主要有制定专门的反计算机犯罪法，完善现行刑法中的计算机犯罪惩治条款，确立计算机犯罪的证据规则。

(2) 加强惩治计算机犯罪的应对机制。主要包括培训及招聘反计算机犯罪的专业技术司法干部，成立专门的反计算机犯罪指挥和协调机构，建立计算机犯罪的前科数据库等。

(3) 加强计算机安全技术研究。提高计算机系统本身的技术防御能力，加强计算机系统的自我保护是计算机犯罪的控制之本。为预防计算机犯罪，计算机系统大都设有技术上的安全防护措施，如在信息的输入、处理、存储、输出过程中完善加密技术，开发各种加密软件，在通信过程中加设口令、用户鉴别和终端鉴别等。然而，一旦遇上计算机高手，这些措施将变得非常脆弱，所以需要不断地提高和完善安全防御技术，不给犯罪分子以可乘之机。

(4) 加强管理与教育。计算机系统是一个庞大的人机系统，应从计算机整体结构安全性分析和规划，建立一整套严密有效的管理制度和流程。其中，人员管理在防范计算机犯罪中是不可忽视的。同时，加强网络安全法制和道德教育，大力宣传计算机犯罪的危害以及预防方法,动员全民提高守法意识,增强守法自觉性,将计算机犯罪拒之门外。

12.5　思考与讨论

12.5.1　问题思考

1. 什么是信息安全? 它包括哪些内容?
2. 信息安全风险主要表现在哪些方面?
3. 密码技术的基本思想是什么?
4. 防火墙的作用主要有哪些?
5. 什么是入侵检测技术?
6. 什么是计算机病毒? 如何防范计算机病毒?

12.5.2　课外讨论

1. 结合实际说明信息安全的重要性。
2. 下面是选择防火墙时应考虑的一些因素。请按你的理解,将它们按重要性排序。
① 被保护网络受威胁的程度。
② 受到入侵,网络的损失程度。
③ 网络管理员的经验。
④ 被保护网络的已有安全措施。
⑤ 网络需求的发展。
⑥ 防火墙自身管理的难易度。
⑦ 防火墙自身的安全性。
3. 简要叙述常用的两种密码体制。
4. 网络攻击的手段多种多样,请说出几种常见的形式。
5. 假如你是一个企业的网络管理员,举例说明如何最大限度地保证企业信息的安全。
6. 对于一个企业,保障其信息安全并不能为其带来直接的经济效益,相反,还会付出较大的成本,那么企业为什么需要信息安全?

课后自测-12

第 13 章

典型应用与热点技术

伴随着计算机技术的深入应用,计算机应用领域不断扩展,出现了许多引人注目的典型应用领域,如嵌入式系统、人工智能等,计算机应用热点技术持续涌现,特别是移动互联技术、物联网、云计算、大数据等,对社会发展产生了深刻的影响。

13.1 嵌入式系统

嵌入式系统(Embedded System,ES)是最热门,也最有发展前途的计算机应用领域之一。嵌入式系统将计算与控制的概念联系在一起,并嵌入物理系统中,实现"环境智能化"的目的。

13.1.1 嵌入式系统的基础

嵌入式系统的概念在工程科学中是一个沿用了很久的概念。嵌入式系统是针对特定的应用,剪裁计算机的软件和硬件,以适应应用系统对功能、可靠性、成本、体积、功耗的严格要求的专用计算机系统。

1. 嵌入式系统的概念

嵌入式系统是将先进的计算机技术、半导体技术、电子技术和各个行业的具体应用相结合后的产物。嵌入式系统是与应用紧密结合的,它具有很强的专用性,必须结合实际系统需求进行合理的裁减利用,以满足应用系统的功能、可靠性、成本、体积等要求。

实际上,嵌入式系统本身是一个外延极广的名词,凡是与产品结合在一起的具有嵌入式特点的控制系统都可以叫作嵌入式系统,而且有时很难给它下一个准确的定义。现在人们讲嵌入式系统时,某种程度上是指具有操作系统的嵌入式系统。

近年来掀起的嵌入式系统应用热潮,其原因一方面是,芯片技术的发展使得单个芯片具有更强的处理能力,而且使集成多种接口已经成为可能,众多芯片生产厂商已经将注意力集中在这方面。另一方面就是应用的需要,由于对产品可靠性、成本、更新换代要求的提高,使得嵌入式系统逐渐从纯硬件实现和使用通用计算机实现的应用中脱颖而出,成为近年来令人关注的焦点。

2. 嵌入式系统的特征

嵌入式系统具有如下几个重要特征。

(1) 系统内核小。由于嵌入式系统一般应用于小型电子装置,系统资源相对有限,所以其内核较传统的操作系统内核要小得多。

(2) 专用性强。嵌入式系统的个性化很强,其中的软件系统和硬件的结合非常紧密,一般要针对硬件进行系统的移植,即使在同一品牌、同一系列的产品中,也需要根据系统硬件的变化和增减不断进行修改。同时,针对不同的任务,往往需要对系统进行较大的更改。

(3) 系统精简。嵌入式系统一般没有系统软件和应用软件的明显区分,不要求其功能设计及实现过于复杂。这样,一方面利于控制系统成本,同时也利于实现系统安全。

(4) 高实时性。高实时性是嵌入式软件的基本要求,而且软件要求固态存储,以提高速度,软件代码要求高质量和高可靠性。

(5) 需要开发工具和环境。由于其本身不具备自举开发能力,即使设计完成以后,用户通常也是不能对其中的程序功能进行修改的,必须有一套开发工具和环境,才能进行开发,这些工具和环境一般是基于通用计算机上的软硬件设备以及各种逻辑分析仪、混合信号示波器等。开发时往往有主机和目标机的概念,主机用于程序的开发,目标机作为最后的执行机,开发时需要交替结合进行。

此外,嵌入式系统与具体应用有机结合在一起,升级换代也是同步进行。因此,嵌入式系统产品一旦进入市场,就具有较长的生命周期。为了提高运行速度和系统的可靠性,嵌入式系统中的软件一般都固化在存储器芯片中。

13.1.2 嵌入式系统的组成

一个嵌入式系统一般由嵌入式计算机系统和执行装置组成。嵌入式计算机系统是整个嵌入式系统的核心,由硬件层、中间层和软件层组成。执行装置也称为被控对象,它可以接收嵌入式计算机系统发出的控制命令,执行所规定的操作或任务。

1. 硬件层

硬件层包含嵌入式微处理器、存储器、通用设备接口和 I/O 接口。在一片嵌入式处理器基础上添加电源电路、时钟电路和存储器电路,就构成了一个嵌入式核心控制模块。其中,操作系统和应用程序都可以固化在存储器中。

(1) 嵌入式微处理器。嵌入式微处理器是嵌入式系统硬件层的核心。嵌入式微处理器与通用 CPU 最大的不同在于,嵌入式微处理器大多工作在为特定用户群专用设计的系统中,它将通用 CPU 许多由板卡完成的任务集成在芯片内部,从而有利于嵌入式系统在设计时趋于小型化,同时具有很高的效率和可靠性。

嵌入式微处理器有各种不同的体系,即使在同一体系中,也可能具有不同的时钟频率和数据总线宽度,或集成了不同的外设和接口。嵌入式微处理器的选择是根据具体的应用决定的。

(2) 存储器。嵌入式系统需要存储器存放和执行代码。嵌入式系统的存储器包含 Cache、主存和辅助存储器。

在嵌入式系统中,Cache 全部集成在嵌入式微处理器内,可分为数据 Cache、指令 Cache 或混合 Cache,其大小依不同的处理器而定。只有中高档的嵌入式微处理器才会把 Cache 集成进去。主存是嵌入式微处理器能直接访问的寄存器,用来存放系统和用户的程序及数据。它可以位于微处理器的内部或外部,其容量根据具体的应用而定,一般片内存储器容量小、速度快,片外存储器容量大。嵌入式系统根据需要配备辅助存储器。

(3) 通用设备接口和 I/O 接口。嵌入式系统和外界交互需要一定形式的通用设备接口,外设通过和片外其他设备的或传感器的连接实现微处理器的输入/输出功能。每个外设通常都只有单一的功能,它可以在芯片外,也可以内置芯片中。外设的种类很多,可从一个简单的串行通信设备到非常复杂的无线设备。

嵌入式系统中常用的通用设备接口有 A/D(模/数转换接口)、D/A(数/模转换接口),I/O 接口有 RS-232 接口(串行通信接口)、Ethernet(以太网接口)、USB(通用串行总线接口)、音频接口、VGA 视频输出接口、I2C(现场总线)、SPI(串行外围设备接口)和 IrDA(红外线接口)等。

2. 中间层

硬件层与软件层之间的层为中间层,也称为硬件抽象层(Hardware Abstract Layer,HAL)或板级支持包(Board Support Package,BSP),它将系统上层软件与底层硬件分离开,使系统的底层驱动程序与硬件无关,上层软件开发人员无须关心底层硬件的具体情况,根据中间层提供的接口即可进行开发。该层一般包含相关底层硬件的初始化、数据的输入/输出操作和硬件设备的配置功能。

中间层具有两个特点:一是硬件相关性。因为嵌入式实时系统的硬件环境具有应用相关性,而作为上层软件与硬件平台之间的接口,中间层需要为操作系统提供操作和控制具体硬件的方法。二是操作系统相关性。不同的操作系统具有各自的软件层次结构,因此,不同的操作系统具有特定的硬件接口形式。

实际上,中间层是一个介于操作系统和底层硬件之间的软件层次,包括了系统中大部分与硬件联系紧密的软件模块。设计一个完整的中间层需要完成两部分工作:嵌入式系统的硬件初始化以及硬件相关的设备驱动程序的设计。

系统硬件初始化过程可以分为 3 个主要环节,按照自底向上、从硬件到软件的次序依次为片级初始化、板级初始化和系统级初始化。

硬件相关的设备驱动程序的初始化通常是一个从高到低的过程。尽管中间层中包含硬件相关的设备驱动程序,但是这些设备驱动程序通常不直接由中间层使用,而是在系统初始化过程中由中间层将它们与操作系统中通用的设备驱动程序关联起来,并在随后的应用中由通用的设备驱动程序调用,实现对硬件设备的操作。

3. 软件层

软件层由系统软件和应用软件组成。系统软件包括嵌入式操作系统(Embedded Operation System,EOS)、文件系统、图形用户接口(Graphic User Interface,GUI)、网络系统及通用组件模块。其中,嵌入式操作系统负责嵌入系统的全部软、硬件资源的分配、任务调度,控制、协调并发活动,在系统实时高效性、硬件的相关依赖性、软件固化以及应用的专用性等方面具有突出的特点。

13.1.3 嵌入式系统的应用与发展

嵌入式系统具有体积小、可靠性高、功能强、灵活方便等许多优点,其应用已深入到工业、农业、教育、国防、科研以及日常生活等各个领域,对各行各业的技术改造、产品更新换代、加速自动化进程、提高生产率等方面起到了极其重要的推动作用。

1. 嵌入式系统的应用

嵌入式系统具有非常广阔的应用前景,其在工业控制、交通管理、信息家电、家庭智能管理系统、环境工程、机器人、医疗仪器、军事国防等方面得到广泛应用。

基于嵌入式芯片的工业自动化设备获得长足的发展,有大量嵌入式微控制器应用在工业控制中,如工业过程控制、数字机床、电力系统、电网设备监测、石油化工系统等。在车辆导航、流量控制、信息监测与汽车服务方面,嵌入式系统技术也得到广泛的应用。信息家电是嵌入式系统最大的应用领域,家用电器的网络化、智能化将引领人们的生活步入一个崭新的空间。嵌入式系统在远程自动抄表、安全防火防盗系统代替传统的人工检查,并实现更高、更准确和更安全的性能。在环境工程中,嵌入式系统实现了无人监测。

随着嵌入式系统和机器人技术的发展,机器人本体功能越来越趋于模块化、智能化、微型化。同时,机器人的价格大幅度下降,使其在军事、工业、家庭和医疗等领域获得更广泛的应用。

军事国防历来就是嵌入式系统的重要应用领域。在各种武器控制装置(火炮、导弹和智能炸弹制导引爆等控制装置)、坦克、舰艇、轰炸机、陆海空各种军用电子装备、雷达、电子对抗装备、军事通信装备、野战指挥作战用各种专用设备等中,都可以看到嵌入式系统的身影。

2. 嵌入式系统的发展

信息时代使得嵌入式产品获得了巨大的发展契机,为嵌入式市场展现了美好的前景,同时也对嵌入式生产厂商提出了新的挑战。未来嵌入式系统主要呈献如下发展趋势。

（1）开发系统化。嵌入式系统的发展要求嵌入式系统厂商不仅要提供嵌入式软硬件系统本身,同时还需要提供强大的硬件开发工具和软件包支持。

（2）芯片集成更多功能。网络化、信息化的要求随着网络技术的成熟,使得以往单一功能的设备(如电话、手机)功能不再单一,结构更加复杂。这就要求芯片设计厂商在芯片上集成更多的功能。为了满足应用功能的升级,设计师们一方面采用更强大的嵌入式处理器,增加功能接口,扩展总线类型,加强对多媒体等的处理;另一方面采用实时多任务编程技术和交叉开发工具技术控制功能复杂性,简化应用程序设计,保障软件质量和缩短开发周期。

（3）网络互联。为了适应网络发展的要求,嵌入式设备必然要求硬件上提供各种网络通信接口,并支持多种网络协议,同时也需要提供相应的通信组网协议软件和物理层驱动软件。软件系统内核支持网络模块,甚至可以在设备上嵌入 Web 浏览器,真正实现随时随地用各种设备接入网络。

（4）降低功耗和软硬件成本。嵌入式产品是软硬件紧密结合的设备,为了降低功耗和成本,需要设计者尽量精简系统内核,只保留和系统功能紧密相关的软硬件,利用最低的资源实现最适当的功能。

（5）友好的多媒体人机界面。嵌入式设备能与用户亲密接触,最重要的因素就是它能提供非常友好的用户界面。嵌入式系统要相应提升人机交互能力。

13.2 人工智能

人工智能是计算机科学的一个分支,20 世纪 70 年代以来被称为世界 3 大尖端技术(空间技术、能源技术、人工智能)之一,也被认为是 21 世纪 3 大尖端技术(基因工程、纳米科学、人工智能)之一。近 30 年来,人工智能获得了迅速的发展,在很多学科领域都获得了广泛应用,并取得了丰硕的成果。

13.2.1 人工智能的基础

"人工智能"一词最初在 1956 年提出,此后,研究者们发展了众多理论和原理,人工智能的概念也随之扩展。人工智能(Artificial Intelligence,AI)是研究、开发用于模拟、延伸和扩展人的智能的理论、方法、技术及应用系统的一门技术科学。人工智能是对人的意识、思维的信息过程的模拟。人工智能不是人的智能,但能像人那样思考,也可能超过人的智能。

1. 人工智能的概念

人工智能也称机器智能,它是计算机科学、控制论、信息论、神经生理学、心理学、语言学等多种学科互相渗透而发展起来的一门综合性学科。从计算机应用系统的角度出发,人工智能是研究如何制造出人造的智能机器或智能系统,模拟人类智能活动的能力,以延伸人类智能的科学。

科学家早在计算机出现之前就希望能够制造出可以模拟人类思维的机器,杰出的数学家布尔通过对人类思维进行数学化精确的刻画,奠定了智慧机器的思维结构与方法。当计算机出现后,人类开始真正有了一个可以模拟人类思维的工具。

1936 年,24 岁的英国数学家图灵(Turing)提出了"自动机"理论,把研究会思维的机器和计算机的工作大大向前推进了一步,他也因此被称为"人工智能之父"。1956 年,在达特茅斯大学召开的会议上正式使用了"人工智能"术语。1957 年,香农(Shannon)和另一些人又开发了(General Problem Solver,GPS)程序,它对 Wiener 的反馈理论有所扩展,并能够解决一些比较普遍的问题。1963 年,美国政府为了在冷战中保持与苏联的均衡,支持麻省理工学院进行人工智能的研究,使人工智能得到了飞速发展。随后的几十年中,人们从问题求解、逻辑推理与定理证明、自然语言理解、博弈、自动程序设计、专家系统、学习以及机器人学等多个角度展开研究,已经建立了一些具有不同程度人工智能的计算机系统。

此后,随着硬件和软件的发展,计算机的运算能力以指数级增长,网络技术蓬勃兴起,计算机越来越具备了足够的条件运行一些要求更高的人工智能软件,促使人工智能研究出现新的高潮。

2. 人工智能的影响

人工智能的发展对自然科学、经济、社会都产生了重要影响。

在需要使用数学计算工具解决问题的学科,人工智能带来的帮助不言而喻。更重要的是,人工智能反过来有助于人类最终认识自身智能的形成。

专家系统更深入各行各业,带来巨大的宏观效益。人工智能也促进了计算机工业网络工业的发展。但同时也带来了劳务就业问题。由于人工智能在科技和工程中的应用,能够代替人类进行各种技术工作和脑力劳动,所以会造成社会结构的剧烈变化。

人工智能也为人类的文化生活提供了新的模式。现有的游戏将逐步发展为更高智能的交互式文化娱乐手段,今天,游戏中的人工智能应用已经深入到各大游戏制造商的开发中。

由于人工智能本身就是超前研究,所以需要用发展的观点去面对。作为科学探索,人工智能的研究可能涉及人类社会的敏感问题,需要在科学研究的同时开展有针对性的对策研究。

3. 人工智能的研究目标

人工智能的研究目标可划分为近期目标和远期目标两个阶段。

人工智能近期目标的中心任务,是研究如何使计算机去做那些过去只有靠人的智力才能完成的工作。根据这个近期目标,人工智能作为计算机科学的一个重要学科,主要研究依赖于现有计算机去模拟人类某些智力行为的基本理论、基本技术和基本方法。尽管在发展的过程中,人工智能受到过重重阻力,而且曾陷于困境,但它仍然在艰难地向前发展。

探讨智能的基本机理,研究如何利用自动机模拟人的某些思维过程和智能行为,最终造出智能机器,这可以作为人工智能的远期目标。这里所说的自动机并非常规的计算机。因为现有的常规计算机属于冯·诺依曼体系结构,它的出现并非为人工智能而设计。常规计算机以处理数据世界中的问题为对象,而人工智能面临的是事实世界和知识世界。智能机器将以事实世界和知识世界的问题求解为目标,面向它本身处理的对象和对象的处理过程而重新构造。人工智能研究的远期目标的实体是智能机器,这种机器能够在现实世界中模拟人类的思维行为,高效率地解决问题。

13.2.2　人工智能技术与应用

近年来,国内外人工智能出现前所未有的良好发展环境,各种人工智能新思想和新技术如雨后春笋般破土而出,人工智能的应用领域不断扩展。但总体上看,人工智能仍处于初级发展阶段,远不足以威胁到人类的生存,但其对社会的影响应当得到高度重视。

1. 人工智能技术体系

结合人工智能技术发展及研究,人工智能技术体系可概括为机器学习、自然语言处理、图像处理以及人机交互4大模块,见表13-1。

表13-1　人工智能主要技术体系

名　称	描　述
机器学习	监督学习(分类任务、回归任务)、无监督学习、迁移学习、强化学习
自然语言处理	数据稀疏与平滑、汉字编码词法分析、句法分析、语义分析、文本生成、语音识别
图像处理	特征抽取和选择、分类器设计、分类决策、神经网络图像识别、非线性降维
人机交互	交互界面设计、增强现实、地理空间跟踪技术、动作识别技术、触觉交互技术、语音识别技术、眼动跟踪技术、人机界面技术

(1)机器学习。机器学习指计算机通过分析和学习大量已有的数据,从而拥有预测判断和做出最佳决策的能力。其代表算法有深度学习、人工神经网络、决策树、增强算法等。机器学习是人工智能的关键技术,算法对人工智能的发展起主要推动作用。当前,主流应用的多层神经网络的深度算法提高了从海量数据中自行归纳数据特征的能力以及多层特征提取、描述和还原的能力。深度学习是传统神经网络的拓展,可通过学习一种深层、非线性网络结构,表征输入数据,实现复杂函数逼近,具有从少数样本集中学习数据集本质特征的能力。

(2)自然语言处理。自然语言处理将人类语言转化为计算机程序可以处理的形式,以及将计算机数据转化为人类自然语言的形式,从而让计算机可以理解人类的语言,其语言形式可以为声音或文字。自然语言处理综合了语言学、计算机科学、数学等学科,主要研究能实现自然语言通信的计算机系统,包括信息检索、信息抽取、词性标注、句法分析、语音识别、语法解析、语种互译等技术。

(3)图像处理。图像处理技术使计算机拥有人类的视觉功能,可以获得、处理并分析和理解图片或多维度数据,包括图像获得、图像过滤和调整、特征提取等。传统计算机在模拟人脑神经元多层、深度传递解决复杂问题的信息交互处理过程中,由于其传统架构限制计算能力无法有效迅速提升,同时芯片计算能耗大。人工智能领域数据密集,传统的数据处理技术难以完全满足高强度并行数据处理的要求。超级计算机的出现和云计算技术的发展为人工智能的发展提供了有力支撑。适应神经网络算法的 NPU、FPGA 等芯片及其如何融入超级计算机芯片矩阵是人工智能的重点研究方向之一。

(4) 人机交互。人机交互技术主要包括计算机图像学、交互界面设计、增强现实等。不少产品和技术已经问世,如能够随意折叠的柔性显示屏、3D 显示器、多触点式触摸屏技术、手写汉字识别系统、数字墨水技术以及基于传感器捕捉用户意图的隐式输入技术等。

2. 人工智能的研究与应用领域

人工智能存在许多不同的研究领域,如专家系统、机器学习、模式识别、人工神经网络、智能决策支持系统、自动定理证明、自然语言理解及自动程序设计等。

(1) 专家系统。专家系统是依靠人类专家已有的知识建立起来的知识系统,是一种具有特定领域内大量知识与经验的程序系统。专家系统是人工智能研究中开展较早、最活跃、成效最多的领域,广泛应用于医疗诊断、地质勘探、文化教育等方面。它是在特定的领域内具有相应的知识和经验的程序系统,它应用人工智能技术、模拟人类专家解决问题时的思维过程,求解领域内的各种问题,以达到或接近专家的水平。

(2) 机器学习。机器学习专门研究计算机怎样模拟或实现人类的学习行为,以获取新的知识或技能,并重新组织已有的知识结构使之不断改善自身的性能。它是人工智能的核心,是使计算机具有智能的根本途径。机器学习已经有了十分广泛的应用,如数据挖掘、计算机视觉、自然语言处理、生物特征识别、搜索引擎、医学诊断、检测信用卡欺诈、证券市场分析、DNA 序列测序、语音和手写识别、战略游戏和机器人运用等。

(3) 模式识别。模式识别是研究如何使机器具有感知能力,主要研究视觉模式和听觉模式的识别,如识别物体、地形、图像、字体(如签字)等。模式识别在日常生活各方面以及军事上都有广泛的用途。近年来迅速发展起来的应用模糊数学模式、人工神经网络模式的方法逐渐取代了传统的用统计模式和结构模式的识别方法。

当前模式识别主要集中在图形图像识别和语音识别方面。图形图像识别方面(如识别各种印刷体和某些手写体文字,识别指纹、白细胞和癌细胞等)的技术已经进入实用阶段。语音识别主要研究各种语音信号的分类。语音识别技术近年来发展很快,现已有商品化产品上市。

(4) 人工神经网络。人工神经网络是在研究人脑的奥秘中得到启发,试图用大量的处理单元(人工神经元、处理元件、电子元件等)模仿人脑神经系统的工程结构和工作机理,是通过范例的学习,修改了知识库和推理机的结构,达到实现人工智能的目的。

在人工神经网络中,信息的处理是由神经元之间的相互作用实现的,知识与信息的存储表现为网络元件互连间分布式的物理联系,网络的学习和识别取决于和神经元连接权值的动态演化过程。

人工神经网络也许永远也无法代替人脑,但能帮助人类扩展对外部世界的认识和智能控制。多年来,人工神经网络的研究取得了较大的进展,成为具有一种独特风格的信息处理学科。

(5) 智能决策支持系统。决策支持系统属于管理科学的范畴,与"知识-智能"有极其密切的关系。20世纪80年代专家系统在许多方面取得成功以来,将人工智能中的智能和知识处理技术应用于决策支持系统,扩大了决策支持系统的应用范围,提高了系统解决问题的能力,成为智能决策支持系统。

(6) 自动定理证明。自动定理证明是指利用计算机证明非数值性的结果,即确定真假值。如不断开发能够对某些问题或事物进行推理证明,这些程序能够借助对事实数据库的操作来证明和推理判断。

(7) 自然语言理解及自动程序设计。自然语言理解方面已经开发出能够从内部数据库回答英语提出问题的程序,此外,这些程序通过阅读文本材料,还能把其中的句子从一种语言翻译为另一种语言,执行用英语给出的指令和获取知识等。自动程序方面的目的在于,使计算机自身能够根据各种不同目的和要求自动编写计算机程序,既可用高级语言编程,又可用英语描述算法。

13.3 计算机应用的热点技术

随着计算机科学技术的快速发展,计算机应用的热点技术不断涌现。据分析,在改变生活、企业与全球经济的颠覆性科技中,大部分与计算机科学技术的发展密切相关,如目前的热点技术:移动互联网、物联网、云计算、大数据等。

13.3.1 移动互联网

移动互联网是当前信息技术领域的热门话题之一,它体现了"无处不在的网络、无所不能的业务"的思想。移动互联网使得人们可以通过随身携带的移动终端,随时随地乃至在移动过程中获取互联网服务。

1. 移动互联网的概念

移动互联网已成为学术界和业界共同关注的热点,但对其的定义还没有达成共识,比较有代表性的定义由中国工业和信息化部电信研究院在2011年的《移动互联网白皮书》中给出:"移动互联网是以移动网络作为接入网络的互联网及服务,包括3个要素:移动终端、移动网络和应用服务"。

上述定义给出了移动互联网两方面的含义:一方面,移动互联网是移动通信网络与互联网的融合,用户以移动终端接入无线移动通信网络的方式访问互联网;另一方面,移动互联网还产生了大量新型的应用,这些应用与终端的可移动、可定位和随身携带等特性相结合,为用户提供个性化的、位置相关的服务。

2. 移动互联网的研究体系

移动互联网是一个多学科交叉、涵盖范围广泛的研究领域,涉及互联网、移动通信、无线网络、嵌入式系统等技术。移动互联网的研究主要包括移动终端、接入网络、应用服务以及安全与隐私保护4个方面。

(1) 移动终端。移动终端是移动互联网的前提和基础。随着移动终端技术的不断发展,移动终端逐渐具备了较强的计算、存储和处理能力以及触摸屏、定位、视频摄像头等功能组件,拥有了智能操作系统和开放的软件平台。采用智能终端操作系统的手机,除了具备通话和短信功能外,还具有网络扫描、接口选择、蓝牙I/O、后台处理、能量监控、节能控制、低层次内存管理、持久存储和位置感知等功能,这些功能使得智能手机在医疗卫生、社交网络、环境监控、交通管理等领域得到越来越多的应用。

移动终端研究不仅涵盖终端硬件、操作系统、软件平台及应用软件,还包括节能、定位、上下文感知、内容适配和人机交互等技术。

(2) 接入网络。接入网络是移动互联网的重要基础设施之一,按照网络覆盖范围的不同,现有的接入网络主要有5类,即卫星通信网络、蜂窝网络、无线城域网(WMAN)、无线局域网(WLAN)和基于蓝牙的无线局域网。

接入网络研究涉及无线通信与网络的基础理论与关键技术,主要包括信息理论与编码、信号处理、宽带无线传输理论、多址技术、多天线MIMO(多入多出)、认知无线电、短距离无线通信、蜂窝网络、无线局域网、无线Ad Hoc网络、无线传感器网络、无线Mesh网络、新型网络体系结构、异构无线网络融合、移动性管理、无线资源管理等。

(3) 应用服务。应用服务是移动互联网的核心。不同于传统的互联网服务,移动互联网服务具有移动性和个性化等特征,用户可以随时随地获得移动互联网服务,并可以根据用户位置、兴趣偏好、需求和环境进行定制。应用服务研究包括移动搜索、移动社交网络、移动电子商务、移动互联网应用拓展、基于云计算的服务、基于智能手机感知的应用等。

(4) 安全与隐私保护。安全与隐私保护是移动互联网面临的一大紧迫问题,已经成为影响其发展的重要因素之一。在移动互联网环境下,传统互联网中的安全问题依然存在,同时还出现了一些新的安全问题。

安全与隐私保护研究涉及移动终端、接入网络和应用服务3个层面,包括移动终端安全、无线网络安全、应用安全、内容安全、位置隐私保护等。其中,移动终端的安全与隐私保护成为最主要的研究领域。由于移动终端的计算和存储能力有限,一些安全防护技术的开发存在很大局限性,例如,不可能采用复杂的加密算法、无法存储较大的病毒库等;移动终端上恶意软件的传播途径更多样化,隐蔽性也较强;移动终端"永远在线"的特性使得窃听、监视和攻击行为更加容易;移动终端电池电量有限,在设计安全防护方法时,能耗也是需要考虑的重要因素。

用户位置涉及用户曾经去过哪里、做过什么或者即将去哪里、正在做什么,属于个人隐私。随着移动互联网中基于位置服务的应用越来越广泛,位置隐私保护逐渐引起人们的重视。

3. 移动互联网的业务模式

移动互联网具有如下10个方面的业务模式。

(1) 移动社交。移动社交是指用户以手机、平板等移动终端为载体,以在线识别用户及交换信息技术为基础,通过移动网络实现的社交应用功能。与传统的个人计算机端社交相比,移动社交具有人机交互、实时场景等特点,能够让用户随时随地创造并分享内容,让网络最大限度地服务于个人的现实生活。

(2) 移动广告。移动广告是通过移动设备(如手机、平板计算机等)访问移动应用或移动网页时显示的广告。广告形式包括图片、文字、插播广告、链接、视频、重力感应广告等。移动广告是移动互联网的主要盈利来源。

(3) 手机游戏。随着产业技术的进步,移动设备终端上会发生一些革命性的质变,带来更好的用户体验。手机游戏作为移动互联网的重量级盈利模式,无疑将掀起移动互联网商业模式的全新变革。

(4) 手机电视。手机电视指以手机等便携式手持终端为设备,传播视听内容的一项技术或应用。手机电视具有电视媒体的直观性、广播媒体的便携性、报纸媒体的滞留性以及网络媒体的交互性。手机电视不仅能够提供传统的音视频节目,利用手机网络,还可以方便地完成交互功能,更适合多媒体增值业务的开展。

(5) 移动电子阅读。由于手机功能扩展、屏幕更大更清晰、容量提升、用户身份易于确认、付款方便等诸多优势,移动电子阅读正在成为一种流行的阅读方式。

(6) 移动定位服务。移动定位服务即位置信息服务。基于个人消费者需求的智能化,位置信息服务的需求呈大幅度增长趋势。位置信息服务不但可以提升企业运营与服务水平,也能为用户提供更多样化的便捷服务。从地址点导航、兴趣点服务,到实时路况技术的应用,不仅可引导用户找到附近的产品和服务,并可获得更高的便捷性和安全性。

(7) 移动搜索。移动搜索是利用移动终端(如手机)搜索 WAP 站点,或者用短信搜索引擎系统,通过移动通信网络与互联网对接,将包含用户所需信息的互联网中的网页内容转换为移动终端所能接收的信息,并针对移动用户的需求特点提供个性化服务的搜索方式。移动搜索引擎综合了多种搜索方法,可以提供范围更广的垂直和水平搜索,提升用户的使用体验。

(8) 信息共享服务。手机图片、音频、视频共享被认为是手机业务的重要应用。随着终端、内容、网络等制约因素的解决,手机信息共享服务将快速发展,用户利用这种服务可以上传自己的图片、视频,还可以备份文件、共享文件,或公开发布。

(9) 移动支付。移动支付是允许用户使用其移动终端(通常是手机)对所消费的商品或服务进行账务支付的一种服务方式。单位或个人通过移动设备、互联网或者近距离传感直接或间接向银行金融机构发送支付指令产生货币支付与资金转移行为,从而实现移动支付功能。移动支付将终端设备、互联网、应用提供商以及金融机构相融合,为用户提供货币支付、缴费等金融业务。

(10) 移动电子商务。移动电子商务将因特网、移动通信技术、短距离通信技术及其他信息处理技术完美结合,使人们可以在任何时间、任何地点进行各种商贸活动,实现随时随地、线上线下的购物与交易、在线电子支付以及各种交易活动、商务活动、金融活动和相关的综合服务活动等。

13.3.2　物联网

物联网(internet of things)作为新一代的智能互联网络应运而生,被看作是信息领域的一次重大发展和变革机遇。物联网以射频识别(Radio Frequency Identification,RFID)技术架构和无线传感器网络为感知基础,通过融合互联网实现数据传递和共享,利用高性能计算技术实现信息的管理和决策。

1. 物联网的概念

"物联网"主要指将多项现代信息传感设备(包括 GPS、电子标签、传感器等)安置于所需的物体上,并通过相关的协议运用通信网络技术实行物与人或物与物之间的有机衔接,获得工作资源,达到协同工作的目的,因此物体具备一定的智能性。通过这种网络技术可以进行智能化的操作,从而可以实现科学、有效的识别、跟踪、管理等。对于物联网而言,其核心技术为 RFID,其在物联网的整个实践中发挥着重要的作用。

通过物联网技术,可以实现全方位的感知,其信息的传送具有较高的安全性与可靠性,能够对各种信息进行智能化的处理,这是物联网的主要特征。此外,通过物联网技术,可以于任何地点、时间等对多种物体进行科学、有效地衔接,使物理世界能够与人类社会进行科学的结合,从而可以改变人们的生活,为人们提供必要的信息化服务。

2. 物联网的体系结构

物联网的体系结构大致有 3 个层次,底层是用来感知数据的感知层,第二层是用于传输数据的网络层,最上层是与行业需求相结合的应用层。

(1)感知层。感知层主要用于感知物体,采集数据。它是通过移动终端、传感器、RFID、二维码技术和实时定位技术等对物质属性、环境状态、行为态势等动态和静态信息进行大规模、分布式的信息获取与状态辨识。针对具体感知任务,常采用协同处理的方式对多种类、多角度、多尺度的信息进行在线计算,并与网络中的其他单元共享资源进行交互与信息传输。其作用相当于人的眼、耳、鼻、喉和皮肤等神经末梢。

(2)网络层。网络层能够把感知到的信息进行传输,实现互联。这些信息可以通过Internet、Intranet、GSM、CDMA 等网络进行可靠、安全的传输。在传输层,主要采用与各种异构通信网络接入的设备,如接入互联网的网关、接入移动通信网的网关等。因为这些设备具有较强的硬件支撑能力,所以可以采用相对复杂的软件协议设计。传输层的作用相当于人的神经中枢和大脑,负责传递和处理感知层获取的信息。

(3)应用层。应用层是物联网和用户的接口,它与行业需求相结合,实现物联网的智能应用。根据用户需求,应用层构建面向各类行业实际应用的管理平台和运行平台,并根据各种应用的特点集成相关的内容服务。为了更好地提供准确的信息服务,必须结合不同行业的专业知识和业务模型,以完成更加精细和准确的智能化信息管理。其应用包括智能交通、绿色农业、智能电网、手机钱包、智能家电、环境监测、工业监控等。

3. 物联网的关键技术

物联网要实现物与物之间的感知、识别、通信等功能,需要有大量先进技术的支持。物联网的关键性技术包括感知事物的传感器网络技术、联系事物的组网和互联技术、判别事物位置的全球定位系统、思考事物的智能技术、认识事物的射频识别技术以及提高事物性能的新材料技术等。

(1)传感器网络技术。传感器是机器感知物质世界的"感觉器官",能够探测、感受外界的信号、物理条件或化学组成,并将探知的信息传递给其他装置或器官。目前传感器网络技术的研究主要包括传感器技术、RFID、微型嵌入式系统。随着科技技术的不断发展,传统的传感器正逐步实现微型化、智能化、信息化、网络化,朝着智能传感器、Web 传感器的方向发展。

(2)组网和互联技术。传感器组网和互联技术是实现物联网功能的纽带,主要研究方向包括:构建新型分布式无线传感网络组网结构;基于分布式感知的动态分组技术;实现高可靠性的物联网单元冗余技术;无缝接入、断开和网络自平衡技术。

(3)全球定位系统。全球定位系统(GPS)是一种结合卫星及通信发展的技术,利用导航卫星进行测时和测距,从而实现物体的精确定位。全球卫星定位系统由 3 部分组成:空间部分(GPS 星座)、地面控制部分(地面监控系统)及用户设备部分(GPS 信号接收机)。

(4)智能技术。智能技术是为了有效地达到某种预期的目的,利用知识采用的各种方法和手段。通过在物体中植入智能系统,可以使得物体具备一定的智能性,能够主动或被动地实现与用户的沟通,也是物联网的关键技术之一。主要的研究内容和方向包括人工智能理论研究、先进的人-机交互技术与系统、智能控制技术与系统、智能信号处理。

(5)射频识别技术。射频识别(RFID)是一种非接触式的自动识别技术,它通过射频信号自动识别目标对象并获取相关数据,识别过程无须人工干预,可工作于各种恶劣环境。RFID 技术可识别高速运动物体并可同时识别多个标签,操作快捷、方便。RFID 技术与互联网、通信等技术相结合,可实现全球范围内物品跟踪与信息共享。

(6)新材料技术。新材料是指新近发展或正在发展中的具有比传统材料的性能更优异的一类材料。为了进一步提高传感器的性能,新材料技术是不可或缺的。物联网新材料技术的研究主要包括:使传感器结点进一步小型化的纳米技术;提高传感器可靠性的抗氧化技术;减小传感器功耗的集成电路技术。

4. 物联网的应用

物联网与其说是网络,不如说是应用。物联网有广泛的用途,遍及智能交通、环境保护、政府工作、公共安全、平安家居、智能消防、工业监测、个人健康、花卉栽培、水系监测、食品溯源、敌情侦查和情报搜集等众多领域。

物联网把新一代信息技术充分运用在各行各业中,具体地说,就是把感应器嵌入和装备到电网、铁路、桥梁、隧道、公路、建筑、供水系统、大坝、油气管道等各种物体中,然后将"物联网"与现有的互联网整合起来,实现人类社会与物理系统的整合,在这个整合的网络中,存在能力超级强大的中心计算机群,能够对整合网络内的人员、机器、设备和基础设施实施实时的管理和控制。在此基础上,人类可以以更加精细和动态的方式管理生产和生活,达到"智慧"状态,提高资源利用率和生产力水平,改善人与自然间的关系。

可以预见,物联网正在快速地走进人们的生活,它的实际应用将分 3 个步骤实现。实现物体的自我感知功能;物与物之间相互联系,交换信息;系统通过分析物联结点的信息,做出最优化的调整策略,控制整个系统朝优化方向做出改变。

13.3.3　云计算

云计算(cloud computing)是一种方便的使用方式和服务模式,通过互联网按需访问资源池模型(如网络、服务器、存储、应用程序和服务等),可以快速和最少的管理工作为用户提供服务。

1. 云计算的定义

自 2007 年 IBM 正式提出云计算的概念以来,许多专家、研究组织以及相关厂家从不同的研究视角给出了云计算的定义。

维基百科 2011 年给出的定义为:"云计算是一种能够将动态易扩展的虚拟化资源软件和数据通过互联网提供给用户的计算方式,如同电网用电一样,用户不需要知道云内部的细节,也不必具有管理支持云计算的基础设施。"

美国标准化技术机构 NIST 定义为:云计算是一种资源利用模式,它能以方便、友好、按需访问的方式通过网络访问可配置的计算机资源池(如网络、服务器、存储、应用程序和服务),在这种模式中,可以快速供应并以最小的管理代价提供服务。

一般认为,云计算是一种大规模资源共享模型,它是以虚拟技术为核心技术,以规模经济为驱动,以 Internet 为载体,以用户为主体,按照用户需求动态地提供虚拟化的、可伸缩的商业计算模型。更确切地说,云计算是一种服务模式,而不单纯是一种技术。在云计算模式下,不同种类的信息服务按照用户的需求规模和要求动态地构建、运营和维护,用户一般以即用即付(pay as you go)的方式支付其利用资源的费用。网络中的应用服务通常被称作 SaaS,而数据中心的软硬件设施即资源池,也就是云(cloud)。"云"是一些可以自我维护和管理的虚拟计算资源,通常是一些大型服务器集群,包括计算服务器、存储服务和宽带资源等。云计算的核心思想是资源池,池的规模可以动态扩展,而使用资源池中的丰富的软硬件资源可以像煤气、水和电一样,取用方便,费用低廉。当云以即用即付的方式提供给公众的时候,称其为公共云(public cloud),这里出售的是效用计算。

2. 云计算的特性

云计算的特性可归纳如下。

(1) 弹性服务。服务的规模可快速伸缩,以自动适应业务负载的动态变化。用户使用的资源同业务的需求相一致,避免了因为服务器性能过载或冗余而导致的服务质量下降或资源浪费。

(2) 资源池化。资源以共享资源池的方式统一管理。利用虚拟化技术,将资源分享给不同用户,资源的放置、管理与分配策略对用户透明。

（3）按需服务。以服务的形式为用户提供应用程序、数据存储、基础设施等资源,并可以根据用户需求自动分配资源,而不需要系统管理员干预。

（4）服务可计费。监控用户的资源使用量,并根据资源的使用情况对服务计费。

（5）泛在接入。用户可以利用各种终端设备(如个人计算机、智能手机等)随时随地通过互联网访问云计算服务。

正是因为云计算具有上述 5 个特性,使得用户只要连上互联网,就可以源源不断地使用计算机资源,实现了"互联网即计算机"的构想。

3. 云计算体系架构

云计算可以按需提供弹性资源,它的表现形式是一系列服务的集合,其体系架构可分为核心服务、服务管理、用户访问接口 3 层。核心服务层将硬件基础设施、软件运行环境、应用程序抽象成服务,这些服务具有可靠性强、规模可伸缩等特点,满足多样化的应用需求。服务管理层为核心服务提供支持,进一步确保核心服务的可靠性、可用性与安全性。用户访问接口层实现端到云的访问。

（1）核心服务层。云计算核心服务层通常分为 3 个子层:基础设施即服务层(Infrastructure as a Service,IaaS)、平台即服务层(Platform as a Service,PaaS)、软件即服务层(Software as a Service,SaaS)。IaaS 提供硬件基础设施部署服务,为用户按需提供实体或虚拟的计算、存储和网络等资源。PaaS 是云计算应用程序运行环境,提供应用程序部署与管理服务。通过 PaaS 层的软件工具和开发语言,应用程序开发者只要上传程序代码和数据即可使用服务,而不必关注底层的网络、存储、操作系统的管理问题。SaaS 是基于云计算基础平台开发的应用程序。企业可以通过租用 SaaS 层服务解决企业信息化问题。

（2）服务管理层。服务管理层对核心服务层的可用性、可靠性和安全性提供保障。服务管理包括服务质量(Quality of Service,QoS)保证和安全管理等。

云计算需要提供高可靠、高可用、低成本的个性化服务。然而,云计算平台规模庞大且结构复杂,很难完全满足用户的 QoS 需求。为此,云计算服务提供商需要和用户进行协商,并制定服务水平协议(Service Level Agreement,SLA),使得双方对服务质量的需求达成一致。当服务提供商提供的服务未能达到 SLA 的要求时,用户将得到补偿。

此外,数据的安全性一直是用户较关心的问题。云计算数据中心采用的资源集中式管理方式使得云计算平台存在单点失效问题。保存在数据中心的关键数据会因为突发事件(如地震、断电)、病毒入侵、黑客攻击而丢失或泄露。根据云计算服务特点,研究云计算环境下的安全与隐私保护技术(如数据隔离、隐私保护、访问控制等)是保证云计算得以广泛应用的关键。

除了 QoS 保证、安全管理外,服务管理层还包括计费管理、资源监控等管理内容,这些管理措施对云计算的稳定运行同样起到重要作用。

（3）用户访问接口层。用户访问接口实现了云计算服务的泛在访问,通常包括命令行、Web 服务、Web 门户等形式。命令行和 Web 服务的访问模式既可为终端设备提供应用程序开发接口,又便于多种服务的组合。通过 Web 门户,云计算将用户的桌面应用迁移到互联网,从而使用户随时随地通过浏览器就可以访问数据和程序,提高工作效率。

4. 主要云计算服务

云计算自提出以来,国外各大 IT 企业先后投入巨资研发并运营云计算服务,国内部分企业也开始商业化运营的尝试。云计算的服务范围见表 13-2。

表 13-2   云计算的服务范围表

服 务 类 型	描　　　述	例　　子
云主机租用	提供弹性和按需部署的主机租用和计算能力服务,提供的主机用于开展各类互联网信息服务	Amazon EC2 世纪互联 CloudE 阿里巴巴　阿里云
云存储	提供在线的可按需扩展的存储服务,存储内容可以分享和传播	Amazon S3 华为 DBank 新浪微盘 金山快盘 T 盘
应用平台服务	提供公共的应用开发和托管平台,提供的应用开发接口可用于开展各类互联网信息服务	Google App Engine Windows Azure Force. com 新浪 App Engine
在线软件租用服务	提供在线的软件租用服务,软件运行于远端数据中心,用户将数据的存储和处理均托管于远端数据中心	Saleforce. com 用友伟库 百会 Baihui. com 八百客 800app. com

13.3.4　大数据

大数据是继云计算、物联网之后信息技术行业又一大颠覆性的技术革命。

1. 大数据的定义

最早提出"大数据"时代到来的是全球知名咨询公司麦肯锡,该公司在《大数据:创新、竞争和生产力的下一个前沿领域》报告中称:"数据,已经渗透到当今每个行业和业务职能领域,成为重要的生产因素。人们对海量数据的挖掘和运用,预示着新一波生产率增长和消费者盈余浪潮的到来。"并指出,大数据指的是大小超出常规数据库工具能够获取、存储、管理和分析能力的数据集。同时强调,并不是一定要超过特定 TB 级的数据集才能算是大数据。

在 2008 年 *Science* 杂志出版的专刊中,大数据被定义为"代表着人类认知过程的进步,数据集的规模是无法在可容忍的时间内用目前的技术、方法和理论去获取、管理、处理的数据"。比较有影响力的 Gartner 公司也给出了大数据的定义:大数据是高容量、高生成速率、种类繁多的信息价值,同时需要新的处理形式确保判断的做出、洞察力的发现和处理的优化。这种定义不仅是数据规模大,更重要的是如何从这些动态快速生成的数据流或数据块中获取有用的、具有时效性价值的信息,但是这些数据类型众多,结构化、半结构化、非结构化的数据对已有的数据处理模式带来了巨大的挑战。百度百科对大数据的定义是:大数据(big data)或称巨量资料,指的是所涉及的资料量规模巨大到无法通过目前主流软件工具,在合理时间内达到撷取、管理、处理并整理成为帮助企业经营决策更积极目的的信息。亚马逊的大数据科学家 Rauser 的定义比较直接:"超过单台计算机处理能力的数据量则为大数据"。

2. 大数据的产生

"大数据"并不是一个空的概念,其出现对应了数据产生方式的变革。如果从事件发生的 3 要素看,需要具备时间、地点以及人物要求,事件才能完整。但是,对于"大数据"而言,其产生方式已经分别在这 3 要素上突破了限制,即传统数据产生方式的变革导致"大数据"的出现。

(1) 时间的不间断性。传统数据是伴随着一定的运营活动而产生的,并在产生后存储至数据库,如超市只有用户发生购买行为之后,才会产生交易信息,该阶段数据的产生是被动的,具有这种数据产生方式的阶段被称为"运营式系统阶段";随着互联网技术的发展,以智能移动终端以及社交平台为媒介,大量通话以及聊天记录的产生标志着"用户原创阶段"的到来,该阶段数据产生呈现主动性;而后,云计算、物联网以及传感技术的发展,使得数据以一定的速率源源不断地产生,该阶段的数据呈现自发性,该阶段被称为"感知式系统阶段"。通过以上分析可知,数据产生方式经历了被动、主动以及自发式的历程,其已经脱离了对活动的依赖性,突破了传统时间的限制,具备了持续不间断产生的特性。

(2) 地点的无领域限制。大数据已经出现在各种领域,包括互联网、金融、医疗、教育、科研、航空航天以及物联网等。例如,互联网领域的网络点击流、网络日志、电子邮件以及交易记录,金融领域的股票交易、用户消费记录以及账户信息,物联网领域中大量分布的传感器感知的环境信息、设备信息,科研领域中的仿真实验数据、实验报告、论文等,这些都是构成大数据的重要组成部分。但产生大数据的领域并不局限于此,甚至已经分布在能够想象到的生产生活的各种领域。例如,学生的考试成绩、学号信息,购物清单以及手机短信、通话记录等,其都会形成数据并保存。由此可见,领域的扩展已经为"大数据"的形成提供了重要基础。

(3) 人、机、物协同作用。人与物是传统事件发生的重要因素,而对于数据的产生,其主体已经从传统的"人"的概念扩展到"人""机""物"以及三者的融合。首先,"人"指人类的活动,包括人的日常消费,使用移动互联网、移动设备终端等;其次,很重要的一部分数据来源于"机",即信息系统本身,计算机信息系统产生的各类数据,其以文件、多媒体等多种形式存在;另外,"大数据"同样也来源于"物",即我们所处的物理世界,其涉及各种具有采集功能的设备,如摄像头、医疗设备、传感器等。随着云计算、物联网等信息技术的发展,"人""机"及"物"的规模逐渐扩大,相互之间的作用越来越明显,数据的产生方式也已经由"人机"或"机物"的二元世界向融合社会资源、信息系统以及物理资源的三元世界转变。

综上可知,数据产生的三要素已经发生了历史性的变革,人、机、物协同作用下,不间断、无领域限制的数据产生方式已经突破了传统数据的概念,其必然导致数据性质的变革,这也就衍生出了新的概念——大数据。

3. 大数据的作用

对大数据的处理分析正在成为新一代信息技术融合应用的结点。移动互联网、物联网、社交网络、数字家庭、电子商务等是新一代信息技术的应用形态,这些应用不断产生大数据。云计算为这些海量、多样化的大数据提供存储和运算平台。通过对不同来源数据的管理、处理、分析与优化,将结果反馈到上述应用中,将创造出巨大的经济和社会价值。

大数据是信息产业持续高速增长的新引擎。面向大数据市场的新技术、新产品、新服务、新业态会不断涌现。在硬件与集成设备领域,大数据将对芯片、存储产业产生重要影响,还将催生一体化数据存储处理服务器、内存计算等市场。在软件与服务领域,大数据将引发数据快速处理分析、数据挖掘技术和软件产品的发展。

大数据的利用将成为提高核心竞争力的关键因素。各行各业的决策正在从“业务驱动”转变为“数据驱动”。对大数据的分析可以使零售商实时掌握市场动态并迅速做出应对;可以为商家制定更加精准有效的营销策略提供决策支持;可以帮助企业为消费者提供更加及时和个性化的服务;在医疗领域,可提高诊断准确性和药物有效性;在公共事业领域,大数据也开始发挥促进经济发展、维护社会稳定等方面的重要作用。

大数据时代科学研究的方法手段将发生重大改变。例如,抽样调查是社会科学的基本研究方法。在大数据时代,可通过实时监测、跟踪研究对象在互联网上产生的海量行为数据进行挖掘分析,揭示出规律性的东西,提出研究结论和对策。

13.4　思考与讨论

13.4.1　问题思考

1. 嵌入式系统广泛应用的原因是什么?
2. 什么是人工智能?
3. 移动互联网的业务模式有哪些?
4. 什么是物联网?
5. 云计算具有哪些特性?
6. 什么是大数据?它有何作用?

13.4.2　课外讨论

1. 为什么说信息技术的进步面临兴利除弊的重任?

2. 谈谈移动互联技术对社会的影响。

3. 人工智能是否能超过人类智能？为什么？

4. 互联网、移动互联网与物联网有何联系与区别？

5. 举出 3 例计算机应用的热点技术。

6. 根据自己的调查,分析计算机新技术对日常生活的影响。

第 14 章

Chapter 14

计算机学科体系

科学技术的进步,计算机应用的深入和普及,人类科学思想体系的变革和人们科学观念的变化,对计算机学科体系不断提出新的挑战。

14.1 计算机学科概论

计算机科学与技术学科简称为计算机学科。作为信息时代最关键的科学与技术之一,计算机学科在信息社会中起着重要作用。计算机学科描述信息算法过程,包括对其理论、分析、设计、效率、实现与应用等进行的系统研究。

14.1.1 计算机学科基础

计算机学科是研究计算机的设计、制造和利用计算机进行信息获取、表示、存储、处理控制等的理论、原则、方法和技术的学科。计算机学科包括科学和技术两个方面,计算机科学侧重研究现象揭示规律,计算机技术则侧重研制计算机和研究使用计算机进行信息处理的方法和技术手段。

1. 计算机学科的发展

20 世纪 40 年代至 20 世纪 50 年代末,对计算机学科研究的主流方向主要集中在计算模型、计算机设计和科学计算方面。由于计算机应用主要是大量的科学计算,与数学关系密切,加之在设计计算机的过程中对逻辑和布尔代数的基本要求,导致大量从事数学研究的人员转入计算机学科领域。在学科发展的早期,数学、电子学、程序设计是支撑计算机科学发展的主要专业基础。

20世纪60年代,计算机学科进入蓬勃发展的时期。面对学科发展中遇到的许多重大问题,如怎样实现高级语言的编译系统,如何设计各种新语言,如何提高计算机的运算速度和存储容量,如何设计操作系统,如何设计和实现数据库管理系统,如何保证软件的质量等问题,发展了一大批理论、方法和技术,如形式语言与自动机、形式语义学、软件开发方法学、算法理论、高级语言理论、并发程序设计、程序理论等。学科的发展体现为3个显著的特点:一是学科研究渗透社会生活的各个方面,广泛的应用需求推动学科持续高速发展;二是人们开始认识到软件和硬件之间有一个相互依托、互为借鉴,以推动计算机设计和软件发展的问题;三是计算机理论和工程技术方法两者缺一不可,且常常紧密结合在一起。

从20世纪80年代起,针对集成电路芯片可预见的设计极限和一些深入研究中所遇到的困难,如软件工程、计算模型、计算语言、大规模复杂问题的计算与处理、大规模数据存储与检索、人工智能、计算可视化等方面出现的问题,人们开始认识到学科正在走向深化。除了寄希望于光电子技术研究取得突破、成倍提高机器运算速度外,人们更加重视理论和技术的研究,从而推动了计算机体系结构、并行与分布式算法、形式语义学、计算机基本应用技术、各种非经典逻辑及计算模型的发展,推出了并行计算机、计算机网络和各种工作站,带动了软件开发水平和程序设计方法技术的提高。

由于长期以来学科的理论研究滞后于技术的发展,技术和工程应用发展速度开始受到制约。计算机学科的研究形成了一大批更为细小的方向,有些理论性较强,有些技术性较强,有些则与其他学科产生了密切的联系。在未来的一段时间里,计算机学科的研究重点将集中在新的综合方向上,如新一代计算机体系结构、并行与分布式软件开发方法学研究、人工智能理论及其应用、计算机应用的关键技术等。

2. 计算机学科的特点

计算机学科作为一门年轻的学科,有自己独特的特点,主要表现在学科新且发展迅速、理论基础与工程技术双重突出、与其他学科相互渗透与支撑等。

形成一门学科体系,远比某项新技术的发明推广要难得多。计算机科学与技术被社会所认识始于20世纪60年代,并逐步形成一门新学科。正是这种"新",计算机学科对社会发展产生了极大的影响,推动着整个社会迅速由工业化向信息化过渡。也正是这种"新"使学科整个知识结构不像其他学科那么全面、严密,新的发现、新的发展,反过来都对学科基础及学科教育不断提出新的要求。

计算机学科的发展速度是惊人的,没有哪一门学科有如此的发展速度,并一直受到社会各阶层的关注。计算机知识更新周期短,刚学会的技术,过不了多久又有更新、更先进的技术代替它。这种高陈旧率、高淘汰率使从事计算机事业的人付出的劳动也是高度复杂和超负荷的。

在计算机学科领域,理论是根基,技术是表现,两者互为依托。计算机学科具有这种科学性与工程性的"双重性"特点,使其与数学这样的理科学科一样具有严格的理论要求,也与工程技术为主的工科学科一样具有工程技术与实践性要求。

计算机学科与其他学科相结合,改进了研究工具和研究方法,促进了其他学科的发展。过去,人们主要通过实验和理论两种途径进行科学技术研究,计算机学科的出现,使计算和模拟成为科学研究工作的第三条途径。计算机与有关的实验观测仪器相结合,可对实验数据进行现场记录、整理、加工、分析和绘制图表,显著地提高实验工作的质量和效率。计算和模拟作为一种新的研究手段,常使一些学科衍生出新的分支学科。例如,空气动力学、气象学、弹性结构力学和应用分析等所面临的"计算障碍",在计算机学科的推动下,衍生出计算空气动力学、气象数值预报等边缘分支学科。利用计算机进行定量研究,在人口普查、社会调查和自然语言研究等社会科学和人文学科中也发挥了重大的作用。

3. 计算机学科的构成

计算机科学与技术是研究计算机及其周围各种现象与规模的科学。计算机学科的分支没有一个统一的标准。一般认为,计算机科学与技术包括 5 个分支学科,即理论计算机科学、计算机系统结构、计算机组织与实现、计算机软件和计算机应用。

(1)理论计算机科学。理论计算机科学研究的对象是计算机基本理论,包括自动机理论、形式语言理论、程序理论、算法分析以及计算复杂性理论等。自动机是现实自动计算机的数学模型,或者说是现实计算机程序的模型。自动机理论的任务就在于研究这种抽象机器的模型;形式语言理论研究程序设计语言以及自然语言的形式化定义、分类、结构等有关理论,以及识别各类语言的形式化模型及其相互关系;程序理论是研究程序逻辑、程序复杂性、程序正确性证明、程序验证、程序综合、形式语言学,以及程序设计方法的理论基础;算法分析研究各种特定算法的性质;计算复杂性理论研究算法复杂性的一般性质。

(2)计算机系统结构。计算机系统结构是程序设计者所见的计算机属性,着重于计算机的概念结构和功能特性,硬件、软件和固件子系统的功能分配及其界面的确定。计算机系统结构研究计算机的总体结构、计算机的各种新型体系结构以及进一步提高计算机性能的各种新技术。

使用高级语言的程序设计者所见到的计算机属性,主要是软件子系统和固件子系统的属性,包括程序语言以及操作系统、数据库管理系统、网络软件等的用户界面。使用机器语言的程序设计者所见到的计算机属性,则是硬件子系统的概念结构(硬件子系统结构)及其功能特性,包括指令系统(机器语言)以及寄存器定义、中断机构、输入输出方式、机器工作状态等。硬件子系统的典型结构是冯·诺依曼结构。当初,它是为解非线性、微分方程而设计的,并未预见到高级语言、操作系统等的出现,以及适应其他应用环境的特殊要求。在相当长的一段时间内,软件子系统都是以这种冯·诺依曼结构为基础而发展的。但是,其间不相适应的情况逐渐暴露出来,从而推动计算机系统结构的变革。

(3)计算机组织与实现。计算机组织与实现是研究组成计算机的功能、部件间的相互连接和相互作用,以及有关计算机实现的技术,均属于计算机组织与实现的任务。

在计算机系统结构确定分配给硬件子系统的功能及其概念结构之后,计算机组织的任务就是研究各组成部分的内部构造和相互联系,以实现机器指令级的各种功能和特性。随着计算机功能的扩展和性能的提高,计算机包含的功能部件也日益增多,其间的互连结构日趋复杂。现代已有3类互连方式,分别以中央处理器、存储器或通信子系统为中心,与其他部件互连。以通信子系统为中心的组织方式,使计算机技术与通信技术紧密结合,形成了计算机网络、分布计算机系统等重要的计算机研究与应用领域。

与计算机组织与实现有关的技术范围相当广泛,包括计算机的元件技术、器件技术、数字电路技术、组装技术以及有关的制造技术和工艺等,也包括计算机网络结构、数据通信与网络协议、网络服务、网络安全等技术。

(4) 计算机软件。计算机软件的研究领域主要包括程序设计、支撑环境与可视化技术、软件工程等方面。其目标是研究在软件过程中采用形式化方法,使软件研究与维护过程中的各种工作尽可能多地由计算机自动完成,创造一种适应软件发展的软件、固件与硬件高度综合的高效能计算机。

程序设计指设计和编制程序的过程,是计算机软件研究和发展的基础环节。程序设计研究的内容包括有关的基本概念、规范、工具、方法以及方法学等。根据实际需求设计新颖的程序设计语言,即定义程序设计语言的词法规则、语法规则和语义规则。研究与程序设计语言相应的翻译系统(如编译系统)的基本理论、原理和实现技术。

支撑环境研究如何自动地对计算机系统的资源进行有效的管理,并最大限度地方便用户使用计算机。可视化技术研究如何用图形和图像直观地表征数据,即用计算机生成、处理、显示能在屏幕上逼真运动的三维形体,并能与人进行交互式对话。

软件工程是指导计算机软件开发和维护的工程学科,研究如何采用工程的概念、原理、技术和方法开发和维护软件,涉及软件开发全过程有关的对象、结构、方法、工具和管理等方面。

(5) 计算机应用。计算机科学与技术之所以能作为一门学科而存在,是和它的广泛应用分不开的。今天的社会正处在向信息化社会过渡的阶段,作为信息处理的主要工具,计算机的广泛应用必将在社会进程中发挥越来越大的作用。

计算机应用研究的主要任务是:根据新的技术平台和实际需求对已有的应用系统进行升级、改造,使其功能更加强大,更加便于使用;研究如何打破计算机的传统应用领域,扩大计算机在国民经济以及社会生活中新的应用范畴。

14.1.2 计算机学科的基本问题

任何一个学科的发展总是围绕着学科的基本问题,以及在扩展学科应用领域的过程中围绕着一些必须解决的重大问题,不断地向前发展,若干方向构成了学科的主流方向,也就构成了学科发展的基本问题。计算机学科的基本问题是:计算的平台与环境问题、计算过程的能行操作与效率问题,以及计算的正确性问题。

1. 计算的平台与环境问题

为了实现计算,除了应用人脑这个无与伦比的计算机外,人们更希望能有真正代替人脑的物化产品,所以首先想到要发明和制造自动计算机器。也就是说,计算机是实现自动计算的物化平台。作为计算平台,它除了能实现计算的功能外,在使用上还必须比较方便,这就是所谓的计算环境问题。

从计算机的发展历史可清楚地看到,正是这个基本问题的要求推进计算机技术不断发展,从最早的卡片、纸带穿孔输入到 DOS 命令操作,到可视化人机界面;从单纯的屏幕、文字打印输出到多媒体三维动态、虚拟现实等。不难看出,关于计算机平台和环境问题涉及了计算机科学理论研究中指出的各种计算模型。各种实际的计算机系统、高级程序设计语言、计算机体系结构、软件开发工具与环境、编译程序、操作系统等都是围绕解决这一基本问题发展而发展的。

2. 计算过程的能行操作与效率问题

计算过程的能行操作与效率问题也是学科的基本问题。一个实际问题在判明为可计算的性质后,从具体解决这个问题着眼,必须按照能行操作的特点与要求给出实际解决该问题的一步一步的具体能行操作,同时还必须确保这种过程的开销成本是使用者能够承受的,如计算的时间、对存储容量的要求等。

围绕这一基本问题,学科中发展了大量与之相关的研究内容与分支方向。例如,数值与非数值计算方法、算法设计与分析、结构化程序设计技术与效率分析等。以计算机部件为背景的集成电路技术、快速算法、数学系统逻辑设计、程序设计方法学、自动布线、RISC(精简指令集计算机)技术、人工智能的推理技术等分支学科的内容都是围绕这一基本问题展开和发展而形成的。计算过程的能行性与效率问题的核心是基于某一恰当计算模型的方法问题,这也就是在学科发展的早期为什么被看成是算法的学问的根本所在,因为当时计算平台与环境和计算的正确性问题还不很突出,从中也反映了算法问题在计算机科学与技术中的地位。

3. 计算的正确性问题

计算的正确性是任何计算工作都不能回避的问题,特别是对用各种自动计算机器进行的计算。一个计算问题在给出了能行操作序列,并解决了效率问题之后,必须保证计算结果的正确性,否则计算是无任何意义的。

围绕这一基本问题,学科发展了一些相关的分支学科与研究方向。例如,算法理论、程序理论(程序描述与验证的理论基础)、程序设计语言的语义学、程序测试技术、电路测试技术、软件工程技术(形式化的软件开发方法学)、计算语言学、容错理论与技术、Petri网理论、CSP 理论、CCS 理论、进程代数与分布式事件代数、分布式网络协议等都是为解决这一基本问题而发展形成的。

计算的正确性问题常常可以归结为各种语义描述与求值问题,一般表现为先发展某种合适的计算模型,再用计算模型描述各种语义。只有语义的正确性,才能保证计算(广义的)的正确性,所以计算的正确性与计算模型的选择、语义的描述是连在一起的,这也从一个侧面揭示了语义学在整个学科中的地位。这也就是为什么"语言"在编制大型软件时是有讲究的原因。任何一种语言必须表达明确、语义无误,不会自相矛盾,才能保证计算过程和计算结果的正确性,所以语义研究在计算机研究中占着重要的地位。

以上 3 个基本问题并不是孤立地只出现在某些学科分支方向,而是普遍出现在学科的各个分支学科和研究方向中,是学科研究与发展中经常面对而又必须解决的问题。

14.2　计算机学科方法论

计算机学科方法论是对计算机领域认识和实践过程中的一般方法及其性质特点、内在联系和变化规律进行系统研究的学问,是认知计算学科的方法与工具,也是计算学科领域的理论体系。计算机学科方法论主要包括形态、核心概念和典型方法 3 方面的内容。

14.2.1　计算机学科的形态

计算机学科的 3 种主要学科形态分别为抽象、理论与设计,它们是计算机学科认知领域中最基本的 3 个概念,反映了人们的认识从感性认识(抽象)到理性认识(理论),再由理性认识(理论)回到实践(设计)中的科学思维方法。

1. 抽象形态

科学抽象是指在思维中对同类事物去除其现象的、次要的方面,抽取其共同的、主要的方面,从而做到从个别中把握一般,从现象中把握本质的认知过程和思维方法。抽象就是抽出事物的本质特性而忽略它们的细节。抽象的结果是概念、符号和模型。

按客观现象的研究过程抽象形态包括以下步骤的内容:

(1) 确定可能世界(环境)并形成假设。

(2) 建造模型并做出预测。

(3) 设计实验并收集数据。

(4) 对结果进行分析。

抽象源于现实世界。建立对客观事物进行抽象描述的方法,建立具体问题的概念模型,实现对客观世界的感性认识。

2. 理论形态

科学认识由感性阶段上升为理性阶段,就形成了科学理论。科学理论是经过实践检验的系统化了的科学知识体系,它是由概念、原理以及对这些概念、原理的理论论证所组成的体系。理论是从抽象到抽象的升华,它们已经完全脱离现实事物,不受现实事物的限制,具有精确的、优美的特征,因而更能把握事物的本质。

在计算机学科中,按统一、合理的理论发展过程看,理论形态包括以下步骤的内容:

(1) 表述研究对象的特征,对概念进行抽象(定义和公理)。

(2) 假设对象之间的基本性质和对象之间可能存在的关系(定理)。

(3) 确定这些关系是否为真(证明)。

（4）解释结果。

理论源于数学。建立完整的理论体系，建立具体问题的数学模型，从而实现对客观世界的理性认识。

3．设计形态

设计源于工程学，用于系统或设备的开发，以实现给定的任务。设计形态和抽象、理论两个形态具有许多共同的特点。设计必须以对自然规律的认识为前提。设计必须创造出相应的人工系统和人工条件，还必须认识自然规律在这些人工系统中和人工条件下的具体表现形式。设计形态的主要特征与抽象、理论两个形态的主要区别是设计形态具有较强的实践性、社会性、综合性。

在计算机学科中，从为解决某个问题而实现系统或装置的过程看，设计形态包括以下步骤的内容：

（1）需求分析。

（2）建立规格说明。

（3）设计并实现该系统。

（4）对系统进行测试、分析、改进与完善。

设计源于工程。在对客观世界的感性认识和理性认识的基础上，完成一个具体的任务；对工程设计中所遇到的问题进行总结，提出问题，由理论界去解决它。

4．3 个学科形态的内在联系

3 个学科形态实际上反映了计算机学科领域内从事工作的 3 种文化方式：抽象主要以实验方式揭示对象的性质和相互间的关系；理论关心的是以形式化方式揭示对象的性质和相互之间的关系；设计是以生产方式对这些性质和关系的一种特定的实现，完成具体而有用的任务。

抽象和设计阶段出现了理论；理论和设计阶段需要抽象（模型化）；理论和抽象阶段需要设计去实现，验证在现实中是否可行。

抽象、理论和设计 3 个学科形态的划分有助于正确理解学科 3 个形态的地位与作用。在计算机学科中，人们还完全可以从抽象、理论和设计 3 个形态出发独立地开展工作，这种工作方式可以使研究人员将精力集中在所关心的学科形态中，从而促进计算机理论研究的深入和技术的发展。

14.2.2　计算机学科的核心概念

计算机学科的核心概念是学科的思想、原则、方法与技术过程的集中体现，深入了解这些概念并加以适当地运用，是成为成熟的计算机科学家或工程师的标志之一。

1．核心概念的基本特点

核心概念是方法论的重要组成内容，是具有普遍性、持久性的重要思想、原则和方法。核心概念在本学科的不少分支学科中经常出现，甚至在学科中普遍出现；在各分支领域及抽象、理论总结和设计 3 个过程的各个层面上都有很多实例,虽然在各个学科中的具体解释在形式上有差异,但相互之间存在着重要联系;在理论上有可延展和变形的作用,在技术上有高度的独立性;一般都在数学、科学与工程中出现。

2. 计算机学科中的核心概念

计算机学科中常用的 12 个核心概念简述如下。

(1) 绑定。绑定(binding)是通过将一个抽象的概念与附加特性相联系,从而使一个抽象概念具体化的过程。例如,把一个进程与一个处理机、一种类型与一个变量名、一个库目标程序与子程序中的一个符号引用等分别关联起来。

绑定在许多计算机领域中都存在很多实例。面向对象程序设计中的多态性特征将这一概念发挥得淋漓尽致。程序在运行期间的多态性取决于函数名与函数体相关联的动态性,只有支持动态绑定的程序设计语言,才能表达运行期间的多态性,而传统语言通常只支持函数名与函数体的静态绑定。

(2) 大问题的复杂性。随着问题规模的扩大,复杂性呈非线性增加的效应。假如我们编写的程序只是处理全班近百人的成绩排序,选择一个最简单的排序算法就可以。但是,如果我们编写的程序负责处理全省几十万考生的高考成绩排序,就必须认真选择一个排序算法,因为随着数据量的增大,一个不好的算法的执行时间可能是按指数级增长的,从而使你最终无法忍受等待该算法的输出结果。

软件设计中的许多机制正是面向复杂问题的。例如,在一个小程序中标识符的命名原则是无关重要的,但在一个多人合作开发的软件系统中这种重要性会体现出来;自由灵活、随意操控的程序语句会带来方便,但复杂程序中控制流的无序弊远大于利;结构化程序设计已取得不错的成绩,但在更大规模问题求解时保持解空间与问题空间结构的一致性显得更重要。

从某种意义上说,程序设计技术发展至今的两个里程碑(结构化程序设计的诞生和面向对象程序设计的诞生)都是由应用领域的问题规模与复杂性不断增长驱动的。

(3) 概念和形式模型。概念和形式模型包括对一个想法或问题进行形式化、特征化、可视化和思维的各种方法。例如,在逻辑、开关理论和计算理论中的形式模型;基于形式模型的程序设计语言的风范及相关概念模型;诸如抽象数据类型、语义数据类型以及用于指定系统设计的图形语言,如数据流和实体关系图。

概念和形式模型主要采用数学方法进行研究。例如,用于研究计算能力的常用计算模型有图灵机、递归函数、λ 演算等;用于研究并行与分布式特性的常用并发模型有 Petri 网、CCS、π 演算等。

只有跨越形式化与非形式化的鸿沟,才能到达软件自动化的彼岸。在程序设计语言的语法方面,由于建立了完善的概念和形式模型,包括线性文法与上下文无关文法、有限自动机与下推自动机、正则表达式与巴克斯范式等,所以对任何新设计语言的词法分析与语法分析可实现自动化。

(4) 一致性和完备性。在计算机中,一致性和完备性概念的具体体现包括诸如正确性、健壮性、可靠性这类与之相关的概念。一致性包括用作形式说明的一组公理的一致性、观察到的事实与理论的一致性、一种语言或接口设计的内部一致性等。正确性可看作部件或系统的行为对声称的设计说明的一致性。完备性包括给出的一组公理使其能获得预期行为的充分性、软件和硬件系统功能的充分性，以及系统处于出错和非预期情况下保持正常行为的能力。

　　一致性与完备性是一个系统必须满足的两个性质。一致性是一个相对的概念，通常是在对立统一的双方之间应满足的关系，例如，实现相对于规格说明的一致性（即程序的正确性）、数据流图分解相对于原图的一致性、函数实现相对于函数原型中参数、返回值、异常处理的一致性等。完备性也应该是一个相对的概念，通常是相对于某种应用需求而言的。完备性与简单性经常会产生矛盾，应采用折中的方法获得结论。

　　（5）效率。效率是关于诸如空间、时间、人力、财力等资源耗费的度量，如一个算法的空间和时间复杂性理论的评估。可行性是表示某种预期的结果（如项目的完成或元件制作的完成）被达到的效率，以及一个给定的实现过程较之替代的实现过程的效率。

　　与其他商品的生产一样，软件生产不能单纯追求产品的性能，同样重要的是提高产品的性能价格比。软件产业追求的目标不仅仅是软件产品运行的效率，而且还包括软件产品生产的效率。考虑效率的最佳方法是将多个因素综合起来，通过折中获得结论。

　　（6）演化。更改的事实及其意义。更改对各层次所造成的冲击，以及面对更改，抽象、技术和系统的适应性及充分性。

　　（7）抽象层次。抽象的本质和使用。抽象使用在处理复杂事物、构造系统、隐藏细节及获取重复模式方面，通过具有不同层次的细节和指标的抽象能够表示一个实体或系统。例如，硬件描述的层次、在目标层级内指标的层次、在程序设计语言中类的概念，以及在问题解答中从规格说明到编码提供的详细层次。

　　抽象源于人类自身控制复杂性能力的不足。我们无法同时把握太多的细节，复杂的问题迫使我们将这些相关的概念组织成不同的抽象层次。日常生活中"is-a"关系是人们对概念进行抽象和分类的结果，例如，苹果是一种水果，水果是一种植物等。将这种"is-a"关系在程序中直接表达出来而形成的继承机制，是面向对象程序设计最重要的特征之一。

　　（8）空间有序。局部性和近邻性的空间概念。除了物理上的定位（如在网络和存储中）外，还包括组织方式的定位（如处理机进程、类型定义和有关操作的定位），以及概念上的定位（如软件的辖域、耦合、内聚等）。

　　（9）时间有序。时间有序是按事件排序中的时间概念，包括在形式概念中把时间作为参数（如在时态逻辑中）、时间作为分布于空间的进程同步的手段、时间算法执行的基本要素。时间有序作为一种和谐的美存在，其最大特点是在生命周期中表现出的对称性。有对象创建就有对象消亡，有构造函数就有析构函数，有保存屏幕就有恢复屏幕，有申请存储空间就有释放存储空间，等等。

　　时间有序与空间有序是天生的一对。程序中时间的有序应尽量与空间的有序保持一致，如果一个对象的创建与消亡分别写在两个毫无关联的程序段中，潜在的危害性是可想而知的。

　　（10）重用。重用（reuse）是在新的情况或环境下，特定的技术、概念或系统成分可被再次使用的能力。例如,可移植性、软件库和硬件部件的重用,促进软件成分重用的技术,以及促进可重用软件模块开发的语言抽象等。

软件重用的对象除源代码外,还包括规格说明、系统设计、测试用例等,软件生命周期中越前端的重用意义越重大。现有的许多努力都是面向源代码一级的重用,如程序的模块化、封装与信息隐藏、数据抽象、继承、异常处理等机制。

软件重用被认为是软件行业提高生产率的有效途径,然而,许多技术与非技术因素阻碍了软件重用的应用与推广。从技术上看,只要形式化方法的研究没有重大突破,软件重用就不可能有质的飞跃。而非技术因素也不可小觑,其中包括了许多社会的、经济的,甚至心理的因素。

(11) 安全性。对正当请求的响应及对不合适的非预期的请求的抗拒以保护自己的能力,以及计算机设备承受灾难事件(如自然灾害、人为破坏)的能力。例如,在程序设计语言中为防止数据对象和函数的误用而提供的类型检测和其他概念,数据保密,数据库管理系统中特权的授权和取消,在用户接口上把用户出错减少到最小的特性,计算机设备的实际安全性度量,一个系统中各层次的安全机制。

一个容易被忽略的安全性是如何在程序设计过程中防止程序员无意犯错(这些错误通常不会是有意的);而另一个容易被忽略的安全性是如何在人机交互过程中防止用户无意犯错(在大多数情况下,这些错误也不会是有意攻击)。一个用户界面友好的软件系统除了用户操作方便外,还应提供这方面的帮助。

(12) 折中和结论。计算中的折中及其结论。折中是存在于所有计算机领域各个层次上的基本事实。例如,在算法研究中空间和时间的折中,对于矛盾的设计目标所采取的折中(如易用性与完备性、灵活性与简单性、低成本与高可靠等),硬件设计的折中,在各种制约下优化计算能力所蕴含的折中。一个节省时间的算法通常占用较多空间,而节省空间的算法往往在时间上并非最佳,选用哪种算法取决于程序的应用环境。

14.2.3　计算机学科的典型方法

计算机学科的典型方法包括内涵与外延方法、构造性方法和公理化方法等。

1. 内涵与外延方法

内涵与外延是哲学的两个基本概念。内涵是指一个概念所反映的事物的本质属性的总和,也就是概念的内容。外延是指概念所界定的所有对象的集合,即所有满足概念定义属性的对象的集合。内涵与外延的方法广泛出现在计算机科学的许多分支学科中,是一个能对无穷对象的集合作分类处理的方法。为了对被研究对象作概念上的抽象,我们需要内涵与外延的方法。

2. 构造性方法

构造性方法是整个计算机学科中最本质的方法。这是一种能够对论域为无穷的客观事物按其有限构造特征进行处理的方法。构造性方法以递归、归纳和迭代技术为代表形式。除了在递归函数论中使用递归定义和归纳证明技术,在方程求根和函数计算中使用迭代技术外,在程序设计语言的文法定义和自然演绎逻辑系统的构造中,在关系数据理论模型和对象模型的研究中,以及在编译方法、软件工程、计算机原理、算法设计和程序设计中均大量使用了递归、归纳和迭代等构造性方法。

3. 公理化方法

公理化方法也是计算机学科的一种典型方法,它能帮助学生认识一个系统如何严格表述,帮助学生认识完备性和无矛盾性对一个公理系统的重要性,以及每条公理深刻的背景、独立性和作用。但是,由于其深刻的哲学意义、学术深度,公理化方法在本科的课程中较少出现。

近年来,除了在形式语义学的研究中使用公理化方法外,开放信息系统的研究都采用了公理化方法或吸取了公理化方法的思想。随着学科发展的深化,预计这一方法还将在一些分支方向上得到运用,并推动学科进一步深入发展。

14.3　计算机学科知识体系

计算机学科是以计算机为研究对象的一门学科,它是一门研究范畴十分广泛、发展非常迅速的新兴学科。在计算机学科领域,基础理论、核心技术和应用支持互为依托。我们不但要重视计算机技术,更重要的是要重视计算机的数学理论基础、计算机思维的方法论、计算机学科知识的交叉性,只有这样,才能真正有所提高,有所收获。

14.3.1　计算机学科知识的层次与特点

计算机学科是理论与实践融合的一门新兴学科。计算机成熟技术在各行业的成功应用,体现了其先进的技术性;而围绕一些重大的背景问题的理论研究,体现了其科学性。科学性与技术性有力推动了计算机学科向深度和广度发展。

1. 计算机学科的知识层次

作为学科知识,一般可以按照基础理论、专业基础和实际应用 3 个层面对知识进行逻辑上的划分。根据计算机学科的特点,可以分为学科应用层、专业基础层和基础理论层,外加数学、物理等其他学科的基础支撑层。

(1)学科应用层。学科应用层包括人工智能应用与系统,信息、管理与决策,移动计算,计算可视化,科学计算,计算机设计制造和自动控制等各个方向。

(2)专业基础层。专业基础层是为学科应用层提供技术和环境的一个层面,包括软件开发方法学、计算机网络与通信技术、程序设计科学、计算机体系结构和计算机系统基础等。

(3)理论基础层。理论基础层主要包括计算机的数字理论、高等逻辑、信息理论、算法理论、网络理论、模型论、计算复杂性理论、程序设计语言理论和形式语义学等。理论基础层是较为高级的部分,是计算机科学与技术的基础。

（4）基础支撑层。计算机学科实际上是在数学与物理学的基础上综合发展而形成的学科,它与数学、物理学有千丝万缕的联系。物理学为其硬件提供了基础,数学为其软件提供了支持。

2. 计算机学科知识的特点

计算机学科以数学和电子科学为重要基础。以离散数学为代表的应用数学是描述学科理论、方法和技术的主要工具,而微电子技术和程序设计技术则是反映学科产品的主要技术形式。

在计算机学科中,无论是理论研究的成果,还是技术研究的成果,最终目标都要体现在计算机软件产品的程序指令系统应能机械地、严格地按照程序指令执行,绝不能无故出错。计算机系统的这一客观属性和特点决定了计算机的设计、制造,以及各种软件系统开发的每一步都应该是严密的、精确无误的。由于离散数学的构造性特征与反映计算机学科本质的能行性之间天然一致,从而使离散数学的构造性特征决定了计算机学科的许多理论同时具有理论、技术、工程等多重属性,决定了其许多理论、技术和工程的内容是相互渗透在一起的,是不可分的。与大多数工程科学的工作方式不同,在几乎所有高起点的、有学术深度的计算机学科的研究与开发中,企图参照经验科学的工作方式、通过反复实验获得数据、经分析后指导下一步的工作,从而推进科研与开发工作的方式是行不通的,原因是有学术深度的问题其复杂性早已大大超出专家们的直觉和经验所能及的范围。

应用计算机技术解决问题可以采用硬件的方法,也可以采用软件的方法,甚至还可以采用电子线路和机械的方法,只是机械的方法因成本太高、精度难于保证而早已弃之不用。但无论采用哪种方法,都必须提供处理该问题的计算过程描述,即详细地给出计算的每一步应该怎么做。这在计算机学科中称为算法。于是,算法成为计算机学科的一个重要内容,也有人称算法为计算机学科的首要问题或者核心问题。在计算机科学的研究中,发现或创立一个新算法是一个实质性的贡献。

计算机学科在发展中广泛采用了其他学科行之有效的工程方法,如在软件开发中首先采用开发工具和环境,进而开发软件方法;在计算机的设计中,广泛使用标准组件的方法;在软件的设计和质量检查中广泛使用软件测试技术、标准化技术等。

抽象描述与具体实现相分离是计算机学科发展过程中一个重要的内在特点,它不仅决定了一大批计算机科学与技术工作者的工作方式,而且使学科的研究与开发在很短的几十年里就已进入比较深层的阶段。

学科发展的另一个重要的特点是几乎在学科各个方向和各个层面,一旦研究工作走向深入,研究内容则比较复杂,人们首先是发展相应的计算模型和数学工具,然后依靠计算模型和数学工具将研究工作推向深入。例如,网络协议描述、程序设计语言语义描述、并发程序的语义描述、并发控制的机制、计算机系统结构的刻画与分类、人工智能逻辑基础的语义模型等都引入了新的计算模型。

如果把计算机科学与技术放在一个更大的信息科学与信息处理的背景下审视和认识,就不难发现学科发展的一个内在特点,这就是近几十年来随着学科发展的不断深化,研究对象的数据或信息表示的地位明显突出,一种方法求解一个问题的质量和效率,往往更多取决于对象的表示,而不是取决于施加在对象之上的运算或操作过程本身。这也说明了为什么数据与信息表示理论一直受到计算机科学家的重视。从整个学科发展的趋势看,针对大量信息处理问题,问题如何表示已经成为能否较好地处理问题的关键,处理方法的好坏往往更多地取决于表示方法。

计算机学科日渐深化的特点决定了学科领域专利技术科学含量的不断上升,也决定了学科领域新产品技术含量的不断上升。过去那种依靠个人的灵性和出人意料的浅显的新思想、新技术、小发明和新产品异军突起的时代已经过去。相反,产业的竞争更多地已经逐步转化为企业背后高能力、高智力的优秀专业人才之间的竞争,甚至已转移到人才培养质量的竞争。

14.3.2 计算机学科知识体系

自 1968 年以来,ACM 和 IEEE 相继公布了国际性计算机学科教育领域的纲领性文件 Curriculum68、CC2001(Computer Science Curriculum 2001)、CS2008(Computer Science Curriculum 2008)和 CS2013(Computer Science Curriculum 2013),得到国内外高等院校计算机教育行业的普遍认可。

1. CC2001 的知识体系

CC2001 确定的计算机学科知识体系包括 14 个主要知识领域。

(1)离散结构。离散结构(Discrete Structures,DS)是计算机科学的基础内容,计算机科学与技术的许多领域都要用到离散结构中的概念。离散结构包括集合论、逻辑学、图论和组合数学等重要内容。数据结构和算法分析与设计中含有大量离散结构的内容,为了理解将来的计算技术,需要对离散结构有深入的理解。

(2)程序设计基础(Programming Fundamentals,PF)。程序设计基础领域的知识由程序设计基本概念和程序设计技巧组成。其基本问题主要包括:对给定的问题如何进行有效的描述,并给出算法;如何正确地选择数据结构;如何对程序进行设计、编码、测试和调试等。

(3)算法与复杂度(Algorithms and Complexity,AL)。算法是计算机科学和软件工程的基础,软件系统的性能依赖于算法设计及实现的效率和适应性。主要内容包括:算法的复杂度分析、典型的算法策略、分布式算法、并行算法、可计算理论、P 类和 NP 类问题、自动机理论、密码算法以及几何算法等。其基本问题主要包括:对于给定的问题类,最好的算法是什么,要求的存储空间和计算时间有多少,空间和时间如何折中;访问数据的最好方法是什么;算法最好和最坏的情况是什么;算法的平均性能如何;算法的通用性如何等。

(4)程序设计语言(Programming Languages,PL)。程序设计语言是程序员与计算机之间"对话"的媒介。主要内容包括:程序设计模式、虚拟机、类型系统、执行控制模型、语言翻译系统、程序设计语言的语义学、基于语言的并行构件等。其基本问题主要包括:语言(数据类型、操作、控制结构、引进新类型和操作的机制)表示的虚拟机的可能组织结构是什么;语言如何定义机器,机器如何定义语言;什么样的表示法(语义)可以有效地用于描述计算机应该做什么等。程序员不仅要熟练掌握程序设计语言,更要了解程序设计语言的风格。

(5) 体系结构与组织(Architecture and Organization,AR)。学习计算机,应当对计算机的内部结构、功能部件、功能特征、性能以及交互方式有所了解,而不只是把它看作一个执行程序的黑盒子。体系结构与组织的主要内容包括:数字逻辑、数据的机器表示、汇编级机器组织、存储技术、接口和通信、多道处理和预备体系结构、性能优化、网络和分布式系统的体系结构等。其基本问题主要包括:实现处理器内存和机内通信的方法是什么;如何设计和控制大型计算系统,而且使其令人相信,尽管存在错误和失败,但它仍然是按照我们的意图工作的;哪种类型的体系结构能够有效地包含许多在一个计算中能够并行工作的处理元素;如何度量性能等。

(6) 操作系统(Operating Systems,OS)。操作系统用来控制硬件,以及负责计算机用户间的资源分配和管理工作。操作系统的主要内容包括:操作系统的逻辑结构、并发处理、资源分配与调度、存储管理、设备管理、文件系统等。其基本问题主要包括:在计算机系统操作的每个级别上,可见的对象和允许进行的操作各是什么;对于每类资源,能够对其进行有效利用的最小操作集是什么;如何组织接口,才能使得用户只需与抽象的资源,而非硬件的物理细节打交道;作业调度、内存管理、通信、软件资源访问、并发任务间的通信以及可靠性与安全的控制策略是什么;通过少数构造规则的重复使用进行系统功能扩展的原则是什么等。

(7) 网络计算(Net-Centric Computing,NC)。计算机和远程通信网络(尤其是基于TCP/IP的网络)的发展,使得联网技术变得十分重要。网络计算的主要内容包括:计算机网络的体系结构、网络安全、网络管理、无线和移动计算以及多媒体数据技术等。其基本问题主要包括:网络中的数据如何进行交换;网络协议如何验证;如何保证网络的安全;分布式计算的性能如何评价;如何组织分布式计算,才能使通过通信网连接在一起的自主计算机参加到一项计算中,而网络协议、主机地址、带宽和资源则具有透明性等。

(8) 人机交互(Human-Computer Interaction,HC)。人机交互研究系统与用户之间的交互关系,系统可以是各种各样的机器,也可以是计算机化的系统和软件。人机交互界面通常是指用户可见的部分,用户通过人机交互界面与系统交流,并进行操作。人机交互的主要内容包括:以人为中心的软件开发和评价、图形用户接口设计、多媒体系统的人机接口等。其基本问题主要包括:表示物体和自动产生供阅览的照片的有效方法是什么;接受输入和给出输出的有效方法是什么;怎样才能减小产生误解和由此产生的人为错误的风险;图表和其他工具怎样才能通过存储在数据集中的信息去理解物理现象等。

(9) 图形学和可视化(Graphics and Visualization,GV)。计算机图形学主要研究如何在计算机中表示图形,以及利用计算机进行图形的计算、处理和显示的相关原理与算法。可视化是指用于创建图形、图像或动画,以便交流沟通信息的技术和方法。图形学和可视化的主要内容包括:计算机图形学、可视化、虚拟现实、计算机视觉4个学科子领域的研究内容。其基本问题主要包括:支撑图像产生以及信息浏览的更好模型;如何提取科学的和更抽象的相关数据;图像形成过程的解释和分析方法等。

（10）智能系统（Intelligent Systems，IS）。智能系统中有些是软件系统，而有些则配有传感器和传送器（如机器人或自动飞行器）。一个智能系统要有能感知环境、执行既定任务及与其他主体进行交流的能力。智能系统的主要内容包括：约束可满足性问题、知识表示和推理、Agent、自然语言处理、机器学习和神经网络、人工智能规划系统和机器人学等。其基本问题主要有：基本的行为模型是什么，如何建造模拟它们的机器；规则评估、推理、演绎和模式计算在多大程度上描述了智能；通过这些方法模拟行为的机器的最终性能如何；传感数据如何编码，才使得相似的模式有相似的代码；电机编码如何与传感编码相关联；学习系统的体系结构如何；这些系统是如何表示它们对这个世界的理解的等。

（11）信息管理（Information Management，IM）。信息管理技术在计算机的各个领域都是至关重要的。信息管理的主要内容包括：信息模型与信息系统、数据库系统、数据建模、关系数据库、数据库查询语言、关系数据库设计、事务处理、分布式数据库、数据挖掘、信息存储与检索、超文本和超媒体、多媒体信息与多媒体系统、数字图书馆等。其基本问题主要包括：使用什么样的建模概念表示数据元素及其相互关系；怎样把基本操作（如存储、定位、匹配和恢复）组合成有效的事务；这些事务怎样才能与用户有效地进行交互；高级查询如何翻译成高质量的程序；哪种机器体系结构能够进行有效的恢复和更新；如何保护数据，以避免非授权访问、泄露和破坏；如何保护大型的数据库，以避免由于同时更新引起的不一致性；当数据分布在许多机器上时如何保护数据，保证性能；文本如何索引和分类，才能够进行有效的恢复等。

（12）软件工程（Software Engineering，SE）。软件工程涉及为高效率地构建满足客户需求的软件系统所需的理论、知识和实践的应用。软件工程的主要内容包括：软件过程、软件需求与规格说明、软件设计、软件验证、软件演化、软件项目管理、软件开发工具与环境、基于构件的计算、形式化方法、软件可靠性、专用系统开发等。其基本问题主要包括：程序和程序设计系统发展背后的原理是什么；如何证明一个程序或系统满足其规格说明；如何编写不忽略重要情况且能用于安全分析的规格说明；软件系统是如何历经不同的各代进行演化的；如何从可理解性和易修改性着手设计软件等。

（13）社会和职业问题（Social and Professional Issues，SP）。对与学科相关的基本文化、社会、法律和道德等问题有所理解是很重要的。社会和职业问题的主要内容包括：计算的历史、计算的社会背景、分析方法和工具、专业和道德责任、基于计算机系统的风险与责任、知识产权、隐私与公民的自由、计算机犯罪、与计算有关的经济问题、哲学框架等。其基本问题主要包括：计算学科本身的文化、社会法律和道德的问题；有关计算的社会影响问题，以及如何评价可能的一些答案的问题；哲学问题；技术问题以及美学问题等。

（14）计算科学（Computational Science，CN）。虽然科学计算已形成一个单独的信息与计算科学学科，但它仍然与计算机学科紧密相关。计算科学的主要内容包括：数值分析、运筹学、模拟和仿真、高性能计算。其基本问题主要包括：如何精确地以有限的离散过程近似表示连续和无限的离散过程；如何处理这种近似产生的错误；给定某一类方程在某精确度水平上能以多快的速度求解；如何实现方程的符号操作，如积分、微分以及到最小项的归约；如何把这些问题的答案包含到一个有效的、可靠的、高质量的数学软件包中等。

2. CS 2013 的知识体系

为适应技术发展和社会需求，CS 2013 知识体系中将 CC 2001 中的 14 个知识领域调整为 18 个。为了充分体现计算机科学是一个宽口径专业的特点，涵盖了数学、物理学、心理学、统计学、艺术、电气、生命科学等领域知识。为了培养学生适应不同职业的能力，拓宽了专业知识领域。CC 2001 与 CS 2013 知识体系的比较见表 14-1。

表 14-1　CC 2001 与 CS 2013 知识体系的比较

序号	CC 2001	序号	CS 2013
1	离散结构 Discrete Structures，DS	1	离散结构 Discrete Structures，DS
2	程序设计基础 Programming Fundamentals，PF	2	软件开发基础 Software Development Fundamentals，SDF
3	算法与复杂度 Algorithms and Complexity，AL	3	算法与复杂度 Algorithms and Complexity，AL
4	程序设计语言 Programming Languages，PL	4	程序设计语言 Programming Languages，PL
5	体系结构与组织 Architecture and Organization，AR	5	体系结构与组织 Architecture and Organization，AR
6	操作系统 Operating Systems，OS	6	操作系统 Operating Systems，OS
7	人机交互 Human-Computer Interaction，HC	7	人机交互 Human-Computer Interaction，HC
8	图形学和可视化 Graphics and Visualization，GV	8	信息保护和安全 Information Assurance and Security，IAS
9	智能系统 Intelligent Systems，IS	9	基于平台的开发 Platform-Based Development，PBD
10	信息管理 Information Management，IM	10	并行计算与分布式计算 Parallel and Distributed Computing，PD
11	网络计算 Net-Centric Computing，NC	11	图形学和可视化 Graphics and Visualization，GV
12	软件工程 Software Engineering，SE	12	智能系统 Intelligent Systems，IS
13	社会和职业问题 Social and Professional Issues，SP	13	信息管理 Information Management，IM
14	计算科学 Computational Science，CN	14	网络与通信 Networking and Communications，NC

续表

序号	CC 2001	序号	CS 2013
		15	软件工程 Software Engineering，SE
		16	社会问题和职业实践 Social Issues and Professional Practice，SP
		17	计算科学 Computational Science，CN
		18	系统基础 Systems Fundamentals，SF

　　CS2013 知识体系中的大部分知识领域是对 CC 2001/CS 2008 中知识领域的修订，其中一些知识领域改动比较大，另外一些知识领域则是新增加的。其中，有些是为了适应计算技术发展的需求，例如，基于计算机和网络安全的要求所增加的信息保护与安全（ISA）知识领域；有些则是为了更加符合实践应用而进行的知识重组，例如，软件开发基础（SDF）知识领域是软件开发相关的基础知识和技术的重组，涵盖了原来分散在程序设计基础、软件工程、程序设计语言、算法与复杂性中的知识单元。类似地，系统基础（SF）知识领域将原来许多知识领域中系统相关的概念和基础知识组织在一起。这些知识领域中的知识单元是相互联系和相互补充的，构成完整的统一体。

14.4　思考与讨论

14.4.1　问题思考

1. 计算机学科的特点有哪些？
2. 计算机学科的基本问题是什么？
3. 计算机学科的 12 个核心概念是什么？
4. 计算机学科的典型方法有哪些？
5. 什么是计算机学科的知识层次？
6. CS2013 中的计算机学科知识体系包含哪些内容？

14.4.2　课外讨论

1. 从一个方面简述计算机学科的发展。
2. 如何理解计算机的学科形态？
3. 谈谈你对计算机学科的典型方法的看法。
4. 简述计算机学科与其他学科的联系。
5. 为什么说计算机学科具有科学性与工程性的"双重性"特点？
6. 简述计算机学科知识体系中你初步了解的内容。

第15章

计算机伦理、道德与法规

计算机科学技术的发展为人类的道德进步提供了良好的机遇,但同时计算机带来的涉及道德、伦理方面的负效应也给道德建设提出了前所未有的难题与挑战。

15.1 计算机伦理学

计算机伦理是信息与网络时代人们应当遵守的基本道德。深刻认识信息时代计算机伦理道德的重要性,借鉴国外计算机伦理理论及实践的经验教训,深入研究信息网络时代的伦理道德问题,构建中国特色的计算机伦理或道德规范体系,具有重要的理论价值和现实意义。

15.1.1 计算机伦理学概述

计算机伦理学(computer ethics)是对计算机行业从业人员职业道德进行系统规范的新兴学科。它涉及计算机高新技术的开发和应用,信息的生产、储存、交换和传播中的广泛伦理道德问题。随着当代信息与网络技术的飞速发展,计算机伦理学已引起全球的普遍关注。

1. 计算机伦理学的产生与发展

计算机技术引起的社会利益冲突和建立新的道德秩序的需要,是西方计算机伦理学研究兴起与发展的根本原因。1985 年,美国著名哲学杂志《形而上学》发表了泰雷尔·贝奈姆的《计算机与伦理学》和杰姆斯·摩尔的《什么是网络伦理学》两篇论文,成为西方计算机伦理学兴起的重要标志。此后,随着计算机技术的进一步发展,特别是 Internet 的出现,计算机技术在应用中引起的社会伦理问题日渐成为西方哲学界、科技界和全社会关注的一个热点。西方计算机伦理学的理论研究与教学,引起了包括计算机工程师、信息技术公司经理、专业人员和社会各界对计算机伦理问题的广泛关注,推动了计算机行业职业道德规范和信息网络技术行为准则的确立。

在计算机伦理学的学科性质界定上,一些西方国家的学者把它纳入"应用伦理学"或"规范伦理学"的范畴,强调计算机伦理学的"实用性",希望通过研究具体行为的规范性指导方针,来解决信息技术带来的一系列具体道德问题。许多学者认为,可以借助传统的伦理学理论和原则,把它们作为计算机信息伦理问题的指导方针和确立规范性判断的依据。戴博拉·约翰逊和斯平内洛在他们的著作中都分别把以边沁和密尔为代表的功利主义,以康德和罗斯为代表的义务论,以霍布斯、洛克和罗尔斯为代表的权利论,这三大目前在西方社会中影响最大的经典道德理论,作为他们构建计算机伦理学的理论基础。

西方学者在把西方社会认可的一般伦理价值观念,应用到计算机伦理分析领域的基础上,进一步探讨了计算机伦理学的一些基本原理和原则问题。

美国学者斯平内洛在《信息技术的伦理方面》一书中提出了计算机道德是非判断应当遵守的 3 条一般规范性原则:一是"自主原则",在信息技术高度发展的境况下,尊重自我与他人的平等价值与尊严,尊重自我与他人的自主权利;二是"无害原则",人们不应该用计算机和信息技术给他人造成直接的或间接的损害。这一原则被称为"最低道德标准";三是"知情同意原则",人们在信息交换中,有权知道谁会得到这些数据以及如何利用它们。没有信息权利人的同意,他人无权擅自使用这些信息。

西方学者还对计算机"职业""职业人员""职业道德"的特殊性问题做了探讨。韦克特和爱德尼认为,由于计算机技术广泛的社会性应用,计算机和信息技术专家并非是传统意义上的职业人员或专业人员,他们对社会公众有着特殊的职责。韦克特和爱德尼倡言:"一个真正的计算机职业人员不仅应当是自我领域的专家,而且也应当使自己的工作适应人类文明的一般准则,具有这方面的道德自律能力与渴望。"

2. 建设计算机伦理的重要性

信息时代的来临,迫切需要全社会高度重视计算机伦理的建设。

现代计算机是一种强大的工具,如何使用它,完全取决于人自己,取决于人的伦理道德价值指向。计算机技术的迅速发展,把人类推向一个必须由自己选择未来的"十字路口"。一方面,计算机技术的使用,能给人类生活的方方面面带来巨大福利,推动人类文明发展;另一方面,不正确的使用,又可能给人类带来巨大灾难。因此,必须借助道德理性的力量,依靠人类的伦理自觉精神趋利避害,规范和约束计算机技术的研究与应用方向,使之造福于全社会。

在网络普及应用的今天,黑客与计算机病毒、垃圾邮件等已经成为一大公害。一项研究报告显示,每年由于病毒等网络破坏行为导致全球经济损失高达 160 多亿元,每年全球因垃圾邮件造成的损失也高达 20 亿美元。计算机病毒的发作越来越频繁,传播速度越来越快,造成的破坏越来越严重。这些事件一再告诫人们,科学技术越发展,越要求人"道德自律"。计算机应用技术越发达,越要求相关联的个人具备与之相适应的计算机应用道德素养。

计算机技术依然处在探索与发展的过程中,必须借助人类特有的伦理智慧和道德精神的指引,才能防止研究与应用的急功近利,把技术上的"不确定性"对社会可能带来的危害降低到最低程度。在技术开发与应用的过程中,如何使企业与个人能为社会利益、他人利益和人类利益着想,重视道德的"自律"与"他律",尽最大的努力,确保和增加新技术的正效应,将始终是计算机伦理的神圣责任。

3. 构建计算机伦理的基本原则

计算机道德是在计算机应用领域调节人与人、人与社会特殊利益关系的道德价值观念和行为规范。从计算机伦理的特点看,一方面,它作为与计算机技术密切联系的职业伦理和场所境遇伦理,反映了这一高新技术对人们道德品质和素养的特定要求,体现出人类道德进步的一种价值标准和行为尺度。遵守一般的、普遍的计算机道德,是当今世界从事计算机相关工作和活动的基本"游戏规则",是信息社会的基本公德。另一方面,它作为一种新型的道德意识和行为规范,受一定的经济、政治制度和文化传统的制约,具有一定的民族性和特殊性。

从实际情况出发,在构建计算机伦理方面,应当遵循以下几项基本原则。

(1)促进人类美好生活原则。科学技术的发展与进步必须与人类追求美好生活的愿望相一致,服务于人类共同体的整体利益与长远利益。促进人类美好生活的原则,意味着计算机技术的研究开发者必须充分考虑这一技术可能给人类带来的影响,对不合理运用技术的可能性予以排除或加以限制;计算机技术的运用者必须确保其对技术的应用会增进整个人类的福祉且不对任何个人和群体造成伤害;信息网络空间的传输协议、行为准则和各种规章制度都应服务于信息的共享和美好生活的创造。

(2)平等与互惠原则。每个网络社会成员都享有平等的权利和义务互惠。无论网络用户在现实生活中拥有何种社会地位、职务和个人爱好,不管他的文化背景、民族和宗教是什么,在网络社会中,他们都应被给予某个特定的网络身份,即用户名、网址或口令。网络提供的一切服务和便利,他都应该得到,而网络共同体的所有规范,他也应该遵守并履行一个网络行为主体所应该履行的义务。任何一个网络成员和用户都必须认识到,他既是网络信息和网络服务的使用者和享受者,也是网络信息的生产者和提供者,同时也享有网络社会交往的平等权利和互惠的道德义务。

(3)自由与责任原则。自由与责任原则主张计算机网络行为主体在不对他人造成不良影响的前提下,有权利自由选择自己的行为方式,同时对其他行为主体的权利和自由给以同样的尊重。网络空间的广阔性和无中心特征,激发了人心中的自主意识,为个体一定程度地实现自主权提供了可能。与此同时,网络主体对自己的行为也必须担负道德责任,成熟理性主体所享受的自由都是合理的、正当的,都是"自律的""守规矩的",而不是"放任的"和"随意的"。自由与责任原则要求人们在网络活动中实现"自主",即充分尊重自我与他人的平等价值与尊严,尊重自我与他人的自主权利。

（4）知情同意原则。知情同意原则在评价与信息隐私相关的问题时，可以起到很重要的作用。知识产权的维护也适用知情同意原则。人们在网络信息交换中，有权知道是谁在使用以及如何使用自己的信息，有权决定是否同意他人得到自己的数据。没有信息权利人的同意或默许，他人无权擅自使用这些信息。

（5）无害原则。无害原则要求任何网络行为对他人、网络环境和社会至少是无害的。这是最低的道德标准，是网络伦理的底线伦理。网络病毒、网络犯罪、网络色情等，都是严重违反无害原则的行为。无害原则认为，无论动机如何，行为的结果是否有害应成为判别道德与不道德的基本标准。由于计算机网络行为产生的影响无比快速和深远，因此行为主体必须小心谨慎地考虑和把握可能产生的后果，防止传播谣言或有害信息，杜绝任何有害举动，避免伤害他人与社会。

4. 计算机伦理学的内容

计算机伦理学的内容主要包括隐私保护、预防计算机犯罪、知识产权保护、软件盗版、病毒扩散、黑客以及行业行为规范等。

（1）隐私保护。隐私保护是计算机伦理学最早的课题。传统的个人隐私包括姓名、出生日期、身份证号码、婚姻、家庭、教育、病历、职业、财务情况等数据，现代个人数据还包括电子邮件地址、个人域名、IP 地址、手机号码以及在各个网站登录所需的用户名和密码等信息。随着计算机信息管理系统的普及，越来越多的计算机从业者能够接触到各种各样的保密数据。这些数据不仅仅局限为个人信息，更多的是企业或单位用户的业务数据，它们同样是需要保护的对象。

（2）预防计算机犯罪。如同任何技术一样，计算机技术也是一柄双刃剑，它的广泛应用和快速发展，一方面使社会生产力获得极大解放，另一方面又给人类社会带来前所未有的挑战，其中尤以计算机犯罪为甚。

计算机犯罪是信息时代的一种高科技、高智能、高度复杂化的犯罪。信息技术的发展带来了前所未有的犯罪形式，如电子资金转账诈骗、自动取款机诈骗、非法访问、设备通信线路盗用等。我国《刑法》对计算机犯罪的界定包括：违反国家规定，侵入国家事务、国防建设、尖端科学技术领域的计算机信息系统的；违反国家规定，对计算机信息系统功能进行删除、修改、增加、干扰，造成计算机信息系统不能正常运行的；违反国家规定，对计算机信息系统中存储、处理或者传输的数据和应用程序进行删除、修改、增加的操作，后果严重的；故意制作、传播计算机病毒等破坏性程序，影响计算机系统正常运行的。

（3）知识产权保护。知识产权是指人们就其智力劳动成果所依法享有的专有权利，通常是国家赋予创造者对其智力成果在一定时期内享有的专有权或独占权（exclusive right）。知识产权从本质上说是一种无形财产权，它的客体是智力成果或者知识产品，是一种无形财产或者一种没有形体的精神财富，是创造性的智力劳动所创造的劳动成果。它与房屋、汽车等有形财产一样，都受国家法律的保护，都具有价值和使用价值。

以自己的名义展示别人的工作成果就构成剽窃。随着个人计算机和互联网的普及，剽窃变得轻而易举。然而，在任何时代、任何社会环境下，剽窃都是不道德的。计算机行业是一个以团队合作为基础的行业，从业者之间可以合作，他人的成果可以参考、公开利用,但是不能剽窃。

(4) 软件盗版。软件盗版问题是一个全球化的问题,几乎所有的计算机用户都在已知或不知的情况下使用着盗版软件。我国已于1991年宣布加入保护版权的伯尔尼国际公约,并于1992年修改了版权法,将软件盗版界定为非法行为。然而,在互联网资源极大丰富的今天,软件反盗版更多依靠的是计算机从业者和使用者的自律。

(5) 病毒扩散。病毒、蠕虫、木马,这些字眼已经成为计算机类新闻中的常客。如计算机病毒"熊猫烧香"就是一种蠕虫的变种,而且是经过多次变种而来的,能够终止大量的反病毒软件和防火墙软件进程。由于"熊猫烧香"可以盗取用户名与密码,因此带有明显的牟利目的,其制作者已被定为破坏计算机信息系统罪并被判处有期徒刑。计算机病毒和信息扩散对社会的潜在危害远远不止网络瘫痪、系统崩溃这么简单,如果一些关键性的系统(如医院、消防、飞机导航等)受到影响发生故障,其后果是直接威胁人们的生命安全。

(6) 黑客。黑客和某些病毒制造者的想法是类似的,他们或自娱自乐,或显示威力,或炫耀技术,以突破别人认为不可逾越的障碍为乐。黑客们通常认为只要没有破坏意图,不进行导致危害的操作,就不算违法。但是,对于复杂系统而言,系统设计者自己都不能轻易下结论说什么样的修改行为不会对系统功能产生影响,更何况没有参与过系统设计和开发工作的其他人员。无意的损坏同样会导致无法挽回的损失。

(7) 行业行为规范。随着整个社会对计算机技术的依赖性不断增加,由计算机系统故障和软件质量问题带来的损失和浪费非常惊人。如何提高和保证计算机系统及计算机软件的可靠性一直是科研工作者的研究课题,我们可以将其称为一种客观的手段或保障措施。而如何减少计算机从业者主观(如疏忽大意)导致的问题,则只能由从业者自我监督和约束。

15.1.2　计算机职业伦理规范

随着当代信息与网络技术的飞速发展,计算机伦理已引起全球性的关注。下面简要介绍美国计算机伦理学的理论研究与计算机职业伦理规范建设的情况,以便我们能批判地借鉴其中的一些有益经验,结合我国的具体情况,构建具有中国特色的计算机伦理理论与实践规范体系。

1. 美国计算机伦理研究的实践

美国计算机伦理研究比较注重面向实践,关注当代计算机信息和网络技术引起的各种现实道德问题。这些问题涉及计算机软件与硬件的设计、信息技术产品的销售、服务和应用、网络的设置与信息传播等广泛领域。

美国计算机伦理问题研究中比较集中研究的现实道德问题有:计算机信息技术(包括软件、硬件、网络、专家系统)的知识产权问题,计算机犯罪、"黑客"与网络安全问题,信息与网络时代的个人隐私权的保护问题,信息技术产品对消费者和社会的责任问题,信息网络技术应用者个人的自由权利与道德责任问题,为控制国际互联网"色情音像""攻击言论""虚拟伤害"而建立审查制度的问题,企业信息技术与反不正当竞争的问题等。

由于这些计算机伦理现实问题直接涉及社会方方面面的利益,美国计算机伦理的研究已引起全社会(包括舆论传媒)的关注。近年来,一些计算机伦理道德认识上的进展直接促进了计算机行业道德新规范的出台,法律规范的修订推动了计算机伦理实践活动的开展。

2. 美国计算机职业伦理规范的内容

美国从 20 世纪 90 年代起全面制定了各种计算机伦理规范。1992 年 10 月,美国计算机协会(ACM)执行委员会为了规范人们的道德行为,指明道德是非,表决通过了经过修订的《美国计算机协会(ACM)伦理与职业行为规范》。

美国计算机协会(ACM)伦理与职业行为规范主要有 8 项准则,对个人在从事与计算机有关活动中应当承担的道德责任做了简洁的陈述,确定了承诺的各项内容。其目的是为专业人员的业务行为中做出合乎道德的选择提供一个准则,同时也可以为是否举报违反职业道德准则的行为提供一个判断的标准。

准则一,造福社会与人类。这是关系到所有人生活质量的原则,确认了保护人类基本权利及尊重一切文化多样性的义务。计算机专业人员的一个基本目标,是将计算机系统的负面影响,包括对健康及安全的威胁减至最小。在设计或完成系统时,计算机专业人员必须尽力确保他们的劳动成果将用于对社会负责的领域,以满足社会的需要,并且不会对健康与安全造成危害。除了社会环境的安全,人类福祉还包括自然环境的安全。因此,设计和开发系统的计算机专业人员必须对可能破坏环境的行为保持警惕,并引起他人的注意。

准则二,避免伤害他人。"伤害"的意思是引起有害或负面的后果,例如,人们不希望看到的信息丢失、财产损失、财产破坏或有害的环境影响。这一准则禁止以损害用户、普通公众、雇员和雇主的方式运用计算机技术。有害行为包括对文件和程序的有意破坏和修改,它会导致资源的严重损失或人力资源不必要的耗费。善意的行为,包括那些为完成既定任务的行为,也有可能造成意外的伤害。在这样的事件中,负责任的个人或集体有义务尽可能地消除或减轻负面后果。为避免造成无意过错,在设计和实现的过程中要对决策影响范围的潜在后果进行细心考虑。

为尽量避免对他人的非故意伤害,计算机专业人员必须尽可能在执行系统设计和检验公认标准时减少失误。另外,对系统的社会影响进行评估,常常需要揭示对他人造成严重伤害的可能性。如果计算机专业人员就系统特征对用户、合作者或上级主管作了歪曲,那他必须对任何伤害性后果承担个人责任。

在工作情境下,计算机专业人员对任何可能对个人或社会造成严重危害的系统危险征兆负有必不可少向上报告的责任。如果他的上级主管没有采取措施减轻这些危险,为了有助于解决问题或降低风险,也可以"越级报告"。然而,对于违规行为轻率或错误的报告本身可能是有害的。因此,在报告违规之前,必须对相关的各个方面进行全面评估。尤其是对风险及责任的估计应当可靠。建议在报告之前事先征询其他计算机专业人员的意见。

准则三,诚实可信。诚实是信任的一个重要组成部分,缺少信任的组织将无法有效运转。诚实的计算机专业人员不会在某个系统或系统设计上故意不诚实或弄虚作假,相反,他会彻底公开系统所有的局限性及存在的问题。计算机专业人员有义务对其个人资格,以及任何可能关系到自身利益的情况持诚实的态度。美国计算机协会的会员要努力避免人们对美国计算机协会本身、协会及下属单位的立场和政策产生误解。

准则四,公平而不歧视。公平而不歧视体现了平等、宽容、尊重他人以及公平、正义原则的价值。在一个公平的社会里,每个人都拥有平等的机会参与计算机资源的使用或从中获益,而无须考虑他们的种族、性别、宗教信仰、年龄、身体、民族等其他类似因素。

准则五,尊重包括著作权和专利权在内的各项产权。在大多数情况下,对著作权、专利权、商业秘密和许可证协议条款的侵犯是被法律禁止的。即使在软件得不到足够保护时,对其各项权利的侵犯仍然有违职业行为准则。对软件的复制只应在适当的授权下进行,绝不能纵容未经授权的复制行为。

准则六,尊重知识产权。计算机专业人员有义务保护知识产权的完整性。具体地说,即使在其(如著作权或专利权)未受明确保护的情况下,也不得将他人的意念或成果据为己有。

准则七,尊重他人的隐私。在人类文明史上,计算机及通信技术使得个人信息的搜集和交换具有了前所未有的规模,因而,侵犯个人及群体隐私的可能性也大大增加。专业人员有责任维护个人数据的隐私权及完整性。这包括采取预防措施确保数据的准确性,以及防止这些数据被非法访问或泄露给无关人员。此外,必须制定程序允许个人检查他们的记录和修正错误信息。

这一守则的含义是,系统只能搜集必要的个人信息,对这些信息的保存和使用周期必须有明确的规定并强制执行,为某个特殊用途搜集的个人信息,未经当事人的同意,不得用于其他目的。这些原则适用于电子通信(包括电子邮件),在没有用户或者拥有系统操作与维护方面合法授权人员同意的情况下,阻止窃取或监听用户电子数据(包括短信)的进程。系统正常运行和维护期的用户数据检测,除非有明显违反法律、组织规章或本《规范》的情况发生,必须在最严格的保密级别下进行。即使发生上述情况,相关信息的情况和内容也只允许透露给正当的权威机构。

准则八,保密。当一个人直接或间接地做出保密的承诺,当此人能够在履行职责以外获取私人的信息时,诚实原则同样适用于信息保密的问题。承诺为雇主、客户和用户保密的所有职责都是符合伦理要求的,除非法律或本《规范》的其他原则要求他们服从更高层次的职责。

15.2　职业理想与职业道德

职业理想的形成对以后职业道德的建立具有很大的影响。选择职业前,树立正确的职业理想,将会对正确地选择职业、建立高尚的职业道德起到不可估量的作用。

15.2.1　职业理想

职业理想是人们在职业上依据社会要求和个人条件,借想象而确立的奋斗目标,即个人渴望达到的职业境界。它是人们实现个人生活理想、道德理想和社会理想的手段，并受社会理想的制约。职业理想是人们对职业活动和职业成就的超前反映，与人的价值观、职业期待、职业目标密切相关，与世界观、人生观密切相关。

1. 职业理想的特点

职业理想具有差异性、发展性、时代性等特点。

（1）差异性。职业是多样性的。一个人选择什么样的职业，与他的思想品德、知识结构、能力水平、兴趣爱好等都有很大的关系。政治思想觉悟、道德修养水准以及人生观决定着一个人的职业理想方向。知识结构、能力水平决定着一个人的职业理想追求的层次。个人的兴趣爱好、气质性格等非智力因素以及性别特征、身体状况等生理特征也影响着一个人的职业选择。因此，职业理想具有一定的个体差异性。

（2）发展性。一个人的职业理想的内容会因时因地因事的不同而变化。随着年龄的增长、社会阅历的增强、知识水平的提高，职业理想会由朦胧变得清晰，由幻想变得理智，由波动变得稳定。因此，职业理想具有一定的发展性。孩提时代，想当一名警察，长大后却成了一名教师的事实就说明了这一点。

（3）时代性。社会的分工、职业的变化，是影响一个人职业理想的决定因素。生产力发展的水平不同、职业理想社会实践的深度和广度不同，人们的职业追求目标也会不同，因为职业理想总是一定的生产方式及其所形成的职业地位、职业声望在一个人头脑中的反映。计算机的诞生演绎出与计算机相关的职业，如计算机工程师、软件工程师、计算机打字员等职业。国家向社会发布的新职业基本上都集中在现代服务业，主要是管理、策划创意、设计和制作。其特点是：不仅要求从业人员有较高的理论知识素养，而且要求从业人员有较强的动手能力，属于高技能人才中的知识技能型人才。

2. 实现职业理想的条件

实现职业理想从了解自己开始，并要了解职业、了解社会、树立正确的人生观和树立正确的职业观。

（1）了解自己。从自身出发，从自己的所受教育、自己的能力倾向、自己的个性特征、身体健康状况出发，准确定位，瞄准适合自己的岗位去不懈努力。

（2）了解职业。每种职业都有与之相适应的职业能力要求。除了具备观察、思维、表达、操作、职业理想、公关等一般能力之外，一些特殊行业还有特殊要求，如计算能力、空间判断能力等。有选择地、有针对性地培养自己的能力，主动去适应并接受职业岗位的挑战是十分重要的。

（3）了解社会。了解社会的需求是成功择业并就业的关键。了解社会主要是要了解社会需求量、竞争系数和职业发展趋势。社会需求量是指一定时期职业需求的总量。这是一个动态的又相对稳定的数量。竞争系数是指谋求同一种职业的劳动者人数的多少。在其他条件一定的情况下，竞争系数越大，职业概率越小。社会地位高、工作条件好、工资待遇优的职业，想要谋取的人数多，相应的竞争系数就大。职业发展趋势是指职业未来发展的态势。有些职业一时需求量大，竞争激烈，但随着社会的发展将日趋衰落；有些职业暂时处于冷落状况,但随着社会的发展会日益兴旺。因此,加强对社会职业需求的分析和预测,了解社会职业岗位需求情况极其重要。

(4)树立正确的人生观。人生观是人们对于人生目的和人生意义的根本看法和根本态度。持不同人生观的人,其职业理想也一定不同。要根据时代的要求,根据社会发展的要求,坚持以辩证唯物主义和历史唯物主义的立场、观点和方法看待人生,不断加强学习,不断提高自己的思想素质、文化素质、能力素质,树立正确的价值观、苦乐观、幸福观、荣辱观。

(5)树立正确的职业观。职业观是人们选择职业与从事职业所持的基本观点和基本态度,是理想在职业问题上的反映,是人生观的重要组成部分。职业观具有3个基本要素:维持生活、发展个性、承担社会义务。正确的职业观把3个基本要素统一起来,以承担社会义务作为主导方向。

15.2.2　职业道德

计算机职业道德是指在计算机行业及其应用领域所形成的社会意识形态和伦理关系下,调整人与人之间、人与知识产权之间、人与计算机之间,以及人和社会之间的关系的行为规范总和。

计算机的广泛应用一方面为社会带来了巨大的福祉,另一方面也带来了诸如计算机犯罪、危害信息安全、侵犯知识产权、计算机病毒、信息垃圾、信息污染、黑客攻击等一系列涉及道德、伦理方面的负效应。当前,计算机从业人员越来越多,工作性质的特殊性使他们比普通用户更为广泛、更为普遍地受到这些负效应的影响;此外,由于计算机从业人员拥有丰富的专业知识,如果不注意加强计算机职业道德修养的培养和提高,可能会引发更严重的社会问题。

1. 职业道德基础规范

计算机职业作为一种特定职业,有较强的专业性和特殊性,从事计算机职业的工作人员在职业道德方面有许多特殊的要求,但作为一名合格的职业计算机工作人员,首先要遵守一些最基本的通用职业道德规范,包括:敬业、守信、公正、认真、合作。敬业,即用一种严肃的态度对待自己的工作,勤勤恳恳,兢兢业业,尽职尽责;守信,是指信守承诺;公正,即处理问题时,要站在公正的立场上,按照同一标准和同一原则办事;认真是做好任何工作的根本,任何产品的开发都是一项系统工程,任何一个部分的缺陷都会引起整个系统的故障,甚至崩溃,在工作过程中要对自己负责的工作精益求精;计算机行业的一个重要特点是讲究团队合作,一方面要做好自己的工作而不能总是指望他人,另一方面又要在合作中主动去帮助他人。

2. 职业道德的核心原则

任何一个行业的职业道德都有其最基础、最具行业特点的核心原则,计算机行业也不例外。世界知名的计算机道德规范组织 IEEE-CS/ACM 软件工程师道德规范和职业实践(SEEPP)联合工作组曾就此专门制订过一个规范,根据此项规范,计算机从业人员职业道德的核心原则主要有以下两项。

（1）以公众利益为最高目标。计算机专业人员应当对其工作承担完全的责任；用公益目标节制软件工程师、企业、客户和用户的利益；批准和推广软件工作以大众利益为前提，应在确信软件是安全的、符合规格说明的、经过合适测试的、不会降低生活品质、不会影响隐私权、不会对环境带来危害的条件下进行；当有理由相信有关的软件和文档，可能对用户、公众或环境造成任何实际或潜在的危害时，应向适当的人或主管部门揭露；通过合作全力解决由于软件及其安装、维护、支持或文档引起的社会严重关切的各种事件；在所有有关软件、文档、方法和工具的表述中，力求正确，避免欺骗；认真考虑诸如资源分配、经济缺陷和其他可能影响使用软件益处的各种因素；应致力于将自己的专业技能用于公益事业和公共教育的发展。

（2）注意满足客户和企业的利益。在保持与公众利益一致的原则下，计算机专业人员应注意满足客户和企业的利益。在其胜任的领域提供服务，对其经验和教育方面的不足应持诚实和坦率的态度；不明知故犯使用非法或非合理渠道获得的软件；在客户或企业了解和同意的情况下，只在适当准许的范围内使用客户或企业的资产；保证他们遵循的规范文档按要求经过授权批准；只要工作中接触的机密文件不违背公众利益和法律，对这些文件所记载的信息必须严格保密；根据其判断，如果一个项目有可能失败，或费用过高，或违反知识产权法规，或存在问题，就应立即确认、记录、收集证据并报告客户或公司；当他们知道软件或文档有涉及社会关切的明显问题时，应确认、记录和报告给公司或客户；不接受不利于为他们企业工作的外部工作；不提倡与公司或客户的利益冲突，除非出于符合更高道德规范的考虑，在此情况下，应通报公司或涉及这一道德规范的当事人。

3. 职业道德的基本要求

法律是道德的底线。计算机从业人员职业道德的最基本的要求，就是遵守国家关于计算机管理的法律法规。我国的计算机信息法规制定较晚，但是各级具有立法权的政府机关制定了一批管理计算机行业的法律法规，如《全国人民代表大会常务委员会关于维护互联网安全的决定》《计算机软件保护条例》《互联网信息服务管理办法》《互联网电子公告服务管理办法》等。严格遵守这些法律法规是计算机专业人员职业道德的最基本要求。

除了以上基础要求外，作为一名计算机职业从业人员，还有一些其他的职业道德规范应当遵守。例如，按照有关法律、法规和有关企业内部规定建立计算机信息系统；以合法的用户身份进入计算机信息系统；在工作中尊重各类著作权人的合法权利；在收集、发布信息时尊重相关人员的名誉、隐私等合法权益。

4. 计算机专业技术人员的道德责任

计算机专业技术人员具有如下八项道德责任。

道德责任一，不论是专业工作的过程，还是其产品，都努力实现最高的品质、效能和尊严。追求卓越也许是专业人员最重要的职责。计算机专业人员必须努力追求品质，并认识到品质低劣的系统可能会导致严重的负面效果。

道德责任二,获得和保持专业能力。把获得与保持专业能力当作自身职责的人才可能优秀。一个专业人员必须制定适合自己各项能力的标准,然后努力达到这些标准。可以通过自学、出席研讨会、交流会、讲习班或加入专业组织等方法提升自己的专业知识和技能。

道德责任三,熟悉并遵守与业务有关的现有法规。美国计算机协会会员必须遵守现有的地方、国家及国际法规,除非有至上的道德依据允许他或她不这么做。还应当遵守所加入的组织的政策和规程,但除了服从之外,还应保留自我判断的能力,有时候,现有的法规和章程可能是不道德或不合适的,因此必须给予质疑。

当法律或规章缺乏坚实的道德基础,或者与另一条更重要的法律相冲突时,违背现有的法规有可能是合乎道德的。如果一个人因为某条法律或规章看上去不道德,或因为任何其他原因而决定违反它时,这个人必须对其行为及其后果承担一切责任。

道德责任四,接受和提供适当的专业评价。高质量的专业工作,尤其在计算机专业领域内,不可缺少专业的评价和批评。只要时机合适,各个会员就应当寻求和利用同事的评价,同时对他人的工作提供自己的评价。

道德责任五,对计算机系统及它们的效果做出全面而彻底的评估,包括分析可能存在的风险。在评价、推荐和发布系统及其他产品时,计算机专业人员必须尽可能给予生动、全面、客观的介绍。计算机专业人员处于受到人们特殊信赖的位置,因而也就承担着特殊的责任来向单位、客户、用户及公众提供客观、可靠的评估。专业人员在评估时还必须排除自身利益的影响。正如避免伤害准则所要求的,系统任何危险的征兆都必须通报给有机会或者有责任去解决相关问题的人。

道德责任六,遵守合同、协议和分派的任务。遵守诺言是正直和诚实的表现。对于一个计算机专业人员,还应确保系统各部分正常运行。同样,当一个人和别的团队一起承担项目时,此人有责任向该团队通报工作的进程。

如果一个计算机专业人员感到无法按计划完成分派的任务时,他或她有责任要求变动。在接受工作任务前,必须经过认真的考虑,全面衡量对雇主或客户的风险和利害关系。这里依据的主要原则是:一个人有义务对专业工作承担个人责任,但在某些情况下,可能要优先考虑其他的伦理原则。

一个具体任务不应该完成的判断可能不被接受。尽管有明确的考虑和理由支持专业人员不应该完成一个具体的任务,但在工作任务还没有变动时,合同和法律仍然要求他或她按指令继续完成自己分派到的任务。当然,是否继续完成自己的工作,最终取决于计算机专业人员个人的道德判断。不管做出怎样的决定,他或她都必须承担其后果。无论如何,"违心"执行任务并不意味着专业人员可以不对其行为的负面效果承担道德责任。

道德责任七,促进公众对计算机技术及其影响的了解。计算机专业人员有责任与公众分享专业知识,促进公众了解计算机技术,包括计算机系统及其局限和影响。在此隐含了一条道德义务,即计算机专业人员有责任驳斥一切有关计算机技术的错误观点。

道德责任八,只在授权状态下使用计算机及通信资源。窃取或者破坏有形及无形的电子财产是"避免伤害他人"准则所禁止的。而对某个计算机或通信系统的入侵和非法使用,则为本守则所反对。"入侵"包括在没有明确授权的情况下,访问通信网络及计算机系统或系统内的账号或文件。只要没有违背歧视原则,个人和组织有权限制对他们系统的访问。未经许可,任何人不得进入或使用他人的计算机系统、软件或数据文件。在使用系统资源,包括通信端口、文件系统空间、其他的系统装置及计算机时间之前,必须经过适当的批准。

5. 计算机组织者的道德准则

计算机组织者须遵循如下六项基本道德准则。

准则一,重视组织单位成员的社会责任,促进成员全面承担这些责任。任何类型的组织都具有公众影响力,因此它们必须承担社会责任。如果组织的章程和立场倾向于社会的福祉,就能够减少对社会成员的伤害,进而服务于公共利益,履行社会责任。因此,除完成质量指标外,组织领导者还必须鼓励全面参与履行社会责任。

准则二,组织人力和物力,设计并建立提高劳动生活质量的信息系统。组织领导者有责任确保计算机系统逐步升级,而不是降低劳动生活质量。实现一个计算机系统时,组织必须考虑所有员工的个人及职业上的发展、人身安全和个人尊严。在系统设计过程和工作场所中,应当考虑运用适当的人机工程学标准。

准则三,肯定并支持对一个组织所拥有计算机和通信资源的正当及合法使用。因为计算机系统既可以成为损害组织的工具,也可以成为帮助组织的工具。组织领导必须清楚地定义什么是对组织所拥有计算机资源的正当使用,什么是不正当的使用。虽然这些规则的数目和涉及的范围应当尽可能小一些,但一经制订,它们就应该得到彻底的贯彻实施。

准则四,在评估和确定人们的需求过程中,要确保用户及受系统影响的人已经明确表达了他们的要求,同时还必须确保系统将来能满足这些需求。系统的当前用户、潜在用户以及其他可能受这个系统影响的人,他们的要求必须得到评估并列入需求报告。系统认证应确保已经照顾到了这些需求。

准则五,提供并支持保护用户及其他受系统影响人尊严的政策。设计或实现有意无意地贬低某些个人或团体的系统,在伦理上是不能被接受的。处于决策地位的计算机专业人员应确保所设计和实现的系统是保护个人隐私和重视个人尊严的。

准则六,组织成员学习计算机系统的原理和局限创造条件。受教育的机会是促使所有组织成员全身心投入的一个重要因素。必须让所有成员有机会提高计算机方面的知识和技能,包括提供能让他们熟悉特殊类型系统的效果和局限的课程。特别是,必须让专业人员了解围绕着过于简单的模型,沉溺于任何现实操作条件下都不大可能实现的构想和设计,以及与这个行业复杂性有关的问题,构建系统所要面对的危害。

15.3　信息产业的法律法规

以法律法规调整和规范社会行为是现代文明社会的重要特征。随着依法治国方略的确定,我国社会主义法制建设的步伐明显加快,法律体系逐步健全。由于信息产业的特殊性,不仅要掌握法律基础知识,也要了解与信息产业相关的法律法规。学习法律知识既是时代的要求,也是自身健康成长、成才和全面发展所必需的。

15.3.1　网络信息安全的法律

网络是继报纸、广播、电视之后出现的第四大传媒。随着互联网的迅猛发展,计算机网络信息安全问题也日益突出,尤其是网络犯罪、网络病毒、黑客入侵等安全问题亟待解决。国家针对网络信息安全已经陆续制定了一系列法律法规。

1. 我国网络信息安全法律体系

有互联网以来,我国对网络信息安全的立法工作就一直没有中断过。1994 年 2 月18 日,国务院发布了《中华人民共和国计算机信息安全保护条例》,这是我国第一部有关网络信息安全管理的法律法规,意味着我国的网络信息安全进入了有法可依的阶段。随后,国家和地方政府以及行业主管部门相继颁布实施了一系列网络信息安全方面的法律法规、规章及公约,初步形成了具有中国特色的包括法律、法规、行政部门规章、司法解释、行业自律守则等多层面的网络信息安全法律体系。

(1) 网络信息安全法律。网络信息安全法律是指由全国人大及其常委会制定的涉及网络以及网络信息安全的法律,如《中华人民共和国宪法》、《中华人民共和国保守国家秘密法》、《中华人民共和国标准法》、《中华人民共和国著作权法》等,这些法律只是个别涉及网络及其网络行为的原则性的零星的规范。就网络及其行为而制定的专门法律层面来说,目前有两部,即全国人大常委会于 2000 年 12 月 28 日发布的《关于维护互联网安全的决定》,于 2004 年 8 月 28 日发布的《中华人民共和国电子签名法》。

(2) 网络信息安全法规。网络信息安全法规是指有国务院及其国务院规定的较大城市以上的地方人大及其常委会制定的法规。初步统计表明,这方面的法规有 100 多部,在我国现有网络法律体系中占了近 30%,如《中华人民共和国计算机信息网络国际联网管理暂行规定》、《中华人民共和国电信条例》、《中华人民共和国计算机信息系统安全保护条例》、《中华人民共和国计算机软件保护条例》、《中华人民共和国商有密码管理条例》、《中华人民共和国互联网信息服务管理办法》、《中华人民共和国信息网络传播权保护条例》,以及众多的地方性法规等。

(3) 网络信息安全行政部门规章。有关网络及其网络行为的现行的行政部门规章涉及国家多个部委,这些部门制发的行政部门规章达到 240 余部,在网络法律体系中占到一半以上,如《计算机信息网络国际联网安全保护管理办法》、《计算机病毒防治管理办法》、《互联网安全保护技术措施规定》、《计算机信息网络国际联网管理暂行规定实施办法》、《计算机信息系统安全专用产品检测和销售许可证管理办法》、《中国公用计算机互联网国际联网管理办法》、《中国公众多媒体通信管理办法》、《国际通信设施建设管理规定》、《计算机信息网络国际联网出入口信道管理办法》、《中国互联网络域名管理办法》、《中国互联网络信息中心域名争议解决办法》、《互联网新闻信息服务管理规定》、《互联网电子公告服务管理规定》、《电子出版物管理规定》、《互联网 IP 地址备案管理办法》、《计算机信息系统国际联网保密管理规定》、《互联网等信息网络传播视听节目管理办法》、

《互联网著作权行政保护办法》、《非经营性互联网信息服务备案管理办法》、《互联网电子邮件服务管理办法》等。

（4）网络信息安全司法解释。网络信息安全司法解释是指由最高人民法院、最高人民检察院就有关法条以及法律执行过程中出现的问题进行的规范性的专门解释。这方面的解释有 10 多部，虽然它在网络法律体系中仅占百分之几，但它在规范网络及其网络行为上的作用不容低估，如《最高人民法院关于审理涉及计算机网络著作权纠纷案件适用法律问题的解释》、《最高人民法院、最高人民检察院关于办理利用互联网、移动通信终端、声讯台制作、复制、出版、贩卖、传播淫秽电子信息刑事案件具体应用法律若干问题的解释》、《最高人民法院、最高人民检察院关于办理侵犯知识产权刑事案件具体应用法律若干问题的解释》、《最高人民法院关于审理涉及计算机网络域名民事纠纷案件适用法律若干问题的解释》等。毫无疑问，这些司法解释对于完善我国网络及其网络行为的法律法规是重要的补充，理所当然地成为我国网络法律体系的重要组成部分。

（5）网络信息安全行业自律守则。虽然行业自律守则并不能成为严格意义上的法律渊源，但它在规范行业内部行为、操守行业自律上有一定的促进作用，如《保护知识产权行动纲要（2006—2007 年）》以及由中国互联网协会发布的《中国互联网网络版权自律公约》等。

事实上，众多法律法规的制定和适用，对我国网络事业的发展和互联网的正常运行起到了强有力的规范作用，对我国网络信息安全也有较大的促进作用。

2. 我国网络信息安全法律体系的特点

从现有的网络安全法律法规中可以看出，我国确立了多项网络安全管理的基本法律原则，包括重点保护原则、预防为主原则、责任明确原则、严格管理原则、促进社会发展的原则等。

到目前为止，我国已经建立的网络安全保障制度主要有计算机信息系统安全等级保护制度、计算机信息系统国际联网备案制度、安全专用产品销售许可证制度、计算机案件强行报案制度、计算机信息系统使用单位安全负责制度、计算机病毒专管制度、商用密码管理制度、互联网信息服务安全管理制度、电信安全管理制度、信息安全检测、评估和认证安全监督管理制度、计算机信息媒体进出境申报制度等。

我国计算机信息网络的安全保护监督管理工作由公安机关行使。1994 年 2 月，国务院颁布的《中华人民共和国计算机信息系统安全保护条例》赋予公安机关行使对计算机信息系统的安全保护工作的监督管理职权。1995 年 2 月，全国人大常委会颁布的《中华人民共和国人民警察法》明确了公安机关具有监督管理计算机信息系统的安全的职责。1997 年 12 月施行的《计算机信息网络国际联网安全保护管理办法》将公安机关的监督职权扩大到信息网络国际联网领域。

3. 网络安全法

当前，网络已经融入社会生活的各个方面，互联网给人们带来了前所未有的便利。然而，在全球范围内，计算机病毒、网络攻击、垃圾邮件、系统漏洞、网络窃密、网络诈骗、虚假信息、知识侵权、隐私侵权，以及网络色情等网络违法犯罪等问题日渐突出，严重威胁到世界各国以及我国的经济、文化和国家安全。

2017年6月1日，《中华人民共和国网络安全法》正式施行。这意味着，我国网络安全工作有了基础性的法律框架，针对网络也有了更多法律约束，中国信息安全行业进入新的时代。《网络安全法》主要包括如下制度。

(1) 网络空间主权。《网络安全法》提出了"保障网络安全，维护网络空间主权和国家安全、社会公共利益，保护公民、法人和其他组织的合法权益，促进经济社会信息化健康发展"的立法宗旨，继《国家安全法》之后再次明确"网络空间主权"的概念，被誉为我国立法的一大创新。

(2) 网络安全战略。在美国、日本、俄罗斯、韩国等纷纷将网络安全上升到国家层面，进而制定国家网络安全战略的背景下，我国《网络安全法》也设专章规定了"网络安全战略、规划与促进"，明确宣示"国家制定网络安全战略"。

(3) 网络运行安全制度。网络运行安全制度包括网络运行安全的"一般规定"和"关键信息基础设施的运行安全"，涉及的内容主要为网络安全等级保护制度、网络关键设备和网络安全专用产品的认证和检测制度、关键信息基础设施安全保护制度、采购网络产品或者服务的安全审查制度、网络安全和风险的检测评估制度。

(4) 网络信息安全制度。要求建立健全用户信息保护制度、实现网络信息安全。明确了网络运营者收集、使用公民个人信息时应遵循的义务，依法负有网络安全监督管理职责的部门保护信息安全的职责，电子信息发送者发送电子信息时应当履行的安全管理义务。

(5) 网络安全监测预警与应急处置制度。网络安全监测预警与应急处置制度包括网络安全监测预警和信息通报制度、网络安全应急工作机制和应急预案、处置重大突发社会安全事件时可以针对特定地区的网络通信实施临时限制措施等。

15.3.2　计算机软件著作权保护

计算机软件包括计算机程序及有关文档。从法律的角度，计算机程序是指为了得到某种结果而可以由计算机等具有信息处理能力的装置执行的代码化指令序列，或者可以被自动转换成代码化指令序列的符号化指令序列或者符号化语句序列。计算机程序包括源程序和目标程序，同一程序的源文本和目标文本应当视为同一作品。文档是指用来描述程序的内容、组成、设计、功能规格、开发情况、测试结果及使用方法的文字资料和图表等，如程序设计说明书、流程图、用户手册等。

1. 计算机软件著作权保护的概念

根据国家颁布的著作权法，计算机软件作为作品形式之一，受到著作权法的保护。软件著作权人被赋予以下几项权利。发表权，即决定软件是否公之于众的权利；开发者身份权，即表明开发者身份的权利以及在其软件上署名的权利；使用权，即在不损害社会公共利益的前提下，以复制、展示、发行、修改、翻译、注释等方式使用其软件的权利。其中的"翻译"是对软件文档所用的自然语言的语种间的翻译；使用许可权和获得报酬权，即许可他人以上述方式使用其软件的权利和由此获得报酬的权利；转让权，即向他人转让上述使用权和使用许可权的权利。

任何其他人若在未经著作权人许可的情况下行使了这些权利，将构成侵害他人著作权的行为，应承担停止侵害、消除影响、公开赔礼道歉、赔偿损失等民事责任，并将受到没收非法所得、罚款等行政处罚。

在赋予软件著作权人权利的同时，著作权法也相应给出了一定的限制。赋予软件著作权人的权利以及同时对其权利加以若干限制共同构成了对计算机软件著作权的保护。

软件具有开发工作量大、开发投资高，而复制容易、复制费用极低的特点。为了保护软件开发者的合理权益，鼓励软件的开发与流通，广泛持久地推动计算机的应用，需要对软件实施法律保护，禁止未经软件著作权人的许可而擅自复制、销售其软件的行为。

在当今世界，各国主要用以下 3 种方式对计算机软件进行保护：一是工业产权法；二是商业秘密法或合同法；三是著作权法。我国同世界上大多数国家一样将计算机软件纳入著作权法的保护范围之中，同时还颁布了《计算机软件保护条例》加以补充和完善。

2. 计算机软件著作权的内容与限制

计算机软件，无论是系统软件，还是应用软件，均受法律保护。一项软件包括计算机程序及其相关文档。计算机程序指代码化指令序列，或者可被自动转换成代码化指令序列的符号化指令序列或者符号化语句序列。无论是程序的目标代码，还是源代码，均受法规保护。计算机文档则是指用自然语言或者形式化语言所编写的文字资料和图表，用来描述程序的内容、组成、设计、功能规格、开发情况、测试结果及使用方法，如程序设计说明书、流程图、用户手册等。

软件受保护的必要条件是：必须由开发者独立开发，并已固定在某种有形物体（如磁带、胶片等）上。软件著作权法规保护的是作品中构思的表现，至于作品中的构思本身，则不是该法规的保护对象，对软件的著作权保护不能扩大到开发软件所用的思想、概念、发现、原理、算法、处理过程和运行方法。

为了维护社会公众利益，保障软件的正常使用，促进软件开发技术的发展，计算机软件保护条例规定了软件著作权的限制。

为了学习和研究软件内含的设计思想和原理，通过安装、显示、传输或者存储软件等方式使用软件的，可以不经软件著作权人许可，不向其支付报酬。

软件的合法复制品所有人享有下列权利：根据使用的需要把该软件装入计算机等具有信息处理能力的装置内；为了防止复制品损坏而制作备份复制品。这些备份复制品不得通过任何方式提供给他人使用，并在所有人丧失该合法复制品的所有权时，负责将备份复制品销毁；为了把该软件用于实际的计算机应用环境或者改进其功能、性能而进行必要的修改。但是，除合同另有约定外，未经该软件著作权人许可，不得向任何第三方提供修改后的软件。

软件开发者开发的软件，由于可供选用的表达方式有限而与已经存在的软件相似的，不构成对已经存在的软件的著作权的侵犯。

3. 我国计算机软件著作权保护的法规体系

在我国的法律、行政法规、部门规章、司法解释、司法机关文件、行政机关文件以及与外国签订的双边协定等不同层次的规范性文件中,与计算机软件著作权保护有关的法规体系主要包括下列文件。

中华人民共和国著作权法(第 1 版 1991 年 6 月 1 日施行;第 2 版 2001 年 10 月 27 日施行;第 3 版 2010 年 4 月 1 日施行)。

中华人民共和国著作权法实施条例(第 1 版 1991 年 6 月 1 日施行;第 2 版 2002 年 9 月 15 日施行)。

计算机软件保护条例(第 1 版 1991 年 10 月 1 日施行;第 2 版 2002 年 1 月 1 日施行)。

中美两国政府关于保护知识产权的谅解备忘录(1992 年 1 月 17 日签订;1992 年 3 月 17 日生效)。

计算机软件著作权登记办法(第 1 版 1992 年 4 月 6 日施行;第 2 版 2002 年 2 月 20 日施行)。

实施国际著作权条约的规定(1992 年 9 月 30 日施行)。

最高人民法院关于深入贯彻执行《中华人民共和国著作权法》几个问题的通知(1993 年 12 月 24 日发布)。

著作权行政处罚实施办法(第 1 版 1997 年 2 月 1 日施行;第 2 版 2003 年 9 月 1 日施行;第 3 版 2009 年 6 月 15 日施行)。

中华人民共和国刑法(第 2 版 1997 年 10 月 1 日起施行)。

最高人民法院关于审理非法出版物刑事案件具体应用法律若干问题的解释(1998 年 12 月 23 日施行)。

最高人民法院关于审理涉及计算机网络著作权纠纷案件适用法律若干问题的解释(2000 年 12 月 21 日起施行,2003 年 12 月 23 日首次修改,2006 年 11 月 20 日二次修改)。

最高人民法院关于审理著作权民事纠纷案件适用法律若干问题的解释(2002 年 10 月 15 日施行)。

最高人民法院、最高人民检察院关于办理侵犯知识产权刑事案件具体应用法律若干问题的解释(2004 年 12 月 22 日施行)。

最高人民法院、最高人民检察院关于办理侵犯知识产权刑事案件具体应用法律若干问题的解释(二)(2007 年 4 月 5 日施行)。

4. 侵犯计算机软件著作权的行为及其法律责任

《计算机软件保护条例》规定下列行为属于侵权行为。

未经软件著作权人许可,发表或者登记其软件的;将他人软件作为自己的软件发表或者登记的;未经合作者许可,将与他人合作开发的软件作为自己单独完成的软件发表或者登记的;在他人软件上署名或者更改他人软件上的署名的;未经软件著作权人许可,修改、翻译其软件的；其他侵犯软件著作权的行为。

复制或者部分复制著作权人的软件的；向公众发行、出租、通过信息网络传播著作权人的软件的；故意避开或者破坏著作权人为保护其软件著作权而采取的技术措施的；故意删除或者改变软件权利管理电子信息的；转让或者许可他人行使著作权人的软件著作权的。

行为人违反《计算机软件保护条例》规定，应当承担以下法律责任。

（1）民事责任。行为人有《计算机软件保护条例》规定的侵权行为的，应当承担停止侵害、消除影响、赔礼道歉、赔偿损失等民事责任。赔偿损失数额的确定，可依照《著作权法》的规定。

（2）行政责任。行为人有《计算机软件保护条例》规定的侵权行为，且损害社会公共利益的，著作权行政管理部门可责令行为人停止侵权行为，没收违法所得，没收、销毁侵权复制品，并可处以罚款；情节严重的，著作权行政管理部门并可以没收主要用于制作侵权复制品的材料、工具、设备等。

（3）刑事责任。行为人有《计算机软件保护条例》规定的行为，情节严重，触犯刑律的，依照我国《刑法》关于侵犯著作权罪、销售侵权复制品罪的规定，依法追究刑事责任。

15.3.3 计算机软件商业秘密权

我国保护商业秘密的法律根据是《反不正当竞争法》。《反不正当竞争法》是侵权法，也就是说，规定什么权利受到保护，哪些行为是侵权行为。所以，商业秘密权是反对侵权行为的权利，具有很强的法律依据。

1. 商业秘密的概念

《中华人民共和国反不正当竞争法》中将商业秘密定义为"不为公众所知悉的、能为权利人带来经济利益、具有实用性并经权利人采取保密措施的技术信息和经营信息"。经营秘密和技术秘密是商业秘密的基本内容。经营秘密，即未公开的经营信息，是指与生产经营销售活动有关的经营方法、管理方法、产销策略、货源情报、客户名单、标底和标书内容等专有知识。技术秘密，即未公开的技术信息，是指与产品生产和制造有关的技术诀窍、生产方案、工艺流程、设计图纸、化学配方、技术情报等专有知识。

商业秘密的构成条件是：必须具有未公开性，即不为公众所知悉；必须具有实用性，即能为权利人带来经济效益；必须具有保密性，即采取了保密措施。一项商业秘密受到法律保护的依据，是必须具备上述构成商业秘密的3个条件，缺少上述3个条件之一，都会造成商业秘密丧失保护。

商业秘密是一种无形的信息财产。商业秘密的权利人与有形财产所有权人一样，依法享有占有、使用和收益的权利，即有权对商业秘密进行控制与管理，防止他人采取不正当手段获取与使用；有权依法使用自己的商业秘密，而不受他人干涉；有权通过自己使用或者许可他人使用以至转让所有权，从而取得相应的经济利益；有权处分自己的商业秘密，包括放弃占有、无偿公开、赠予或转让等。

《中华人民共和国反不正当竞争法》保护计算机软件，是以计算机软件中是否包含

"商业秘密"为必要条件的。而计算机软件是人类知识、智慧、经验和创造性劳动的成果，本身就具有商业秘密的特征，即包含技术秘密和经营秘密。即使是软件尚未开发完成，在软件开发中所形成的知识内容也可构成商业秘密。

2. 计算机软件商业秘密的侵权

侵犯商业秘密是指行为人(负有约定的保密义务的合同当事人，实施侵权行为的第三人，侵犯本单位商业秘密的行为人)未经权利人(商业秘密的合法控制人)的许可，以非法手段获取计算机软件商业秘密并加以公开或使用的行为，主要包括用盗窃、利诱、胁迫或其他不正当手段直接从权利人处窃取计算机软件商业秘密并加以公开或使用；披露、使用或允许他人以不正当手段获取权利人的计算机软件商业秘密；违反约定或违反权利人有关保守商业秘密的要求，披露、使用或允许他人使用其所掌握的计算机软件商业秘密。

盗窃商业秘密包括单位内部人员、外部人员、内外勾结等盗窃手段；以利诱手段获取商业秘密，通常指行为人向掌握商业秘密的人员提供财物或其他优惠条件，诱使其向行为人提供商业秘密；以胁迫手段获取商业秘密，是指行为人采取威胁、强迫手段，使他人在受强制的情况下提供商业秘密；以及用其他不正当手段获取商业秘密。

披露是指将权利人的商业秘密向第三人透露或向不特定的其他人公开，使其失去秘密价值；使用或允许他人使用是指非法使用他人商业秘密的具体情形。如果以非法手段获取商业秘密的行为人，如果将该秘密再行披露或使用，即构成双重的侵权；倘若第三人从侵权人那里获悉了商业秘密而将秘密披露或使用，同样构成侵权。

合法掌握计算机软件商业秘密的人，可能是与权利人有合同关系的对方当事人，也可能是权利人的单位工作人员或其他知情人，他们违反合同约定或单位规定的保密义务，将其所掌握的计算机软件商业秘密擅自公开，或自己使用，或许可他人使用，即构成计算机软件商业秘密的侵权。

3. 计算机软件商业秘密侵权的法律责任

根据《中华人民共和国反不正当竞争法》和《刑法》的规定，计算机软件商业秘密的侵权者将承担行政责任、民事责任以及刑事责任。

《中华人民共和国反不正当竞争法》规定了相应的行政责任，即对侵犯商业秘密的行为，监督检查部门应当责令停止违法行为，而后可以根据侵权的情节依法处以1万元以上20万元以下的罚款。

计算机软件商业秘密的侵权者的侵权行为对权利人的经营造成经济上的损失时，侵权者应当承担经济损害赔偿的民事责任。《中华人民共和国反不正当竞争法》规定了侵犯商业秘密的民事责任，即经营者违反该法规定，给被侵害的经营者造成损害的，应当承担损害赔偿责任；被侵害的经营者的合法权益受到损害的，可以向人民法院提起诉讼。

计算机软件商业秘密的侵权者的侵权行为对权利人造成重大损害的，侵权者应当承担刑事责任。《刑法》规定了侵犯商业秘密罪，即实施侵犯商业秘密行为，给商业秘密的权利人造成重大损失的，处3年以下有期徒刑或者拘役，并处或者单处罚金；造成特别严重后果的,处 3 年以上 7 年以下有期徒刑,并处罚金。

15.4 思考与讨论

15.4.1 问题思考

1. 什么是计算机伦理? 其主要内容是什么?
2. 构建计算机伦理的基本原则是什么?
3. 职业理想与职业道德有什么联系?
4. 计算机职业道德的基本要求是什么?
5. 我国用什么方式对软件实施法律保护?
6. 与计算机软件著作权保护有关的法规体系主要包括哪些文件?

15.4.2 课外讨论

1. 分析计算机伦理的重要性。
2. 列出 ACM 为计算机专业人员和用户制定的一般性道德规则。
3. 合格的软件工程师需要具备哪些基本素质? 最重要的是什么?
4. 分析软件著作权保护的主体与客体。
5. 如何理解信息技术的发展与成功并非完全取决于技术?
6. 从计算机伦理的角度,针对计算机犯罪、软件盗版、黑客、病毒和对隐私权的侵犯等信息社会现象,谈谈你的看法。

第 16 章

产业发展与职业规划

Chapter 16

围绕着信息技术的发展和应用,孕育和催生了包括信息产业在内的许多新兴产业,它们已发展成世界范围内的朝阳产业和新的经济增长点。

16.1 信息产业及其发展

信息产业作为战略性先导产业,具有科技创新含量高,知识、智力和技术密集,高投入、高风险和增长快、变动大的特点,对于国民经济的几乎所有部门都有高度的渗透性、带动性和增值性。信息产业已成为全球第一大产业。

16.1.1 信息产业

信息产业(information industry)作为一个新兴的产业部门,其内涵和外延都随着产业的不断扩大和成熟而变化。信息产业通过它的活动使经济信息的传递更加及时、准确、全面,有利于各产业提高劳动生产率;信息产业加速了科学技术的传递速度,缩短了科学技术从创造到应用于生产领域的距离;信息产业的发展推动了技术密集型产业的发展,有利于国民经济结构上的调整。

1. 信息产业的概念

今天的信息产业的概念是在知识产业研究的基础上产生和发展起来的。最早提出与信息产业相类似概念的是美国经济学家普斯顿大学的弗里兹·马克卢普(F. Machlup)教授。他在 1962 年出版的《美国的知识和分配》一书中首次提出了完整的知识产业(Knowledge Industry)的概念,分析了知识生产和分配的经济特征及经济规律,阐明了知识产品对社会经济发展的重要作用。尽管马克卢普没有明确使用信息产业一词，并且在所界定的范围上与现行的信息产业有所出入，但不可否认它基本上反映了信息产业的主要特征。随后，1977 年，美国斯坦福大学的经济学博士马克·波拉特（M. U. Porat）在马克卢普对信息产业研究的基础上出版了题为《信息经济：定义与测算》（The Information Economy）的 9 卷本内部报告，把知识产业引申为信息产业，为信息产业结构方面的研究提供了一套可操作的方法。他把社会经济划分为农业、工业、服务业、信息业 4 大类。

根据研究的出发点不同，信息产业的划分主要存在两种观点，即狭义的信息产业和广义的信息产业。狭义信息产业的观点借鉴日本对信息产业结构的划分，认为信息产业是指从事信息技术研究、开发与应用，信息设备与器件的制造以及为经济发展和社会需求提供信息服务的综合性生产活动和基础结构，包括信息技术和设备制造业、信息服务业。广义信息产业的观点借鉴美国波拉特的观点，认为信息产业是指一切与信息生产、流通、利用有关的产业，包括信息服务和信息技术及科研、教育、出版、新闻、金融等部门。

对信息产业概念的理解虽然表达方式各有不同，但基本都以信息为产业活动的对象，并且都包含了提供信息服务和信息产品的产业。细微的差别主要在于和传统的信息技术相关的产业是否应该包含在信息产业的定义中。

可以认为，信息产业是以网络技术和信息资源为基础，从事信息技术产品的生产以及信息的生产、加工、储存、流通与服务的产业群体。信息产业分为信息技术产业和信息服务业。信息技术产业是为信息服务业提供设备和技术的部门，在我国最能代表信息技术产业的是电子及通信设备制造业。信息服务业是从事信息资源开发和利用的重要产业部门，是从第三产业中分离出来的，是信息产业中的软产业部分。

2. 信息产业的特点

信息产业作为 21 世纪快速发展的战略性产业，具有许多与其他产业不同的特点，这些特点决定了信息产业具有的传统产业无法比拟的创新能力。

（1）信息产业是一个以知识密集型为主的复合型的产业。信息产业的本质就是以收集、生产和经营信息为职能的产业，其特点是以脑力劳动为重点的大量知识、技术的开发，人才是信息技术企业最重要的资源。

（2）信息产业是一个技术不断创新的产业。当前世界经济的增长与技术进步息息相关，据有关资料统计，发达国家 70%～90% 的经济增长是靠创新引发技术进步，进而促进经济增长，因而具有高度的创新性。信息产业市场变化快，技术更新快，竞争空前激烈，是一个颠覆性的行业，已经成为不争的事实。以科技研发为先导、具有高创新性和高更新频率已经成为信息产业发展的重要特征。

（3）信息产业具有较高的产业关联性。信息产业是一个综合性很强的产业，信息产品不仅同社会、经济、科技文化、教育、国防等各个应用部门具有广泛的联系，而且还涉及社会成员的工作、学习和生活。信息技术在制造业的运用可以提高劳动效率，提高产品质量，实现产品创新，即其他产业所生产的产品和提供的服务中包含着信息产业所创造的价值。信息产业与第三产业结合，产生了许多前所未有的经营模式，如电子货币、电子银行和虚拟商店等。信息产业的高速发展带动了其他行业的发展，成为推动国家经济发展的主导产业之一。

（4）信息产业是一个高收益、高风险的产业。信息产业是集资本、技术、知识于一身的产业，随着资本的投入、技术的进步和知识的积累，信息产业的生产规模越来越大。产业规模的扩大不仅带来高产出，而且还促使规模经济的形成，从而提高资源的利用率、提高劳动生产率、降低产品的生产成本，所以增值率就高。

信息产业的高收益性是建立在高风险性基础之上的。信息产业是高投入型产业，研究和开发信息产品需要巨额的资金，由于创造发明成功率的不确定性，巨额的投入有可能是血本无归。信息产品的市场需求具有不确定性，信息产品是技术含量高的产品，生产这种产品的企业为了获得一定的利润，不得不制定较高的价格，无形中限制了产品的市场范围。产品的专用性也在一定程度上限制了产品的销量。

（5）信息产业是一个人才流动大的产业。信息产业的频繁人才流动带有明显的行业发展特点。一方面，信息产业技术更新快，在这个行业就职的人才，其自身需要不断地充电，以补充新鲜技能和知识。所以，信息产业是年轻人的舞台，因为年轻人吸收新事物比较快，学习能力和适应性相对较强，特别是在信息技术行业国际化趋势推动下，没有很好的学习能力，就难以在此行业立足，年轻人恰好具备了这样的素质。另外，高薪的信息技术行业是众多年轻人的职业梦想，信息技术工程师在人们的眼里是一个光鲜的职业。另一方面，作为新兴发展行业，人才总量储备不足，人才数量总体上处在紧缺面，并且行业人才结构不合理，从而在根本上形成了不稳定的行业人才队伍。这也是信息产业人才流动长期处于高水平的主要原因。

16.1.2　我国信息产业的发展

随着信息化在全球的推进，信息产业已成为一个高速发展的新兴产业，在推动各国国民经济发展和社会进步中起着重要的作用，引起了世界各国的普遍关注。信息产业发达程度已成为一个国家信息经济发达程度、国际经济状况与竞争力强弱的综合反映。

1. 我国信息产业的发展现状

随着社会的发展和科技的进步，我国信息产业发展速度不断加快，得到了突破性的进展，比较优势和竞争能力发生了深刻变化。近年来，产业规模平稳较快增长，彩电、手机、微型计算机、网络通信设备等主要电子信息产品的产量居全球第一，电话用户和互联网用户规模居世界首位。结构优化升级取得实质进展，软件和信息技术服务业收入占信息产业收入比重逐年提高，移动数据及互联网业务收入占电信业收入比重快速提高，电子信息产品竞争力明显提升，对外贸易顺差稳步扩大。

与此同时，信息产业技术创新能力大幅提升。国内信息技术专利申请总量已超过304.8万件，具有自主知识产权的时分同步码分多址长期演进技术（TD-LTE Advanced）成为第四代移动通信（4G）国际主流标准之一，并实现大规模商用。集成电路设计水平达到 16/14nm，制造业实现 28nm 小批量生产。多条高世代平板显示生产线建成投产。安全可靠软硬件实现重要突破，一批骨干企业创新能力和竞争力大幅提升。信息基础设施加速升级，信息产业快速发展带动两化融合水平稳步提升，互联网对经济社会的促进作用逐步显现。智慧城市、智慧交通、远程医疗、互联网金融等新业态不断涌现,加速经济社会运行模式深度变革。

但也要看到,我国信息产业核心基础能力依然薄弱,核心芯片和基础软件对外依存度仍然很高,要素成本增长较快,关键领域原始创新和协同创新能力急需提升,引领产业发展方向、把握产业发展主导权的能力不强;产品供给效率与质量不高,与发达国家相比,呈现出"应用强、技术弱、市场厚、利润薄"的倒三角式产业结构;信息技术融合应用深度不够,新产品、新业态、新模式发展面临体制机制障碍;网络与信息安全形势依然严峻,安全保障能力亟待提升。

2. 信息产业的发展形势

随着世界经济深刻调整和国内经济转型升级,我国信息产业的发展形势有了新的变化。

(1)新一轮技术创新引领产业新变革。云计算、大数据、物联网、移动互联网、人工智能等新一代信息技术快速演进,硬件、软件、服务等核心技术体系加速重构,正在引发信息产业新一轮变革。单点技术和单一产品的创新正加速向多技术融合互动的系统化、集成化创新转变,创新周期大幅缩短。信息技术与制造、材料、能源、生物等技术的交叉渗透日益深化,智能控制、智能材料、生物芯片等交叉融合创新方兴未艾,工业互联网、能源互联网等新业态加速突破,大规模个性化定制、网络化协同制造、共享经济等信息经济新模式快速涌现。互联网不断激发技术与商业模式创新的活力,开启以迭代创新、大众创新、微创新为突出特征的创新时代。

(2)全球信息产业竞争加剧分工格局调整。发达国家依然占据信息产业价值制高点,在大力构建信息经济新优势的同时,积极以信息技术为手段推动再工业化进程,争取未来全球高端产业发展主导权。跨国企业加快重组步伐,以期在工业互联网、人工智能、智能制造等领域形成新布局。一些信息产业新兴国家和地区积极参与全球产业再分工,承接资本及技术转移。我国已成为全球最大的信息产品消费市场和制造基地,在互联网、通信服务、设备与终端产品等领域形成了一批龙头企业,在全球产业分工体系中呈跃升态势,具备了跨越发展的条件。同时,也面临发达国家"高端回流"和发展中国家"中低端分流"的双向挤压,以及国内增长动力转换的严峻挑战,转型升级任务更加紧迫艰巨。

(3)国家重大战略实施对信息产业发展提出新要求。从世界范围看,信息产业日益成为重塑经济发展模式的主导力量,创新融合、智能绿色、开放共享成为全球经济发展新特征。在我国,信息产业也日益成为实施创新驱动战略、推进供给侧结构性改革的关键力量。创新驱动、制造强国、网络强国、"互联网+"、军民融合等一系列国家重大战略的实施和居民消费升级,要求加快完善信息基础设施、强化信息核心技术能力、提升信息消费体验、加强信息安全保障、优化网络空间治理、繁荣信息产业生态,发挥更强有力的引领和支撑作用。

在新的形势下,我国信息产业必须把握产业发展新趋势、新热点,树立新思路,采取新举措,突破新技术,拓展新市场,提供新产品、新服务,加快产业发展方式转变,强化产业竞争力。

16.2　职业素养与职业规划

选择职业是全社会凡具有劳动能力的人都面临的最基本也是最重要的问题。认识自己的兴趣、气质、性格和能力,了解职业特点、职业环境、职业对人素质的要求,可有效地提高择业的针对性,减少盲目性。

16.2.1　职业素养

计算机学科的学习者首先要具备良好的思想道德素质,热爱祖国,具有科学的世界观、人生观和价值观;具有一定的文学和艺术修养;具有基本的人文社会科学知识和自然科学知识等。此外,学习者通过对专业知识的学习,获得相应的知识和技能,能够在计算机应用领域发挥专业特长,成为该领域的主要人力资源,并具有在该领域进一步做出创造性贡献的潜能。

计算机学科人才的基本素质特征是能将不同的技术集成到应用系统中,并使系统和所属组织机构的日常运作整合。为了能胜任这种综合性的任务,必须具备以下几个层面的能力和素养。

1. 基本能力

从事计算机领域工作需要的基本能力有:具有良好的信息素养,熟练运用计算机科学领域的核心技术和概念,系统分析、确定和阐明用户的需求,设计并实施高效、实用的信息技术解决方案,并善于将该解决方案和用户环境整合。

(1) 具有良好的信息素养。信息素养是一种对信息社会的适应能力,包括信息意识、信息知识、信息能力与信息道德等。信息时代处处蕴藏着各种信息,能否很好地利用现有信息资料,是人们信息意识强不强的重要体现。身处信息时代,如果只是具有强烈的信息意识和丰富的信息知识,而不具备较高的信息能力,还是无法有效地利用各种信息工具去搜集、获取、传递、加工、处理有价值的信息,不能提高学习效率和质量,无法适应信息时代的要求。具有正确的信息伦理道德修养是非常重要的,其中包括对媒体信息进行判断和选择,自觉地选择对学习、生活有用的内容,自觉抵制不健康的内容,不利用计算机网络从事危害他人信息系统和网络安全、侵犯他人合法权益的活动等。

(2) 熟练运用计算机科学领域的核心技术和概念。计算机科学的核心涉及信息技术基础、程序设计基础、计算机平台技术、系统管理和维护、网络应用及管理、Web技术、人机交互、集成编程技术、信息管理、信息安全、系统集成与体系结构、信息技术与社会环境等。对这些方面主要知识和技能的掌握是从事计算机领域工作的基础。

(3) 系统分析、确定和阐明用户的需求。作为用户和技术之间的桥梁,计算机科学专业人员首先要能帮助用户明确需求,将用户的需求用技术语言清晰地表达出来;要有良好的沟通和交流能力,熟谙科学、逻辑的思维方法,具有需求分析、抽象问题和建模的能力。由于计算机科学的专业人员所处的工作环境涉及面宽,所以还应具有迅速在适当的层面领会非本专业领域知识的能力。

（4）设计并实施高效、实用的信息技术解决方案。计算机科学专业人员必须具有系统架构设计能力、项目管理能力；与工程开发人员不同，信息技术专业人员需要特别关注解决方案和用户环境的关系，从用户的角度出发，进行方案的实施；要有良好的适应能力，适应用户的技术环境，不仅能紧跟技术发展，还能处理遗留的技术问题；能帮助建立有效的项目计划，能够利用成熟的信息技术和工具构建与管理满足需求的计算机应用系统，在各个阶段都自觉地关注信息安全问题；具有创新精神、工程意识、管理和经济效益意识以及严谨务实的工作作风。

2. 专业综合素质

专业综合素质包括：鉴别和评价流行的和新兴的技术，分析与判断技术对社会带来的影响，理解并运用成功的经验和标准，具有独立思考和解决问题的能力等。

（1）鉴别和评价流行的和新兴的技术。计算机科学的发展是异常快速的，计算机专业人员要具有突出的信息获取能力，不但熟悉原有的技术，还要对新兴的技术做出快速的反应；不仅能够学习新技术，还需要能够应用基本原理和经验，针对用户需求和应用环境做出评估。

（2）分析与判断技术对社会带来的影响。分析与判断技术对社会带来的影响，包括伦理、法律和政策等各方面问题。在信息社会中，计算机和社会环境的相互影响变得尤为显著和重要。计算机专业人员处于技术和社会关联的第一线，要对技术的社会影响有专业的判断力，同时要关心社会，对社会有高度的责任感，具有良好的职业操守。

（3）理解并运用成功的经验和标准。任何科学领域内的标准和成功的经验都是前人劳动的结晶，学习标准和经验能够更快、更深地理解技术原理；反过来，对技术原理有深入理解，才能更好地理解标准和经验的内涵。并且，标准和经验对系统开发、运行和升级都有重要影响，因此计算机学科专业人才要能够充分借鉴标准和经验。

（4）具有独立思考和解决问题的能力。具有独立思考和解决问题的能力是素质教育的共同要求，同时也是计算机学科的实践应用特性所必需的。计算机专业人员要能对实际问题形成自己的见解，并能实施解决，不仅掌握专业技术知识，同时要掌握专业原理，形成专业思想，适应环境的变化、技术的进步和新问题的出现。

3. 团队和社会交流能力

个人行动与团队合作相融合，进行有效的交流和沟通，具有终身学习的意识也是计算机领域工作人员所需具备的能力。

（1）将个人行动与团队合作相融合。计算机应用的解决方案一般都由具有各种不同技术和知识背景的成员组成的团队开发，计算机专业人员需要能够在形形色色的团队中有效地工作，这就要求具有出众的团队协作能力，能够将个人行动与团队工作相融合，通过相互协作达到共同的目标。

（2）进行有效的交流和沟通。能通过口头和书面的方式，运用恰当的专业词汇和客户、用户及同事进行有效的交流和沟通。为了具有出众的团队协作能力和人际交流能力,需要掌握各种有效的口头和书面表达技巧,以及倾听技巧。需要有在用户语言和技术语言之间相互转换的能力。要求能够正确评价不同组织机构的作用,了解它们的文化,能够尊重和欣赏别人的差异,对在处理问题中出现的各种不同观点、意见和建议能够倾听和正确评价。同时,为了适应国际化需要,还应具备良好的外语能力,能够进行国际交流。

(3) 具有终身学习的意识。终身学习是时代的要求,更是计算机科学不断发展的要求。需要有终身学习的意识,同时掌握各种理论和实践的学习方法,具备良好的信息获取能力和自学能力。

16.2.2　计算机相关职业

随着现代经济的不断发展,新兴产业正在逐步形成,这就是"信息产业"或"知识产业"。信息产业的从业人员主要是脑力劳动者,运用的是不断更新的信息技术,输出的是智力资源,他们是知识经济的领跑者。

1. 计算机相关职业的特点

由于计算机相关职业体现了知识经济的特征,因此其具有不同于其他行业的职业特点。

(1) 职业周期短。每个职业都有生命周期。随着技术的进步,那些原本"越老越吃香"的职业正在悄悄发生着变化,经验优势越来越不明显。取而代之的是,年轻人在新技术接受程度、知识更新程度等方面显得略胜一筹。

(2) 专业分工细。科技发展使专业分工越来越细、越来越专,职业岗位对专业技术水平要求也越来越高。例如,云计算技术的出现引发出绿色计算革命,云计算平台可以依托绿色数据中心资源,面向各类用户提供方便、易用、节能、高效的信息技术基础设施服务及应用解决方案,其产品及服务涵盖云主机、云托管、云备份、云存储、云立方等。可以想象,其中涉及的专业技术包括数据通信、信息安全、数据库开发、数据挖掘、网络维护、系统建设、网站设计、软件开发等各个方面,专业分工越来越细,可谓是"术业有专攻"。

(3) 职业成为一种学习活动。知识经济时代,知识生产率已逐步替代劳动生产率,生产知识的经济与用知识生产的经济正在悄然改变着人们的就业方式。知识的时效性在快速缩短。摩尔定律告诉我们,芯片上可容纳的晶体管数目约每隔18个月增加一倍,性能也将提升一倍。可见,短短几十年,信息技术发展迅速,新技术、新产品层出不穷。对每个人来说,最直观的感受就是手中的手机和计算机,很短的时间就会更新换代。因此,信息领域的知识必然会以很快的速度发展,"活到老,学到老"是对这个行业知识学习的一个形象描述。

(4) 职场环境无边界。信息技术的高速发展,特别是互联网的应用,使得人们的工作方式也发生了极大的变化。不同的时代劳动方式不同,狩猎是原始社会的劳动方式,农业时代的劳动方式以自由个体为主,是以家庭为单位的田园经济;工业社会的劳动方式以生产线为特征,工人的劳动时间和劳动效率在很大程度上受机器的支配;信息时代由于信息技术的发展和互联网的广泛使用,人们已经可以在不同的地点进行协作生产,地球变小,距离变短,甚至在家中也可以参与集体的项目。美国的软件可以拿到印度进行外包,异地的工程项目可以借助视频系统进行指导,世界同步、异地合作、远程管理已经是现代信息技术企业最常见的工作方式。

(5)职业素质要求高。越是能够体现知识经济特点的工作方式,对企业的员工素质要求越高。这些素质要求不仅包括需要具备更高的责任心、守时观念、团队合作、协调能力等人们所熟知的职业素质,同时还需要借助一些专用的技术标准和质量保证体系完成。团队是由员工和管理层组成的一个共同体,它合理利用每个成员的知识和技能协同工作,解决问题,达到共同的目标。

2. 计算机职业素质模型

职业素质是劳动者对社会职业了解与适应能力的一种综合体现,其主要表现在职业兴趣、职业能力、职业个性及职业情况等方面。影响和制约职业素质的因素很多,主要包括受教育程度、实践经验、社会环境、工作经历以及自身的一些基本情况(如身体状况等)。一般来说,劳动者能否顺利就业并取得成就,很大程度上取决于本人的职业素质。职业素质越高的人,获得成功的机会就越多。

信息技术行业的从业人员可以按照岗位特征、职责和要求划分为4类,即管理类、销售类、技术支持类和研发类。信息技术职业素质包括信息技术行业职业核心素质和岗位核心素质两大部分(图16-1)。

图16-1 职业核心素质与岗位核心素质

有关资料显示,沟通能力、团队合作、学习能力、责任感、问题解决能力、诚信、主动性、理解能力、应变能力、抗挫抗压能力、踏实、大局观12种素质是4类岗位人员都应该具备的,但又各有侧重。如,管理人员侧重于沟通能力、责任感、学习能力和团队合作,销售人员侧重于沟通能力、问题解决能力、主动性和诚信,技术支持人员侧重于学习能力、责任感、团队合作和沟通能力,研发类人员侧重于团队合作、学习能力、责任感和问题解决能力。

除了最基本的职业核心素质外,4类岗位又分别有各自的岗位核心素质。如,管理类人员的"成就导向""时间管理能力"和"执行力";技术类人员的"态度严谨""时间管理"和"口头表达能力";销售类人员的"口头表达""组织能力"和"顾客导向";研发类人员的"逻辑思维能力""时间管理"和"态度严谨"等,相对于其他岗位有更高要求。

3. 计算机职业需求分析

计算机专业应用性广、交叉面多、渗透社会的各行各业,这也就决定了计算机专业的就业范围非常广泛,包括硬件类、软件类、网络类、通信类和信息安全类。其中,软件类人才需求量最大。

岗位分为研发类、市场类、技术支持类、生产类和管理类。通常,研发岗位包括架构师、分析师、项目经理、设计和实施(RD)、质量保证(QA)、配置管理、技术文员/助理等。一般来说,软件研发基本上就算产品的设计者和制造者;硬件研发只能算设计者,因为后面还有生产环节。市场类岗位有销售(sales)和市场(marketing)。前者是简单的客户成交服务者,后者属于较高层级的销售人员,可以引导市场,引导客户,促成交易。原来并没有技术支持类职业,由研发人员兼任,随着分工的细化,才逐渐独立出来。技术支持类人员主要负责为客户提供技术服务,包括为客户提供一体化的系统集成架构设计。管理类岗位是通用的企业管理,不是只能从信息技术业产生,也不是只能管信息技术业。以生产硬件产品为主的基本上都有生产部,包括生产、仓储、物流等岗位。

表 16-1 列出了软件类企业职位需求,以及各职位的岗位职责。

表 16-1　软件类企业职位需求表

职位分类	主要职责范围
系统架构师	确认和评估系统需求,设计系统构架,制订技术框架,给出开发规范,并澄清技术细节,扫清主要难点
系统分析师	调研项目需求,写出需求规格说明书及可行性评估,制订项目开发计划
系统管理师	组织项目团队,制订项目计划,协调项目实施,领导团队准时、优质地实现项目目标
开发工程师	软件开发,硬件开发,移动开发,数据库开发,网络开发,信息安全,通信,UI设计,多媒体开发,信息系统开发,游戏开发
质量保证	配置管理员,测试工程师,版本与发行工程师
技术支持	技术文员/助理,网络运营维护工程师,产品培训,客户服务,实施工程师
销售及市场	销售人员,销售经理,销售总监
企业管理	行政总裁,市场总监,技术总监,质量总监,研发总监,部门经理

16.2.3　职业生涯规划

职业生涯规划(career planning)是指个人与组织相结合,在对一个人职业生涯的主客观条件进行测定、分析、总结的基础上,对自己的兴趣、爱好、能力、特点进行综合分析与权衡,结合时代特点,根据自己的职业倾向,确定其最佳的职业奋斗目标,并为实现这一目标做出行之有效的安排。

1. 职业生涯设计的前提

职业生涯设计具有五大前提。

(1) 正确的职业理想,明确的职业目标。职业理想在人们职业生涯设计过程中起着调节和指南作用。一个人选择什么样的职业,以及为什么选择某种职业,通常都是以其职业理想为出发点的。任何人的职业理想必然要受到社会环境、社会现实的制约。社会发展的需要是职业理想的客观依据,凡是符合社会发展需要和人民利益的职业理想都是高尚的、正确的,并具有现实的可行性。大学生的职业理想更应把个人志向与国家利益和社会需要有机地结合起来。

(2) 正确进行自我分析和职业分析。首先,要通过科学认知的方法和手段对自己的职业兴趣、气质、性格、能力等进行全面认识,清楚自己的优势与特长、劣势与不足,避免设计中的盲目性,达到设计高度适宜。其次,现代职业具有自身的区域性、行业性、岗位性等特点。要对该职业所在的行业现状和发展前景有比较深入的了解,如人才供给情况、平均工资状况、行业的团体规范等;还要了解职业所需要的特殊能力。

(3) 构建合理的知识结构。知识的积累是成才的基础和必要条件,但单纯的知识数量并不足以表明一个人真正的知识水平,人不仅要具有相当数量的知识,还必须形成合理的知识结构,没有合理的知识结构,就不能发挥其创造的功能。合理的知识结构一般指宝塔型和网络型两种。

(4) 培养职业需要的实践能力。综合能力和知识面是用人单位选择人才的依据。一般来说,进入岗位的新人应重点培养满足社会需要的决策能力、创造能力、社交能力、实际操作能力、组织管理能力和自我发展的终身学习能力、心理调适能力、随机应变能力等。

(5) 参加有益的职业训练。职业训练包括职业技能的培训,对自我职业的适应性考核、职业意向的科学测定等。可以通过"青年志愿者"活动、毕业实习、校园创业及从事社会兼职、模拟性职业实践、职业意向测评等进行职业训练。

2. 计算机职业生涯规划

计算机职业生涯规划可分六步走。

(1) 自我评估。自我评估主要包括对个人的需求、能力、兴趣、性格、气质等的分析,以确定什么样的职业比较适合自己和自己具备哪些能力。

(2) 组织与社会环境分析。短期的规划比较注重组织环境的分析,长期的规划要更多地注重社会环境的分析。

（3）生涯机会评估。生涯机会的评估包括对长期机会和短期机会的评估。通过对社会环境的分析,结合本人的具体情况,评估有哪些长期的发展机会;通过对组织环境的分析,评估组织内有哪些短期的发展机会。

（4）生涯目标确定。职业生涯目标的确定包括人生目标、长期目标、中期目标与短期目标的确定,它们分别与人生规划、长期规划、中期规划和短期规划对应。首先要根据个人的专业、性格、气质和价值观以及社会的发展趋势确定自己的人生目标和长期目标,然后把人生目标和长期目标细化,根据个人的经历和所处的组织环境制定相应的中期目标和短期目标。

（5）制定行动方案。把目标转化成具体的方案和措施。这一过程中比较重要的行动方案有职业生涯发展路线的选择、职业的选择、相应的教育和培训计划的制定。

（6）评估与反馈。职业生涯规划的评估与反馈过程是个人对自己的不断认识过程,也是对社会的不断认识过程,是使职业生涯规划更加有效的有力手段。

16.3　思考与讨论

16.3.1　问题思考

1. 信息产业有什么特点?
2. 与世界快速发展的信息产业相比,我国信息产业的差距主要在哪些方面?
3. 我国信息产业的发展趋势是什么?
4. 计算机学科培养的基本能力有哪些要求?
5. 职业核心素质有哪些?
6. 你希望从事的信息技术职业是什么?

16.3.2　课外讨论

1. 有人说,以高渗透、高带动性为特征的信息技术发展已成为促进产业经济发展的"发动机"。谈谈你的理解。
2. 根据你的了解,分析信息技术的职业需求。
3. 分析职业生涯设计的前提。
4. 据说,员工之所以在一家企业里工作,取决于 5 个因素:公司前景与个人前景的吻合、企业文化、直接上级的管理能力、绩效考核的公平性、薪酬水平。是否正确?
5. 个人职业生涯规划设计应遵守如下原则:尊重自己的兴趣,发挥自己的特长,适应社会的需求,考虑自己的利益。试谈谈自己的看法。
6. 简单制订自己职业发展的短期规划、中期规划和长期规划。

附录

实验与实践

附录A 实　　验

实验1　信息的获取与交流

熟悉浏览器的基本使用,掌握信息搜索、浏览及保存的方法,掌握电子邮件、文件下载、即时通信等网络工具的使用,以便在课堂学习、实验操作或未来的工作和学习中出现问题时,能够通过网络寻求并获取问题的答案与解决方案。

通过实验,达到如下要求。

(1) 熟悉浏览器的基本设置。

(2) 掌握信息浏览及保存的方法。

(3) 掌握电子邮件的收发方法。

(4) 了解常用的搜索引擎,掌握信息搜索的方法。

(5) 掌握基于网页文件下载的一般方法。

(6) 掌握FTP服务器文件下载的方法。

(7) 掌握即时通信软件的使用。

实验参考-1

实验2　Windows基本操作

熟悉Windows的操作界面,掌握其个性化设置方法;掌握窗口、对话框、菜单和工具栏的基本操作;了解"任务管理器""命令提示符"的使用方法;熟悉"资源管理器"的相关功能及操作,了解系统的基本设置和管理。

通过实验,达到如下要求。

(1) 了解Windows的桌面组成,掌握其外观和个性化设置。

(2) 掌握任务栏和「开始」菜单的设置与使用;掌握窗口、对话框、菜单、工具栏的基本操作,区分窗口和对话框。

（3）了解使用"帮助和支持"的基本方法；了解"任务管理器""命令提示符"的使用方法；熟悉"资源管理器"的使用。

（4）掌握文件和文件夹的相关操作、属性的设置及查看方式。

（5）理解回收站的概念，掌握回收站的使用。

（6）熟悉控制面板的基本操作，掌握利用控制面板查看和更改系统设置的方法。

（7）了解附件中常用小程序的使用。

实验参考-2

实验 3   文本编辑与排版

熟悉 Word 的基本操作，掌握文本的编辑和格式化方法，掌握页面设置、表格制作、图文混排等功能，具备应用 Word 完成指定格式文档编排的能力，实现文字、数字、图表、图形图像等信息的加工集成，可以制作出各种图文并茂的办公文档和商业文档。

通过实验，达到如下要求。

（1）熟悉 Word 的操作界面。

（2）掌握文档的建立、保存、关闭与打开方法。

（3）掌握文本编辑的方法，包括插入、删除、改写、复制、移动、查找与替换等方法；拼写和语法检查、自动更正功能的使用方法。

（4）掌握字符、段落、页面格式的设置方法，项目符号和编号、边框和底纹、页眉与页脚以及页码的设置方法，分栏、首字下沉的操作，文档打印预览和打印的方法。

（5）掌握表格的编辑、表格格式的设置以及表格样式应用，表格数据的排序和函数应用以及图表制作；掌握规则、不规则表格的设计方法，文字与表格的相互转换。

（6）掌握图片、形状、艺术字和文本框的插入方法和格式设置。

（7）掌握样式建立、修改和应用的方法，模板文件的建立和利用模板建立文档的方法，公式编辑器的用法。

实验参考-3

实验 4   电子表格的应用

熟悉 Excel 的基本操作，理解工作簿、工作表和单元格的概念，熟练掌握数据的输入和编辑方法,掌握表格格式化方法,理解并掌握绝对地址、相对地址、混合地址以及公式和函数的应用,掌握数据分析处理技术,具备利用 Excel 进行数据管理和图表制作的能力。

通过实验,达到如下要求。

(1) 熟练掌握 Excel 的基本操作。

(2) 掌握单元格中数据的输入和编辑方法。

(3) 掌握快速填充数据的方法,格式化工作表的操作,自动套用格式、条件格式的使用。

(4) 掌握公式和函数的使用方法,熟悉公式的复制和填充,理解相对引用、绝对引用和混合引用的含义。

(5) 掌握数据的排序、筛选和分类汇总。

(6) 掌握图表的创建方法与格式化方法;了解组成图表的各图表元素、图表与数据源的关系。

(7) 掌握数据透视表的创建和编辑。

实验参考-4

实验 5 演示文稿的制作

熟悉 PowerPoint 的工作界面,理解并掌握主题、母版、版式和占位符等基本概念及其使用方法,掌握在幻灯片中插入和编辑各种对象、设置动画效果和切换方式的方法,了解幻灯片的放映方式,具备应用 PowerPoint 制作精美、生动的演示文稿的能力。

通过实验,达到如下要求。

(1) 掌握演示文稿和幻灯片的基本操作。

(2) 掌握在幻灯片中插入和编辑各种对象(如文本、图片、表格和图表等)的方法。

(3) 掌握多媒体对象的插入和设置方法,设置动画效果的方法,幻灯片切换方式的设置,幻灯片的放映技巧。

(4) 掌握模板、母版的使用方法。

实验参考-5

实验 6　网络设置及测试

熟悉 TCP/IP 标准,掌握网络参数的设置方法,学会使用常用的网络命令,掌握网络文件共享的基本步骤。

通过实验,达到如下要求。

(1) 理解 IP 地址、子网掩码、网关及 DNS 的概念和原理。

(2) 掌握 Windows 网络参数设置方法。

(3) 熟悉常用的网络命令,能够使用网络命令检查网络情况。

(4) 掌握网络文件共享的基本步骤。

实验参考-6

实验 7　多媒体基础

掌握数字音频、图像文件的获取方法,了解不同的格式对声音、图像的质量及文件数据量的影响。

通过实验,达到如下要求。

(1) 掌握数字音频的获取方法。

(2) 了解采样频率、量化精度、声道数对音质及文件数据量的影响;了解不同编码算法对音质的影响。

(3) 了解数字图像的获取方法;掌握图像分辨率、颜色深度和图像文件格式与图像的显示效果、文件数据量的关系。

(4) 了解和掌握数字图像压缩的概念,观察不同的压缩比对图像的影响。

实验参考-7

实验 8　常用工具软件

了解工具软件的类别以及每个类别中最常用的代表性软件,学习和掌握常用工具软件的使用方法,提高计算机应用水平。

通过实验,达到如下要求。

（1）了解常用工具软件的类别及代表性软件。

（2）掌握压缩工具的使用。

（3）掌握下载工具的使用。

（4）掌握电子文档阅读工具的使用。

实验参考-8

附录 B 实 践

实践 1 深入了解计算机

通过市场调研或互联网搜索，了解计算机的市场与应用状况，根据工作与应用需求拟订计算机购置计划和组网方案。了解操作系统及装机必备的应用软件，根据应用需求列出所需安装的软件清单。记录调研过程、评价配置方案、总结存在的问题与体会。

实践 2 制作电子简报

制作一份精美的电子简报，进一步熟悉文档编辑和排版功能，掌握文本框、艺术字、添加图片图形、分栏、文字环绕等知识点的综合应用，积累从多种渠道获取信息、处理信息的经验，提升设计能力。作品符合电子简报各要素要求，版面美观协调，主题突出，内容丰富，适当插入图片和图形等，使之与文字融为一体。

实践 3 成绩表计算与分析

使用电子表格对全班成绩进行计算和统计分析，熟练掌握电子表格的建立、计算、统计、转换等操作。基本要求包括：建立成绩表基表（包括平时成绩、期中成绩、实验成绩、期终成绩），根据权值计算每个学生的总评成绩；统计学生人数，根据总评成绩统计及格人数与及格率；建立成绩分析表与各成绩段人数表，计算各成绩段人数比，制作成绩统计图。

实践 4 制作电子相册

照片是日常生活的缩影，用简单的方法把定格美好时刻的记忆做成一份精美的电子相册已是低碳生活的时尚代表。制作动态电子相册，了解一个多媒体作品从设计、素材准备到制作及调试等全过程。

要求照片布局合理、编排精美，动画效果使用恰当，切换时间合理，有旁白和音乐，能异地播放电子相册。

实践 5   撰写小论文

根据所学知识,并查询信息,选择与计算机科学相关的课题撰写一篇小论文。了解撰写论文的一般方法和技巧。掌握选题方法、文档的排版技巧,以及论文的书写、编排格式。